复杂形态钢结构工程实践系列丛书

复杂形态铝合金空间结构设计理论与工程实例

王　钢　闫西峰　庞洪海　朱素君　陈　明　编著

北　京
冶金工业出版社
2025

内 容 提 要

本书总结了作者团队近几年在铝合金空间结构设计领域的研究成果，重点介绍了铝合金网壳、门刚、桁架、网架及蜂窝板片结构体系的设计方法，并通过工程实例，详细介绍了铝合金空间结构的设计流程。

本书可供高等院校研究人员、在校学生及工程设计师等相关从业人员阅读参考。

图书在版编目（CIP）数据

复杂形态铝合金空间结构设计理论与工程实例／王钢等编著. -- 北京：冶金工业出版社，2025. 5.
（复杂形态钢结构工程实践系列丛书）. -- ISBN 978-7
-5240-0182-9

Ⅰ. TU395

中国国家版本馆 CIP 数据核字第 2025CQ9111 号

复杂形态铝合金空间结构设计理论与工程实例

出版发行	冶金工业出版社	电　话	(010)64027926
地　址	北京市东城区嵩祝院北巷 39 号	邮　编	100009
网　址	www.mip1953.com	电子信箱	service@ mip1953.com

责任编辑　于昕蕾　美术编辑　彭子赫　版式设计　郑小利
责任校对　石　静　责任印制　禹　蕊
北京天恒嘉业印刷有限公司印刷
2025 年 5 月第 1 版，2025 年 5 月第 1 次印刷
710mm×1000mm　1/16；15.75 印张；305 千字；236 页
定价 120.00 元

投稿电话　(010)64027932　投稿信箱　tougao@cnmip.com.cn
营销中心电话　(010)64044283
冶金工业出版社天猫旗舰店　yjgycbs.tmall.com
（本书如有印装质量问题，本社营销中心负责退换）

复杂形态钢结构工程实践系列丛书

编写指导委员会

主　　任　　庞洪海

副 主 任　　陈桥生　　赵才其

委　　员　　王　钢　　陈　明　　郭小康　　王　雄

周海兵　　贺若桓　　尹重凯　　樊继华

李建平　　苏云才　　颜　鹏　　张志杰

《复杂形态铝合金空间结构设计理论与工程实例》

编写人员及参编单位

主　　编　　王　钢　　闫西峰　　庞洪海　　朱素君

陈　明

参编人员　　邢占清　　罗　峰　　郑弘扬　　侯振峰

林晓林　　李建平　　颜　鹏　　赵蔚然

江宗毅　　徐立丹　　王　雄　　郭小康

徐春丽　　尹重凯　　樊继华　　马栋栋

刘江南　　张　坤　　戴玉夏　　常涵昱

参编单位

    上海宝冶集团有限公司

    东南大学

    西安建筑科技大学

    内蒙古科技大学

    广州越宏膜结构工程有限公司

    上海方远空间金属结构有限公司

    中钢设备有限公司

    德儒巴软件（上海）有限公司

    中冶西北工程技术有限公司

前　言

近年来随着业主和建筑师对建筑美学要求的提高，复杂形态的建筑结构越来越多地被用于民用、商业及工业建筑领域。在复杂形态的建筑结构中，铝合金空间结构逐渐成为主流的结构形式。然而，目前关于复杂形态铝合金空间结构的设计方法和实践方面的专业书籍较少。本书编写人员及参编单位均在复杂形态建筑结构领域实践多年，并取得了丰富的工程实践成果。为了填补复杂形态铝合金空间结构设计理论及实践部分的空白，编写团队结合近年来完成的理论研究工作和工程实践项目，编写了本书。

本书针对铝合金单层网壳结构、铝合金门式刚架结构、铝合金桁架结构、铝合金网架及铝合金蜂窝板片结构开展了详细的设计理论研究及工程设计。具体地，遵循局部节点受力机理到整体结构承载性能的研究逻辑，开展了节点的承载性能试验研究和数值分析，总结出了节点的设计方法。建立了整体结构的分析模型，对各类铝合金空间结构的承载性能展开详细分析，总结出对应的结构设计方法。基于实际的工程项目，开展铝合金空间结构的工程设计实践，详细展示了各类铝合金空间结构的结构设计流程。

本书由陈桥生教授级高工和赵才其教授主审，王钢、闫西峰、庞洪海、朱素君、陈明编著，具体分工如下：王钢负责第 1~4 章的编写，约 8.2 万字；闫西峰负责第 5~9 章的编写，约 10.4 万字；朱素君负责第 10~11 章的编写，约 3.3 万字；陈明负责第 12 章的编写，约 2 万字；庞洪海负责第 13~14 章的编写，约 3.2 万字。邢占清、罗峰、林晓林及李建平等提供了重要的资料与数据，其余编写人员均对本书的编写做出重要贡献。

为最大程度地保证本书内容的丰富与完整，编者在编著本书的过程中引用了一些同行的相关成果，在此表示由衷的感谢。

由于编者水平有限且时间紧张，本书难免存在不足之处，敬请读者批评指正。

本书编写委员会

2025 年 1 月

目　录

第2篇　铝合金门式刚架

第3篇　铝合金桁架结构

第4篇 铝合金网架结构

1 绪 论

1.1 发展背景

铝合金材料具有以下优点：（1）轻质高强：铝合金材料的密度约为 2.6 g/cm^3，仅为钢材的 1/3，其强度可达 300 MPa，与钢材相当；（2）耐腐蚀：铝合金具有很好的耐腐蚀性，无须专门防腐处理，后期几乎免维护；（3）可塑性强：采用热挤压工艺可制成任意复杂外形的构件。因此铝合金材料被广泛应用于航空航天、交通运输、机械电子、土木工程等领域。欧美地区从 1950 年开始，逐渐将铝合金材料应用于大跨空间结构，至今已有近一个世纪的发展历程。然而，我国在此方面起步较晚，直至 2007 年才实施了第一部国家标准《铝合金结构设计规范》（GB 50429—2007）。

国外建成的大跨铝合金结构起步较早，典型的工程结构有：（1）1951年建于美国的"探索穹顶"（图 1-1），其跨度为 111.3 m，矢高为 27.4 m；（2）1968 年建于美国康涅狄格州的"国家恐龙公园博物馆"（图 1-2），其结构形式为单层球面网壳；（3）1975 年建于南极的"南极穹顶"（图 1-3），单层球面网壳，半径为 25 m，矢高为 16 m；（4）1983 年建于美国加利福尼亚州的"长滩穹顶"（图 1-4），单层球面网壳，半径为 63 m，矢高为 40 m，占地面积为 12542 m^2；（5）1998 年建于日本新泻县的"新泻植物园第一温室"（图 1-5），其覆盖面积为 1490 m^2；（6）2002 年建于荷兰的"银色穹顶"（图 1-6）。

图 1-1　美国探索穹顶

图 1-2　美国国家恐龙公园博物馆

图 1-3 南极穹顶

图 1-4 美国加州长滩穹顶

图 1-5 日本新泻植物园第一温室

图 1-6 荷兰银色穹顶

与国外相比国内起步较晚，20 世纪末才开始逐渐有铝合金大跨结构建成并投入使用，其中较有代表性的建筑有：（1）1997 年建于上海的"浦东游泳馆"（图 1-7），其结构形式为柱面正放四角锥双层网壳结构，平面尺寸为 56 m×72 m，曲率半径为 100 m；（2）2000 年建于南京的"南京国际展览中心"（图 1-8），其结构形式为网架结构，长度为 38 m，厚度为 1 m；（3）2001 年建于上海的"上海植物园展览温室"（图 1-9），其结构形式为四块斜放的双向正交网架结构，平面投影为三角形，底边长 81 m，高 60 m，网架厚度 2 m；（4）2008年建于义乌的"义乌游泳馆"，其结构形式为倒置单层球面网壳（图 1-10），直径为 110 m，矢高 10 m；（5）2015 年建于南京的"牛首山佛穹顶"（图 1-11），其结构形式为单层球面网壳，长轴为 250 m，短轴为 112 m，高度为 57 m；（6）2018建于北京的大兴国际机场"采光顶"（图 1-12），单层球面网壳，平面尺寸分为两种，第一种长轴为 36.98 m、短轴为 27.82 m、矢高为 3.1 m，第二种长轴为 52.28 m、短轴为 27.33 m，矢高为 6.7 m。

图 1-7　上海浦东游泳馆

图 1-8　南京国际展览中心

图 1-9　上海植物园展览温室

图 1-10　义乌游泳馆

图 1-11　南京牛首山佛穹顶

图 1-12　北京大兴国际机场采光顶

1.2　铝合金节点

目前常用于铝合金空间结构的节点类型有：板式节点（盘式节点）、螺栓球节点、铸铝节点及毂式节点，如图 1-13 所示。国内外学者对这些铝合金节点开展了一系列研究，取得了丰富的成果。

图 1-13 铝合金网壳常用节点
（a）板式节点；（b）螺栓球节点；（c）铸铝节点；（d）毂式节点

1.2.1 铝合金板式节点

清华大学王元清等对三种不同尺寸的铝合金板式试验节点进行了静力试验分析，试验结果表明板式节点的平面外抗弯刚度较大，节点延性不高，最终破坏模式为脆性断裂破坏。然后结合数值分析发现板式节点的强度约为理想刚性节点的85%，刚度约为理想刚性节点的65%。

同济大学郭小农等进行了板式节点平面外承载力试验研究，得到了不同板厚下节点的破坏模式，发现随着板厚的增加，节点的刚度增大，并提出了板式节点平面外半刚性的四折线模型。然后通过理论分析推导出四折线模型各阶段节点的弯曲刚度以及所对应的临界弯矩值。最后建立数值模型，对螺栓嵌固阶段和孔壁承压阶段的刚度进行模拟，并且在数值分析结果的基础上，拟合得到了节点平面外弯曲刚度公式。然后，在平面外研究基础之上，通过数值模拟得到了铝合金板式节点平面内半刚性的四折线模型。对于铝合金板式节点平面外的滞回性能,郭小农等进行了试验研究,试验结果显示,由于螺栓孔与螺栓杆之间存在间隙,导致滞回曲线不是很饱满,力矩相对转动滞回曲线表明该节点具有较好的耗能能力,而且随着节点板厚度的增加,节点的滞回性能逐渐提高。

哈尔滨工业大学马会环等在传统铝合金板式节点的基础上提出了新型的柱板式节点,并获得了柱板式节点绕强轴、弱轴和扭转三个方向的弯矩-转角曲线,然后将其引入网壳梁单元模型中,分析结果显示网壳失稳时柱板式阶段依然处于弹性阶段。

天津大学陈志华等对板式节点进行了平面外滞回性能的试验研究,得到了板式节点滞回曲线、延性比以及能量耗散率,此外还与数值模拟结果进行比较发现两者结果一致。刘红波等对板式节点的低周疲劳性能进行了试验研究,得到了板式节点低周疲劳失效机理和疲劳寿命,然后进行数值模拟,数值模拟结果与试验结果非常吻合,最后提出了一种基于局部特征的低周疲劳寿命预测方法。

东南大学赵才其等对板式节点进行改善,提出了两种新型的铝合金节点,通过试验研究发现这两种节点均有较好的力学性能,可用于单层铝合金空间结构。

东南大学冯若强等对北京大兴国际机场铝合金玻璃采光顶板式节点进行了足尺试验,并结合数值模型,分析了压弯状态下板式节点的力学性能和破坏模式,揭示了节点的破坏机理。

1.2.2　铝合金螺栓球节点

1997 年日本学者 Hiyama 等通过试验与数值模拟分析提出了铝合金螺栓球节点刚度的计算公式。中国航空工业规划设计研究院的孟祥武等对螺栓球节点铝合金网架进行了试验研究,结合试验的破坏模式提出了铝合金焊接时应该特别注意的事项,并应用于几个实际的铝合金网架工程。中国建筑科学研究院的钱基宏等在某零磁实验室工程中对铝合金网架螺栓球节点构件进行了试验研究,并对其施工建造全过程进行了详细的介绍。天津大学刘红波等以新型铝合金螺栓-球形接头为研究对象,并通过拉伸试验和数值模拟对其进行了评估。探讨了铝合金螺栓-球形接头的拉伸性能和破坏机理,并最终提出了铝合金螺栓-球形接头抗拉能力的计算公式。东南大学李峰等通过足尺的拉伸和压缩试验研究了高强铝合金螺栓球节点的力学性能及破坏模式,然后结合数值分析,并根据能量法的原理提出了此节点的初始刚度计算模型,经验证初始刚度计算模型的误差在 10% 之内。

1.2.3　铸铝节点

铸铝节点为铝合金空间结构中的一种新型节点,目前国内外相关的研究较少。清华大学施刚等结合辰山植物园温室展览馆工程,进行了三种形式铸铝节点的足尺试验，试验结果表明铸铝节点平面外抗弯刚度较大而平面内刚度较小，是典型的半刚性节点，其破坏模式为脆性断裂破坏，然后进行了数值模拟并最终提出了其承载力的简化计算公式，铸铝节点可以广泛地应用于铝合金空间结构。

1.2.4 铝合金毂式节点

铝合金毂式节点最初是由加拿大 Fentimen 有限公司推出，国外研究人员对这种节点进行了一些研究。Sugizaki 和 Kohmura 等对于节点的基本力学性能进行了试验研究，研究结果显示通过调整构件材性可以保证节点的极限受拉承载力约为管材抗拉强度与截面积的乘积，同时也表明了此节点也具有明显的半刚性。Yonemaru 等对铝合金材料和碳纤维增强复合材料毂式节点桁架进行了弯曲试验研究，结果表明上部构件发生破坏导致整体桁架屈曲。

国内关于毂式节点的研究更多集中于钢制毂式节点，铝合金毂式节点的成果较少。早些年王亚昌等进行了铝合金毂式节点球面网壳静力模型试验，结果表明铝合金毂式节点和铝合金梁可以用于空间网壳结构，同时铝合金空间结构对初始几何缺陷十分明显。最近，哈尔滨工业大学的曹正罡等提出了新型齿形铝合金毂式节点，并通过数值分析提出了此节点的抗拉及抗弯极限承载力公式，并给出毂式节点的设计建议。

1.3 铝合金空间结构

随着铝合金空间结构应用范围越来越广，国内外学者对铝合金结构进行了一系列的研究工作，主要集中在两个方面：静力稳定性研究和动力稳定性研究。研究方法主要是试验研究及数值模拟分析，本节将总结国内外对铝合金空间结构的研究现状。

1.3.1 静力稳定性研究现状

在铝合金网壳的理论研究方面，大量的文献主要集中在各种网壳结构的稳定性研究方面。1996 年国外学者 Sugizaki 等对 4 个直径为 4.2 m 的铝合金单层球面网壳缩尺模型进行了对比试验，并进行了数值模拟，发现试验与理论计算的屈曲路径基本一致，但加载初期网壳顶点的位移与理论值存在较大偏差。1999 年，Hiyama 等设计了 6 个不同节点尺寸和螺栓型号的 1:5 网壳模型，对其进行了试验研究与数值模拟，研究指出当矢跨比较小时应对网壳进行非线性分析。

1992 年，国内学者刘锡良等推导了空间梁单元的切线刚度矩阵，进行了大转角情况下位移的修正，为验证考虑弹性几何非线性的梁单元，用于计算单层网壳的可行性以及自编程序的可靠性，制作了 K6 型铝合金单层球面网壳模型，其跨度为 1.5 m，矢高为 0.1 m，实测承载力为理论值的 81.6%。试验中考虑了几何非线性，但未考虑构件的初始缺陷，假定节点为完全刚性连接。

1994 年，王亚昌等提出应对单层铝合金网壳选择合适的节点形式进行非线性稳定验算，并进行了模型试验，发现模型破坏为突发性整体失稳。

2000 年，曾银枝等与美国 TEMCOR 公司联合设计了 1 个跨度为 9.6 m、矢高为 1.268 m 的铝合金单层球面网壳，并进行了静力试验，验证了理论方法的可行性，并对误差原因进行了详细的分析。

2002~2009 年，郑科、王红、桂国庆、黄新、邹磊等，分别对多座不同跨度的铝合金单层球面网壳，进行了非线性稳定分析和模型试验研究，获得了很多有益的成果。

2015~2017 年，同济大学郭小农等完成一个跨度为 8 m、矢高为 0.5 m 的 K6 型单层铝合金网壳模型试验，其中节点采用典型的铝合金板式节点。试验结果表明加载初期网壳表现出超刚性特征，即其刚度大于刚接节点网壳刚度，而后的节点螺栓滑移变形会降低网壳刚度，螺栓滑移引起的网壳变形很大且不可恢复。网壳的失稳属于整体跳跃失稳，但网壳屈曲后可继续承载，且荷载可进一步增大。为进一步分析板式节点单层铝合金网壳的稳定性能，郭小农等在试验研究的基础上，进行了大量的基于不同参数变化的数值分析工作，其中节点半刚性模型采用四折线弯矩-转角模型，数值分析结果表明结构跨度、节点半刚性对网壳稳定承载力的影响最大，荷载分布模式和支撑条件对网壳稳定承载力的影响较小，并最终提出了简化的单层网壳稳定性承载力计算公式。

2017 年，天津大学刘红波等为明确蒙皮效应和节点半刚性对铝合金单层球面网壳静力稳定性的影响，运用数值软件建立了 500 多个数值结构模型，其中节点半刚性模型采用简化的二折线模型。首先通过数值模拟确定了初始缺陷和材料非线性对网壳稳定性能的影响，并在此基础上考虑蒙皮效应和节点半刚性进行对比分析。分析结果表明：蒙皮效应可以显著提高单层铝合金网壳静力稳定承载力，并改变结构屈曲模态，考虑节点半刚性会大幅降低网壳极限承载力，当同时考虑蒙皮和节点刚度时，该网壳稳定性能基本不变，最后总结出了常见尺寸单层铝合金网壳稳定性承载力的计算公式。

2018 年，华东建筑设计院张雪峰等采用 ANSYS 数值软件对南京牛首山单层铝合金空间结构及整体结构计算分析，并采用 ABAQUS 数值软件分析铝合金标准节点受力，计算结果均满足设计规范要求，分析结果可为单层铝合金空间结构的设计提供借鉴。

2019 年，东南大学冯若强等以北京大兴国际机场装配式单层铝合金空间结构作为研究对象，建立了其装配式节点-板式节点及考虑节点性能的单层铝合金网壳的数值模型，分析了板式节点的力学性能及节点性能对单层铝合金网壳稳定性能的影响。

2016～2020 年，东南大学赵才其等提出一种新型的铝合金蜂窝板单层组合网壳，将同样是轻质高强的铝合金蜂窝板引入单层铝合金空间结构中，然后通过试验、数值模拟和理论分析等手段进行了大量的研究工作。研究成果表明，由于蜂窝板的引入，新型组合网壳的稳定承载力较单层铝合金网壳有很大的提高，弥补了单层铝合金网壳刚度不足的缺陷。同时针对蜂窝板和铝合金梁的连接方式进行了试验研究，首次将汽车领域的锁铆连接引入铝合金蜂窝板单层组合网壳结构，结果表明锁铆连接具有良好的力学性能同时施工比较简便。

1.3.2　动力稳定性研究现状

李丽娟等以双层球面网壳为研究对象，研究了铝合金与钢双层网壳结构在竖向地震荷载作用下节点的位移响应及梁的轴力响应。研究结果表明，铝合金双层网壳与钢双层网壳在结构相同情况下，其自振特性基本相同。而地震荷载引起的位移响应，铝合金双层网壳要略大于钢双层网壳，但铝合金双层网壳的梁轴向应力远小于钢双层网壳的梁轴向应力，因此用铝合金取代钢材是可行的。

徐帅等通过分别建立基于刚性节点模型和基于节点半刚性模型的整体网壳结构模型，研究了板式节点对单层铝合金空间结构风振性能的影响，最后采用一致风振系数衡量了两种节点模型对整体结构风振性能的影响。

徐晨等提出将高性能的铝合金蜂窝板与铝合金网壳有机结合，形成一种新型铝合金板杆组合网壳结构，研究其静力性能和地震、风振下的动力性能：首先研究并验证了蜂窝板等效理论的可行性，然后研究了组合网壳的自振特性以及矢跨比、蜂窝面板厚度及芯层厚度等参数对自振特性的影响。

王丽等为了研究 K6 型和 K8 型铝合金板式节点单层球面网壳的自振特性，采用数值软件 ANSYS 进行了大规模数值分析，分析中考虑了节点刚度、矢跨比、跨度、屋面荷载、跨厚比、网格密度、约束条件等参数的影响，最终提出了网壳基频估算公式。

郭小农等采用锤击法对一铝合金板式节点网壳的阻尼比进行了实测，得出铝合金板式节点网壳阻尼比平均值，然后运用该阻尼参数建立数值模型，分析结构动力响应，结果表明所测得阻尼值可为铝合金板式节点网壳的动力分析与工程设计提供依据。

于志伟等以单层柱面和球面铝合金网壳为研究对象，对铝合金空间结构的强震失效特征进行分析，通过大量的数值模拟分析了铝合金柱面网壳和球面网壳的强震失效规律，对铝合金网壳的地震易损性进行分析，并获得了地震易损性曲线。

1.4　本书的主要内容

1.4.1　工程应用实例

铝合金单层网壳因其轻质高强及造型优美，常被用于具有较强观赏性的建筑穹顶或采光顶，如图1-14所示。

(a)

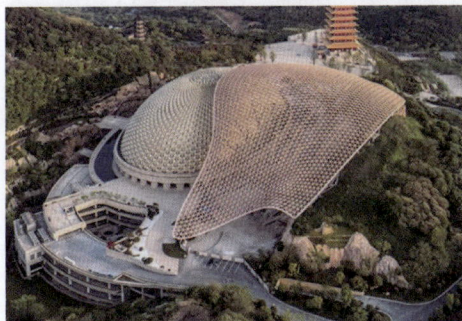

(b)

(c)

图1-14　铝合金单层网壳工程实例

（a）拉斐尔云廊；（b）南京牛首山佛顶宫；（c）北京大兴国际机场采光顶

铝合金门式刚架因其安装简易及便于运输等优势，常被用于各种临时建筑场景，如图1-15所示。

(a)

(b)

图 1-15　铝合金门式刚架工程实例

（a）工业仓储；（b）临时会展；（c）商业中心；（d）滑冰场馆

铝合金桁架常用于人行天桥结构，如图 1-16 所示。

图 1-16　铝合金桁架工程实例

（a）人行天桥一；（b）人行天桥二

铝合金网架因其优良的耐腐蚀性和大空间特征，被广泛应用于防腐要求高的场馆，如图 1-17 所示。

铝合金蜂窝板常用于建筑表皮，如图 1-18 所示。

1.4.2　本书主要工作

尽管各类铝合金空间结构已经有了初步规模的推广与应用，但相对比钢结构等主流结构体系，依然缺乏较为系统可靠的设计理论和实践经验。本书主要介绍了编者团队多年来在铝合金空间结构体系领域的一些研究与工程实践工作，具体涉及单层网壳结构、门式刚架结构、桁架结构、网架结构及蜂窝板片结构，如图 1-19 所示。针对每一类铝合金空间结构，编者团队均遵循局部节点受力机理到整体结构承载性能的研究逻辑，结合实际工程设计项目，充分展示了复杂形态铝合

(a)

(b)

(c)

(d)

图 1-17 铝合金网架工程实例

（a）北京北苑宾馆游泳馆；（b）北京香青园游泳馆；
（c）北京航天研究所零磁试验室；（d）南京国际展览中心

(a)

(b)

图 1-18 铝合金蜂窝板工程实例

（a）上海松江大学城游泳馆；（b）世博会主题馆

金空间结构的设计理论与工程设计细节，可供该类结构工程设计参考。同时，也希望与同行共同努力，将铝合金空间结构进一步推广，为行业发展提供新的思路和方向，为业主提供更多的选择。

(a)

(b)

(c)

(d)

(e)

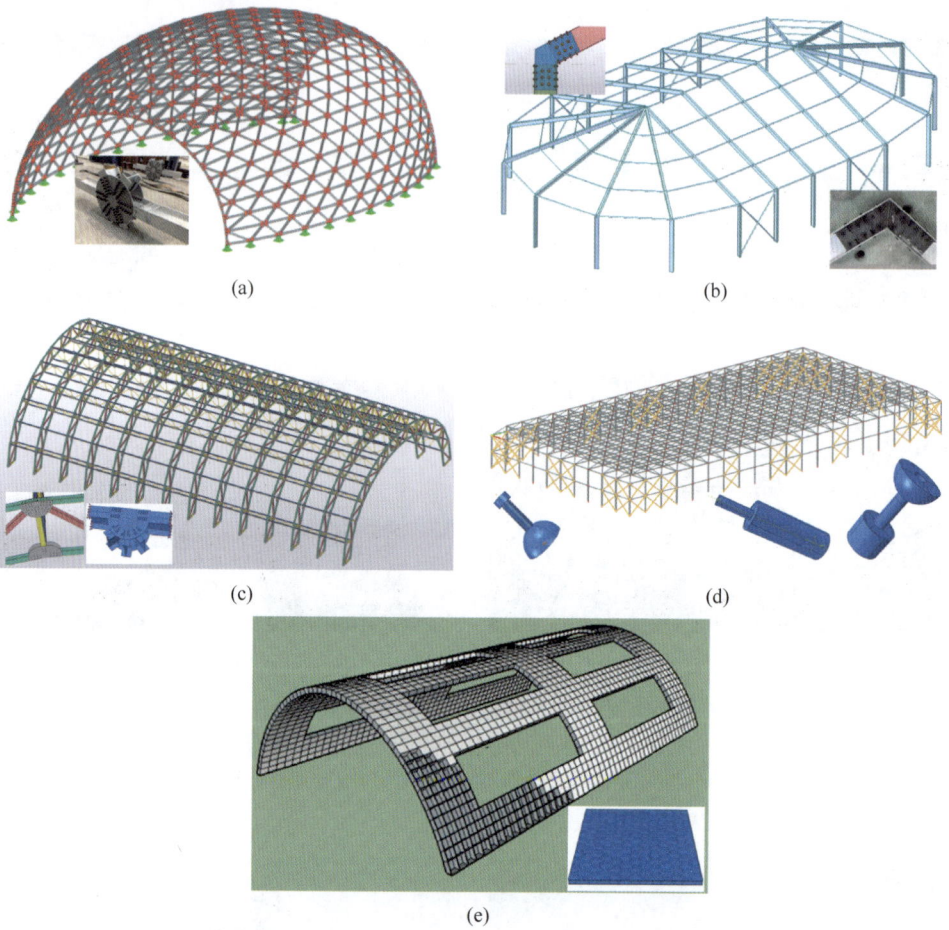

图 1-19 铝合金空间结构

（a）单层网壳结构；（b）门式刚架结构；（c）桁架结构；（d）网架结构；（e）板片结构

第1篇

铝合金单层网壳

Aluminum
Alloy Single-layer
Mesh Shell

2 铝合金单层网壳节点力学性能

2.1 节点抗弯试验

2.1.1 试件设计

为探究板式节点在平面内和平面外弯矩作用下的受力行为、承载能力及破坏机理，将首先开展节点试件的抗弯试验。本节共设计了 8 组试验节点，分别开展平面内和平面外抗弯试验。每组试验节点均由 6 根 H 型铝合金梁组成，其中长梁 2 根，短梁 4 根，节点试件的总长度为 2000 mm，如图 2-1（a）所示。H 型铝合金梁的截面尺寸为 H150 mm×150 mm×12 mm×12 mm，铝合金梁的翼缘与上下盖板之间通过 14 个高强螺栓连接，螺栓直径分为 10 mm，螺栓孔径分为 10.5 mm。节点的上下盖板直径为 460 mm 和 560 mm，上下盖板及花环齿槽体的几何尺寸详见图 2-1（b）。H 型铝合金梁端头螺栓分布如图 2-1（c）所示，螺栓的分布间距为 25 mm，螺栓孔与腹板中线的间距为 20 mm。

8 组试件的具体情况详见表 2-1。具体地，通过设置不同盖板直径（460 mm 和 560 mm）的节点试件来探究不同盖板直径对节点平面内外抗弯性能的影响规律，通过设置不同盖板厚度（6 mm 和 10 mm）的节点试件来探究不同盖板厚度对节点平面内外抗弯性能的影响规律，通过采用不同材性铝合金（6063-T6 和 7075-T6）来探究铝合金材性对节点平面内外抗弯性能的影响规律。

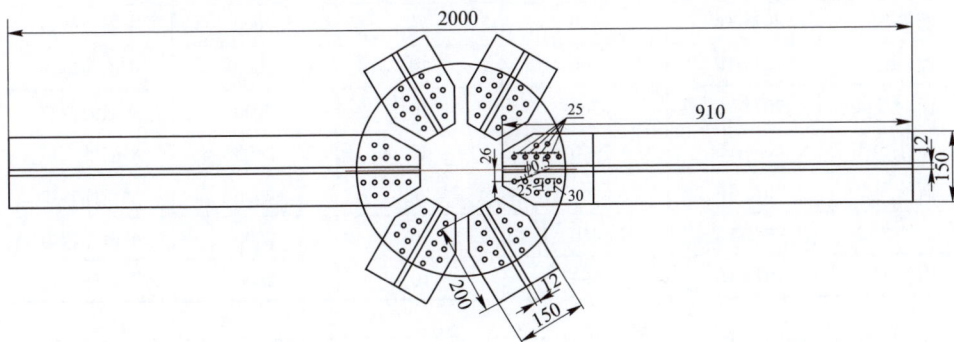

(a)

(b)

(c)

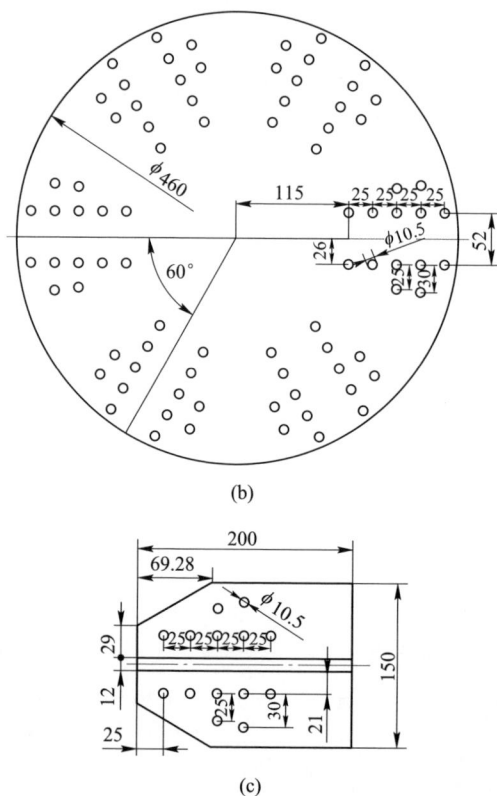

图 2-1　节点试件尺寸示意图

（a）整体试件；（b）节点盖板；（c）节点梁端

表 2-1　试件详情

编　号	铝合金材性	盖板直径/mm	盖板厚度/mm	试件长度/mm	荷载形式
面内 SJ-1	6063-T6	460	10	2000	平面内弯矩
面内 SJ-2	7075-T6	460	6	2000	平面内弯矩
面内 SJ-3	7075-T6	460	10	2000	平面内弯矩
面内 SJ-4	7075-T6	560	10	2000	平面内弯矩
面外 SJ-1	6063-T6	460	10	2000	平面外弯矩
面外 SJ-2	7075-T6	460	6	2000	平面外弯矩
面外 SJ-3	7075-T6	460	10	2000	平面外弯矩
面外 SJ-4	7075-T6	560	10	2000	平面外弯矩

本节试验节点中的上下盖板及工字型梁采用了 6063-T6 和 7075-T6 两种型号的铝合金，螺栓采用 M10 高强螺栓。对盖板和梁的材料进行材性分析，从试验

构件所用的同批次铝材中取样后加工成标准试件进行材性试验，6063-T6 和 7075-T6 两种材料各 4 个，共计 8 个。材料拉伸试验在电子万能试验机上完成，使用标距为 50 mm 的引伸计采集标距内的变形。试验速率根据《金属材料 拉伸试验 第 1 部分：室温试验方法》的规定施加，即在非比例延伸强度范围内应变速率控制在 0.00007 s^{-1} 左右，非比例延伸强度测定后速率可增大到不超过 0.008 s^{-1}。所有试验在室温下进行。材性试验的结构详见表 2-2。

表 2-2　材料力学性能

分　类	E/MPa	$f_{0.2}$/MPa	f_u/MPa
7075-T6	72459	510	541
6063-T5	69486	122	168
螺栓	206000	899	914

2.1.2　试验方案

抗弯试验如图 2-2 所示。试件两端通过铰接支座放置在支墩上，千斤顶通过分配梁施加两个集中荷载，转变为节点域的弯矩，直至节点受弯破坏。当进行平面内抗弯试验时，板式节点试件的盖板垂直地面放置，如图 2-2（a）所示。当进行平面外抗弯试验时，节点试件的盖板平行地面放置，如图 2-2（b）所示。

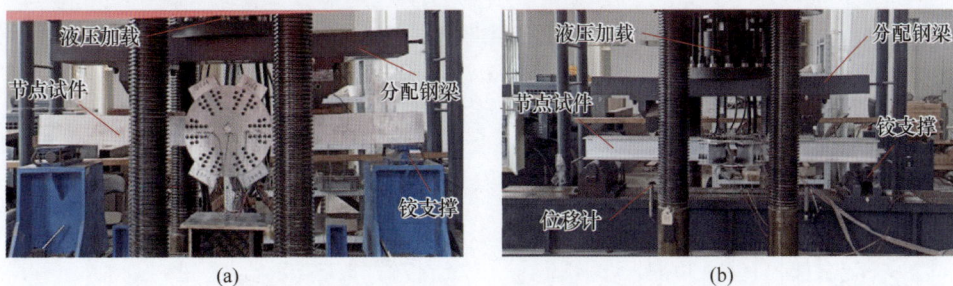

(a)　　　　　　　　　　　　　　(b)

图 2-2　节点抗弯加载现场
(a) 面内抗弯；(b) 面外抗弯

抗弯试验在荷载分配点处布置两个位移计，用以推算节点域的转角位移，如图 2-3（a）和（b）所示。节点在弯矩作用下的荷载位移曲线，采用弯矩-转角曲线表述，具体计算方法如下：

（1）节点弯矩计算如图 2-3（a）所示：

$$M = \frac{FL_1}{2} \tag{2-1}$$

式中，F 为通过千斤顶设计的荷载；L_1 为荷载作用点与支座中心的距离。

（2）节点转角采用文献［4］的计算方法，计算原理如图 2-3（b）所示。加载点的竖向位移 Δ 由铝合金梁的竖向位移 Δ_b 和节点转角产生的竖向位移 Δ_r 组成。其中可通过试验测得加载点的竖向位移，铝合金梁的竖向位移通过数值模型计算所得。数值模型的节点域采用刚体单元，铝合金梁采用实体单元，所得竖向位移为铝合金梁产生的竖向位移，详细介绍可见文献［4］。因此，节点的转角为：

$$\theta = \frac{\Delta_r}{L_1} = \frac{\Delta - \Delta_b}{L_1} \tag{2-2}$$

式中，Δ 为试验实测加载点的竖向位移；Δ_b 为通过数值模型计算所得铝合金梁的竖向位移。

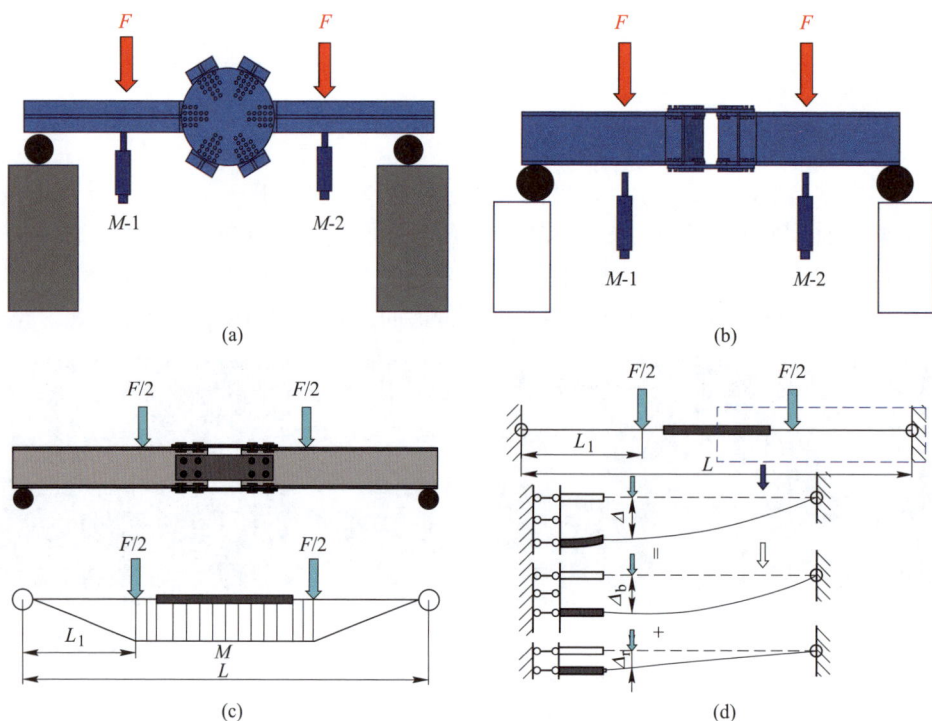

图 2-3　抗弯试验测量方案

（a）面内抗弯；（b）面外抗弯；（c）弯矩计算原理；（d）转角计算原理

2.1.3　破坏模式

铝合金板式节点试验试件在平面内弯矩作用下的破坏模式汇总于图 2-4。面内试件 SJ-1 的节点域附近 H 型铝合金梁翼缘发生了明显的屈曲变形，最终引起了整个试件的延性破坏，如图 2-4（a）所示。面内试件 SJ-2 和 SJ-3 的节点盖板与梁翼缘抗剪连接螺栓群发生剪切破坏，从而造成了整体节点试件的脆性破坏，如图2-4（b）和（c）所示。面内试件SJ-4的H型铝合金梁连接端头沿螺栓孔发生撕裂破坏，从而引起整体节点试件的脆性破坏，如图2-4（d）所示。由上述分析可知，随着铝合金材性的提高，面内抗弯板式节点由延性破坏转变为脆性破坏。当螺栓群的抗剪强度不足时，节点在面内弯矩作用下会发生由螺栓剪断引起的节点脆性破坏。

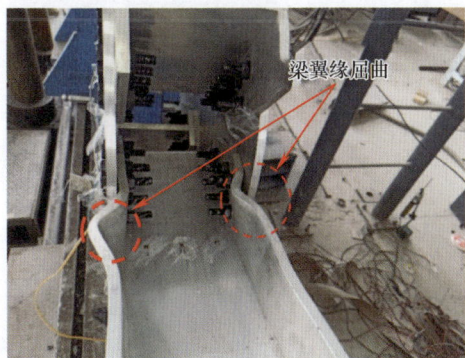

(a)

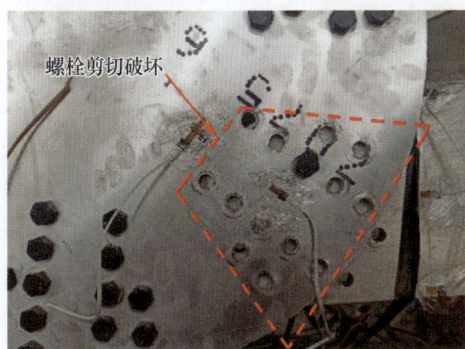

(b)

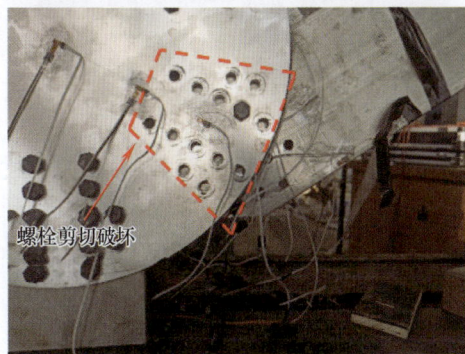
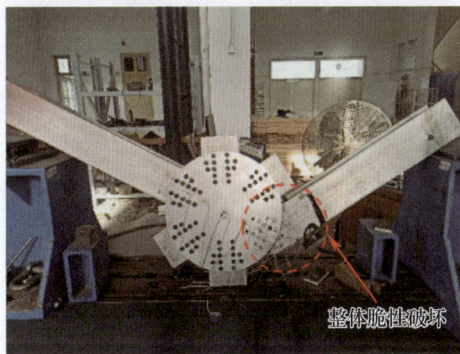

(c)

(d)

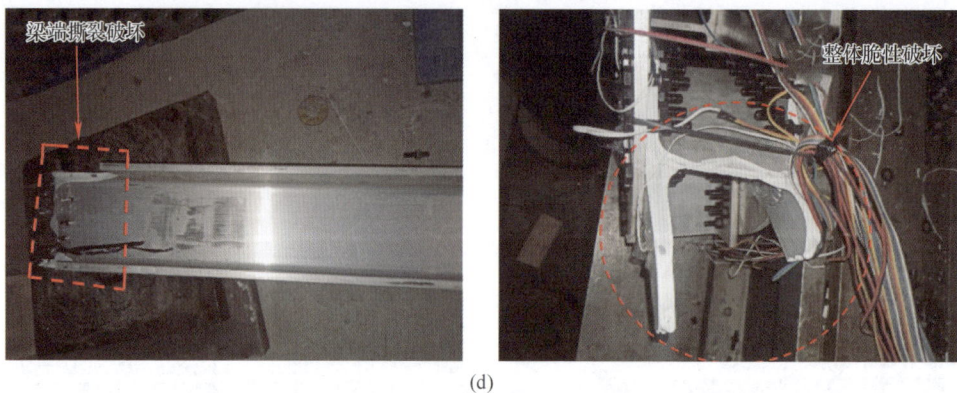

图 2-4　面内抗弯破坏模式

（a）面内 SJ-1；（b）面内 SJ-2；（c）面内 SJ-3；（d）面内 SJ-4

　　铝合金板式节点试验试件在平面外弯矩作用下的破坏模式如图 2-5 所示。面外试件 SJ-1H 型铝合金梁翼缘发生了屈曲变形，最终引起了整个试件的延性破坏，如图 2-5（a）所示。面外试件 SJ-2 的节点盖板沿螺栓孔撕裂破坏，从而造成了整体节点试件的脆性破坏，如图 2-5（b）所示。面外试件 SJ-3 和 SJ-4 的盖

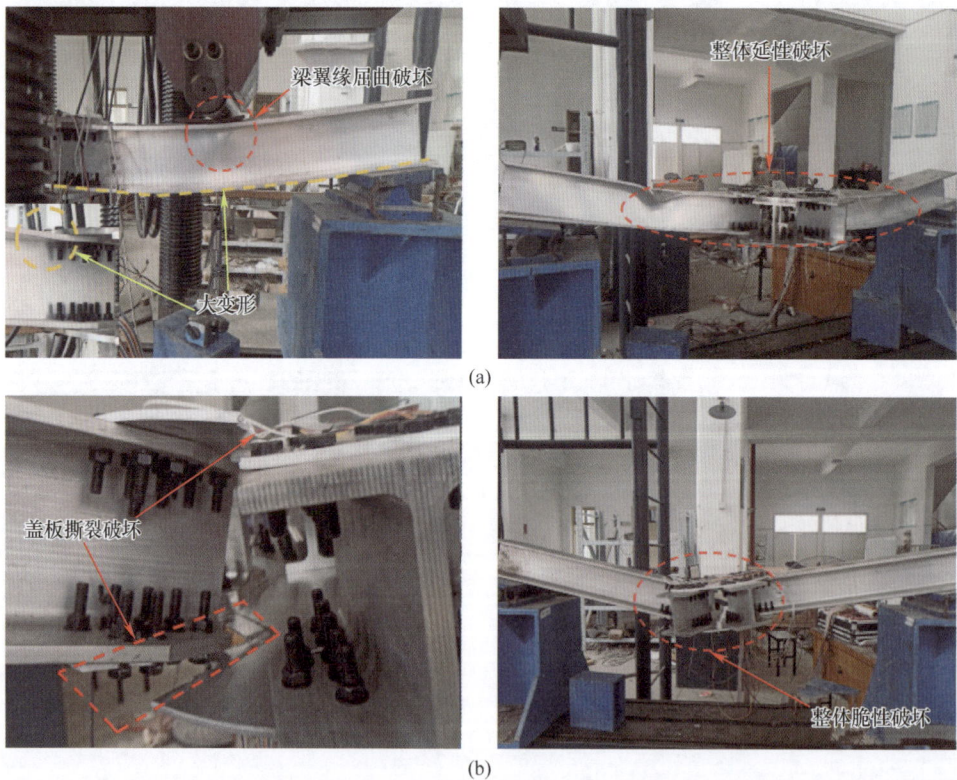

(a)

(b)

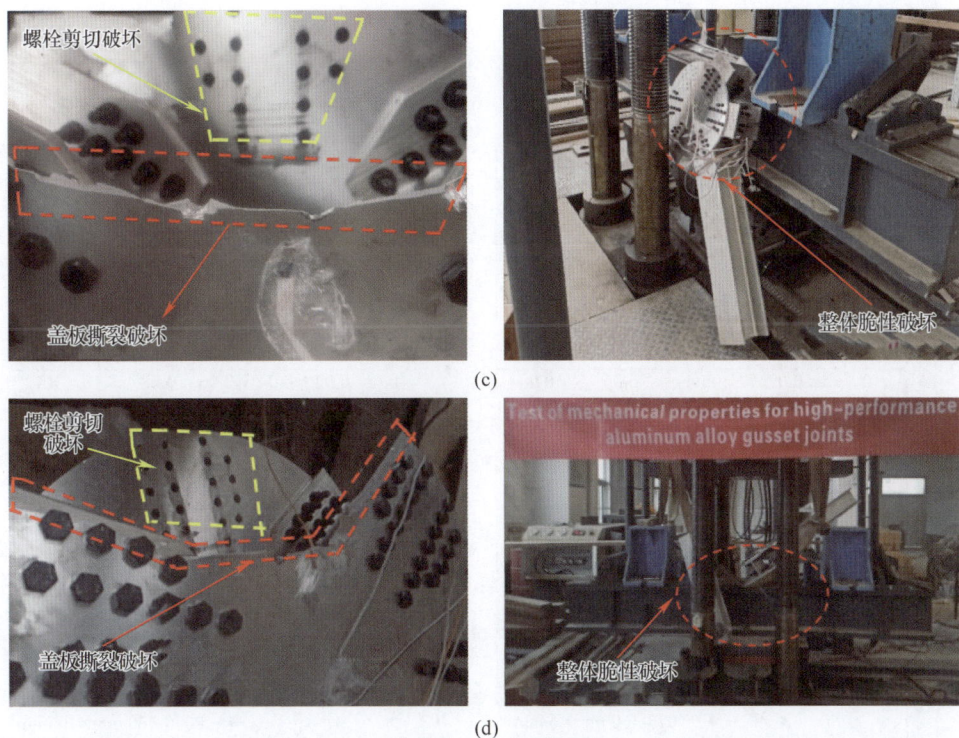

图 2-5 面外抗弯破坏模式
（a）面外 SJ-1；（b）面外 SJ-2；（c）面外 SJ-3；（d）面外 SJ-4

板沿螺栓孔发生撕裂破坏，同时伴随螺栓的剪切破坏，从而引起整体节点试件的脆性破坏，如图 2-5（c）和（d）所示。综上所述，在平面外弯矩作用下，随着铝合金材性的增强节点由延性破坏发展为脆性破坏，盖板厚度的增加破坏模式由盖板撕裂破坏逐渐转变至螺栓剪断破坏。

2.1.4 弯矩-转角曲线

单层铝合金网壳结构板式节点在平面内弯矩作用下的弯矩-角度曲线可分为四个阶段，即螺栓固定阶段、螺栓滑移阶段、孔壁承载阶段和破坏阶段，如图 2-6（a）所示。当节点刚开始承受平面内的弯矩作用时，弯矩产生的剪力小于盖板和梁翼缘之间的摩擦力，此时节点处于螺栓紧固阶段。随着平面内弯矩的逐渐增大，节点抗剪连接截面的剪切力逐渐增大并超过摩擦力，导致节点出现滑移现象，此时节点进入螺栓滑移阶段。当螺栓滑动到螺栓孔壁边缘时，随着平面内弯矩的增加，孔壁开始承受螺栓的挤压力，弯矩-角度曲线进入螺栓孔壁承压阶段。当节点的平面内弯矩接近其极限弯矩时，节点的弯矩-角度曲线趋于平缓，节点逐渐失效并发生破坏。

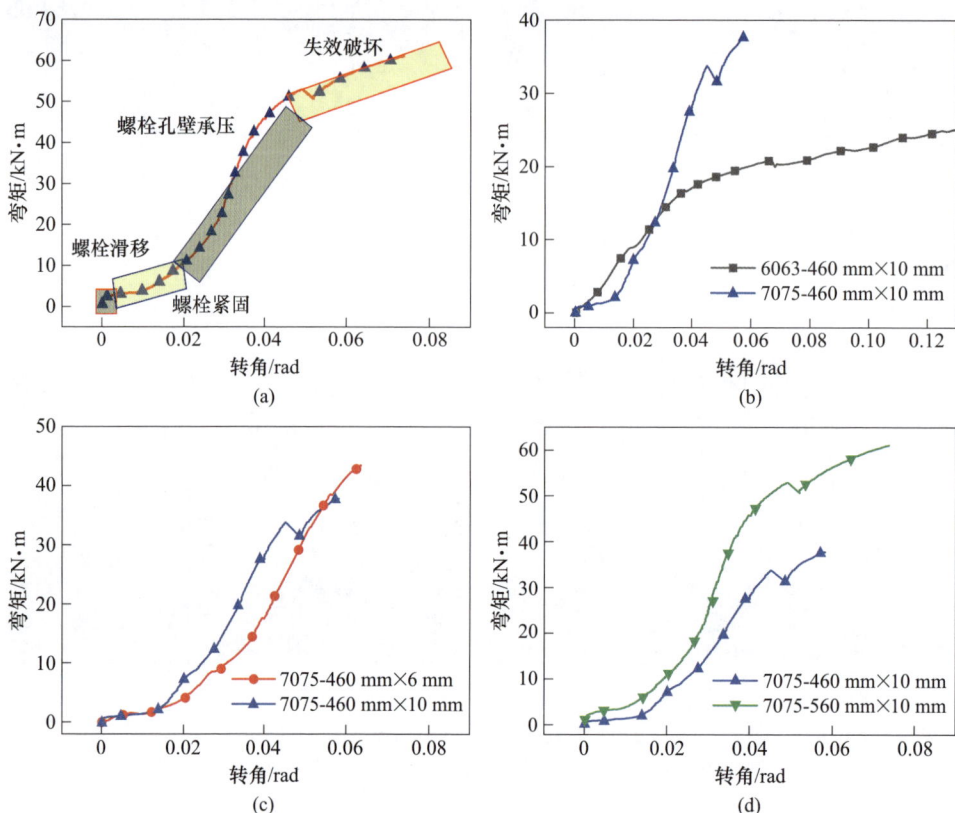

图 2-6　面内弯矩-转角曲线

（a）弯矩-转角曲线特征；（b）不同材性的影响；（c）不同盖板厚度的影响；
（d）不同盖板直径的影响

　　不同铝合金材性的铝合金网壳板式节点在平面内弯矩作用下的弯矩-转角曲线如图 2-6（b）所示。6063-T6 级铝合金板式节点的极限弯矩为 25 kN·m，转角为 0.10 rad。7075-T6 级铝合金板式节点的抗弯承载力和极限转角分别为 38 kN·m 和 0.06 rad。7075-T6 铝合金板式节点的抗弯承载力是 6063-T6 铝合金板式节点抗弯承载能力的 1.48 倍。6063-T6 铝合金板式节点的塑性转角约为 7075-T6 铝合金板式节点塑性转角的 1.7 倍。从上述分析中不难发现，高强度铝合金板式节点的抗弯承载力明显高于低强度节点，但高强度板式节点的变形能力弱于低强度板式节点。因此在实际网壳结构设计时，应根据结构性能需求选择合理的铝合金材性。

　　为了研究盖板厚度对铝合金板式节点平面内抗弯性能的影响，比较了不同盖板厚度试件的弯矩和角度曲线，如图 2-6（c）所示。不同盖板厚度时节点滑移距离为 0.01 rad，这是因为两个节点试件的预紧力和螺栓间隙完全相同。在孔壁承压阶段，盖板厚度为 6 mm 的节点试件的弯曲刚度为 730 kN·m/rad，盖板厚度为 10 mm 的板式节点试件的抗弯刚度为 1000 kN·m/s rad。当盖板厚度增加 1.6 倍时，铝合金板式节点的平面内弯曲刚度增加 1.4 倍。随着盖板厚度的增加，螺栓的接触面积也会增加，从而导致弯曲刚度的增加。盖板厚度为 6 mm 的板式节点的平面内极限弯矩为 41 kN·m，盖板厚度为 10 mm 的板式节点的极限弯矩为 38 kN·m。由于两个节点的螺栓数量一致且破坏模式均为螺栓剪切，因此两个节点的抗弯承载力非常接近。

铝合金板式节点的盖板直径将直接影响节点的平面内抗弯性能，因为盖板直径会直接影响螺栓的分布数量。为了分析盖板直径为 460 mm（14 个螺栓）和 560 mm（22 个螺栓）的铝合金板式节点接头的平面内弯曲性能，将试验结果汇总于图 2-6（d）。当盖板直径从 460 mm 增加到 560 mm 时，节点试件开始滑动的弯矩从 1.5 kN·m 增加到 2.5 kN·m，孔壁承压阶段的抗弯刚度从 1000 kN·m/rad 增加到 1500 kN·m/rad，抗弯承载力从 38 kN·m 增加到 60 kN·m。随着盖板直径的增加，螺栓数量也随之增加，导致盖板与梁翼缘之间的摩擦力和孔壁的承载压能力增加，最终有效提高了铝合金板式节点的滑移弯矩、孔壁承压弯曲刚度和面内抗弯承载力。因此，铝合金板式节点的盖板直径应由螺栓数量决定，从而保证螺栓连接具有足够的抗剪承载力。

单层铝合金网壳结构板式节点在平面内弯矩作用下的弯矩-角度曲线可分为四个阶段，即螺栓固定阶段、螺栓滑移阶段、孔壁承载阶段和破坏阶段，如图 2-7（a）所示。当节点刚开始承受平面外的弯矩作用时，弯矩产生的剪力小于盖板和梁翼缘之间的摩擦力，此时节点处于螺栓紧固阶段。随着平面外弯矩的逐渐增大，节点抗剪连接截面的剪切力逐渐增大并超过摩擦力，导致节点出现滑移现象，此时节点进入螺栓滑移阶段。当螺栓滑动到螺栓孔壁边缘时，随着平面外弯矩的增加，孔壁开始承受螺栓的挤压力，弯矩-角度曲线进入螺栓孔壁承压阶段。当节点的平面外弯矩接近其极限弯矩时，节点的弯矩-角度曲线趋于平缓，节点逐渐失效并发生破坏。

不同铝合金材性（6063-T6 和 7075-T6）铝合金板式节点在平面外弯矩作用下的弯矩-转角曲线如图 2-7（b）所示。随着铝合金材性的增强，螺栓紧固阶段和螺栓滑移阶段的弯矩-转角曲线基本吻合，孔壁承压阶段的弯矩-转角曲线斜率一致，极限弯矩显著增加而极限转角明显减小。当铝合金板式节点的铝合金材性为 7075-T6 时，平面外抗弯承载力为 92 kN·m，极限转角为 0.038 rad。当采用 6063-T6 材性的铝合金时，板式节点的平面外抗弯承载力为 48 kN·m，极限转角为 0.06 rad。具体地，当铝合金材性由 6063-T6 变化为 7075-T6 时，抗弯承载力提高了 90%，极限转角降低了 37%。

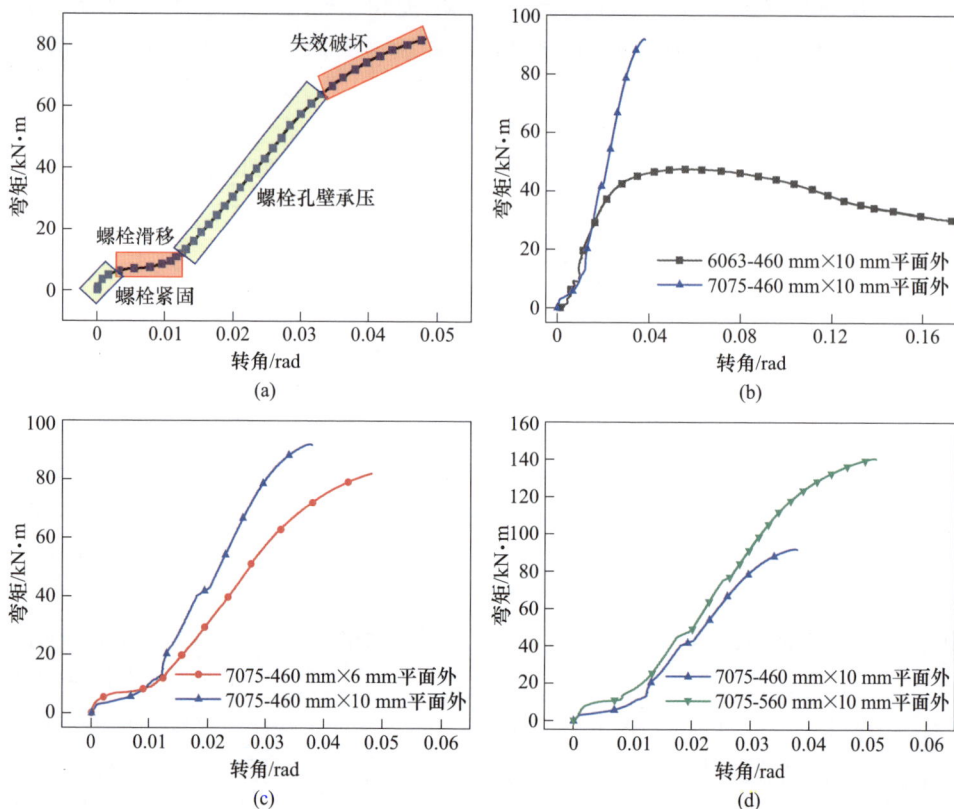

图 2-7　面外弯矩–转角曲线

（a）弯矩–转角曲线特征；（b）不同材性的影响；（c）不同盖板厚度的影响；（d）不同盖板直径的影响

　　铝合金板式节点在不同盖板厚度时的平面外弯矩–转角曲线对比结果如图 2-7（c）所示。由图 2-7（c）可知，盖板厚度对铝合金板式节点的螺栓紧固阶段和螺栓滑移阶段没有影响，对孔壁承压阶段和实效阶段有明显的影响。当盖板厚度由 6 mm 增加至 10 mm 时，铝合金板式节点的面外抗弯承载力由 80 kN·m增加至 92 kN·m（增加了 16%），极限转角由 0.046 rad 降低至 0.037 rad（降低了 24%）。由上述分析可知，随着盖板厚度的增加，铝合金板式节点的平面外抗弯承载力逐渐增大，而极限弯曲变形逐渐减小。

　　不同盖板直径时，铝合金板式节点在平面外弯矩作用下的弯矩–转角曲线对比结果如图 2-7（d）所示。随着盖板直径由 460 mm 增加至 560 mm 时，螺栓数量由 14 个增加至 22 个，螺栓开始滑移的弯矩由 4 kN·m 增加至 10 kN·m，面外抗弯承载力由 90 kN·m 增加至 140 kN·m，极限转角由 0.037 rad 增加至0.05 rad。随着盖板直径的增加，螺栓可以增加布置数量，从而引起开始滑移弯矩、抗弯承载力及极限转角的逐渐增大。

2.2　数值模拟分析

2.2.1　数值模型

本节开展数值分析的主要目的是进一步研究节点的承载力，为减少不必要的计算工作量，因此采用简化模型。根据试件的对称性，运用 ABAQUS 软件建立 1/2 节点模型，如图 2-8 所示。节点中的上下盖板、H 型铝合金梁及螺栓均采用 C3D8R 单元进行模拟。在梁端截面设置耦合参考点，将参考点与其所在 H 型梁截面，进行平动和转动自由度耦合，平面内弯矩和平面外弯矩分别施加在该耦合点上。网格划分的质量将直接影响有限元模型的计算速度和计算精度。对于尺度较大的有限元模型，应根据各构件的受力状态决定网格密度，例如在各部件的拐角等应力较集中的地方需要更为精细，其他远离重要接触位置的部分可以选择相对粗糙的网格。由于本章采用的 1/2 节点模型尺寸较小，所以将全部网格划分相对精细，在保证计算精度的同时也可兼顾计算速度。

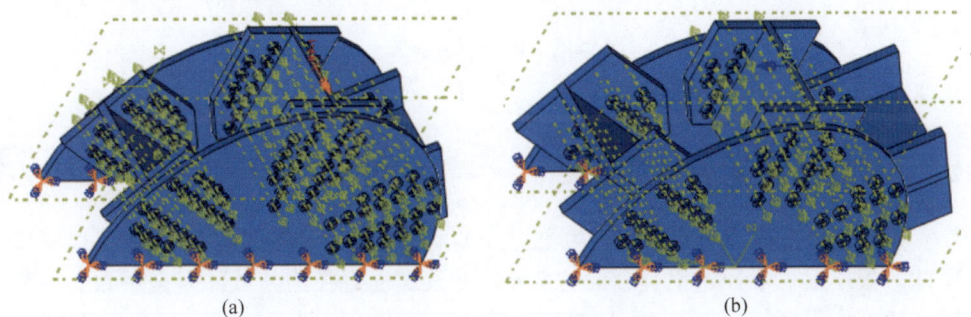

图 2-8　数值模型
（a）面内抗弯；（b）面外抗弯

铝合金板式节点的各部分构件之间存在着多种接触关系，需要在 ABAQUS 中进行详细的设置。各接触位置均采用摩擦接触，软件中可以用罚摩擦来实现。根据《铝合金结构设计规范》（GB 50429—2007）的有关规定，结合相关文献的建议值，取摩擦系数 0.25。现将铝合金板式节点有限元模型中的接触关系列于表 2-3。

铝合金板式节点的梁与上下盖板均由铝合金材料制成，螺栓为不锈钢。铝合金材料的本构关系采用 Ramberg-Osgood 模型，钢材的应力-应变关系采用双折线模型，如图 2-9 所示。在对试件进行有限元模拟时，材性取值与试验实测结果一致。

表 2-3   接触关系设置

接触位置	接触类型	主面	从面	摩擦系数
盖板与梁翼缘		梁翼缘	盖板	
花环体与梁腹板		花环体	梁腹板	
螺栓与盖板	面面接触	螺栓	盖板	0.25
螺栓与梁		螺栓	梁	
螺栓与花环体		螺栓	花环体	

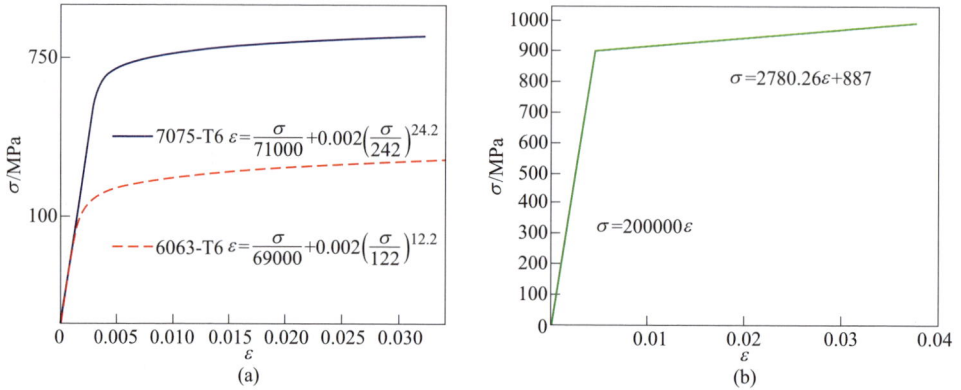

图 2-9   材料模型

（a）铝合金；（b）螺栓

2.2.2   模型验证

为验证节点模型的可靠性，对板式节点试件进行有限元模拟。1/2 节点模型中的盖板厚度、半径、铝合金梁的截面尺寸及螺栓直径均与试件完全一致。将有限元模型所得弯矩-转角曲线与试验结果进行对比，如图 2-10 所示。由图 2-10 可

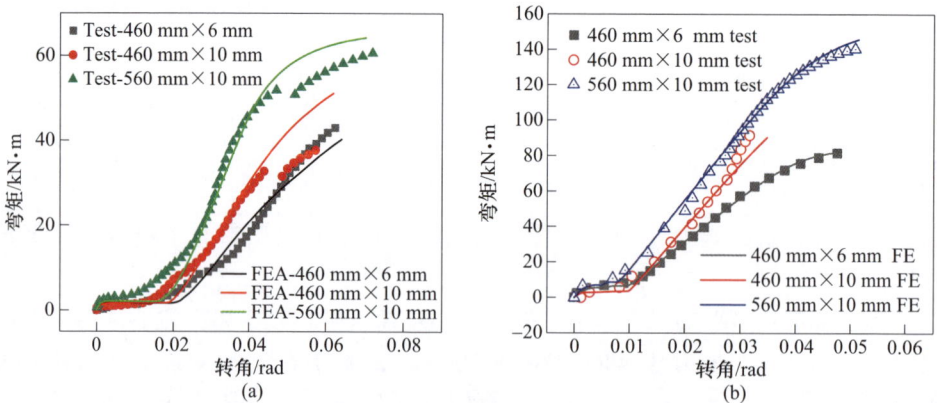

图 2-10   弯矩-转角曲线对比

（a）面内抗弯；（b）面外抗弯

知，有限元模拟得到的平面内和平面外弯矩-转角曲线与试验结果基本一致。

为了进一步验证有限元模型的准确性，将有限元所得典型破坏模式与试验破坏模式进行对比，对比结果如图 2-11 所示。由图 2-11 可知，所提取面内抗弯和面外抗弯的有限元模拟破坏形式与试验基本一致，分别为梁端撕裂破坏和盖板撕裂破坏。

(a)

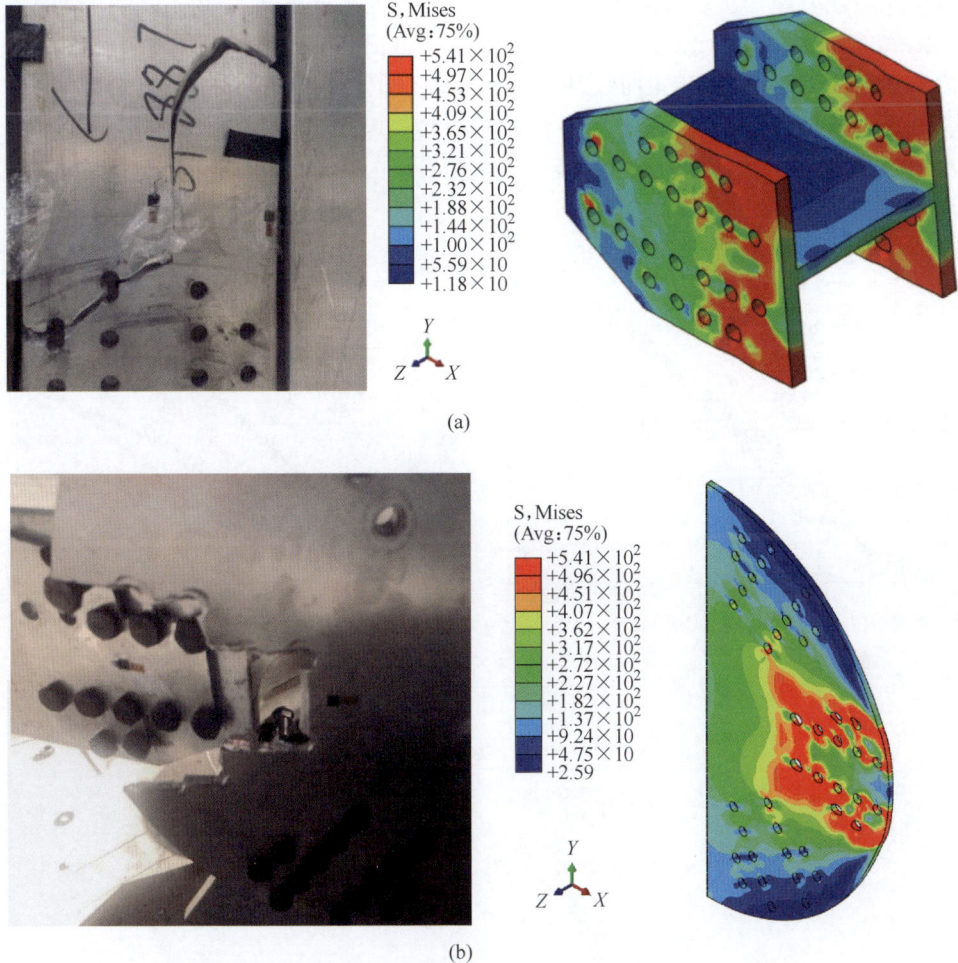

(b)

图 2-11　破坏模式对比
（a）面内抗弯；（b）面外抗弯

2.2.3　弯矩-转角曲线

通过试验初步探明了铝合金材性、盖板厚度和盖板直径等因素对铝合金板式节点平面内和平面外抗弯性能的影响规律。为进一步完善对铝合金板式节点抗弯性能的探究，建立不同螺栓预紧力、螺栓间隙及梁截面高度的有限元分析模型，从而探明这三个因素对铝合金板式节点面内和面外抗弯性能的影响规律。

板式节点在平面内弯矩作用下，弯矩-转角曲线受螺栓预紧力、螺栓间隙及梁截面高度影响的对比结果如图 2-12 所示。随着螺栓预紧力的增加，螺栓滑移阶段的起始平面内弯矩逐渐增大，螺栓滑移距离基本一致，弯矩-转角曲线在孔壁承压阶段后期和实效阶段实现重合。随着螺栓间隙的增大，螺栓滑移阶段的滑移距离逐渐增大，其余阶段基本重合。随着梁截面高度的增加，板式节点在平面内弯矩作用下的弯矩-转角曲线基本重合。通过上述分析可知，螺栓预紧力主要影响板式节点在平面内弯矩作用下的起始滑移弯矩，螺栓间隙只影响滑移阶段的滑移距离，梁截面高度对铝合金板式节点在平面内弯矩作用下的抗弯性能基本没有影响。

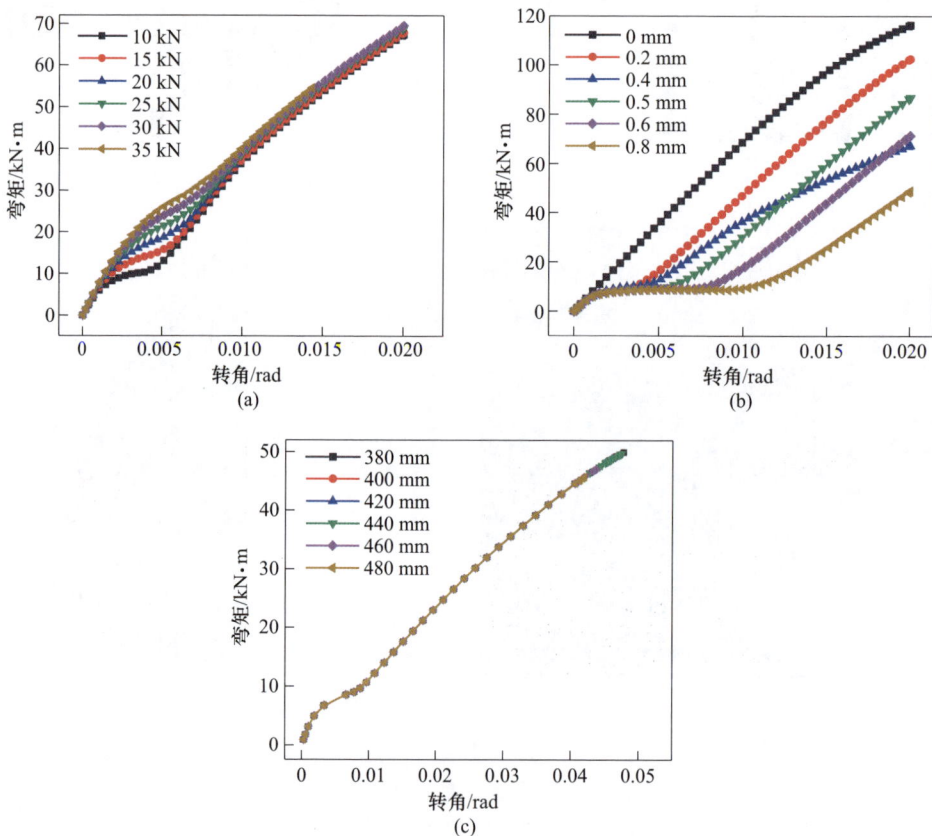

图 2-12 面内抗弯的参数分析结果
（a）不同螺栓预紧力；（b）不同螺栓间隙；（c）不同梁高

板式节点在平面外弯矩作用下，弯矩-转角曲线受螺栓预紧力、螺栓间隙及梁截面高度影响的对比结果如图 2-13 所示。螺栓预紧力和螺栓间隙对铝合金板式节点的平面外抗弯性能影响规律与平面内一致。随着梁截面高度的增大，铝合金板式节点在平面外弯矩作用下，弯矩-转角曲线的螺栓紧固阶段、螺栓滑移阶段、孔壁承压阶段和实效阶段的抗弯性能均逐渐提升。

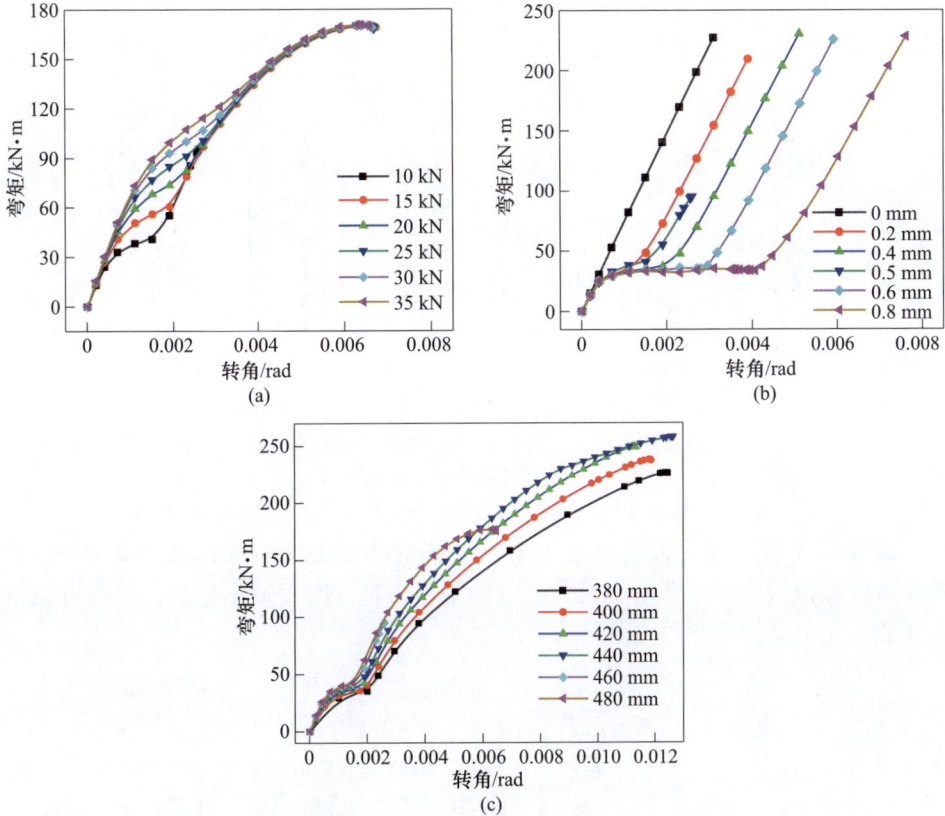

图 2-13　面外抗弯的参数分析结果

（a）不同螺栓预紧力；（b）不同螺栓间隙；（c）不同梁高

2.3　抗弯刚度特征

2.3.1　刚度特征

连接节点的半刚性特征对单层网壳的整体稳定性至关重要，因此有必要对铝合金板式节点的平面内和平面外抗弯刚度进行探究。为此建立了不同盖板厚度、盖板直径、梁高度、螺栓预紧力和螺栓间隙的有限元模型，充分分析这些因素对节点平面内外抗弯刚度的影响。

　　盖板厚度对铝合金板式节点平面内外抗弯刚度的影响规律如图 2-14 所示。随着盖板厚度的增加，铝合金板式节点的平面内外抗弯刚度均逐渐提升。其中，螺栓紧固阶段的抗弯刚度最大，孔壁承压阶段抗弯刚度次之，螺栓滑移阶段抗弯刚度最小。平面内抗弯时螺栓紧固阶段的抗弯刚度提高幅度最大，平面外抗弯时孔壁承压阶段的抗弯刚度提升幅度最大。

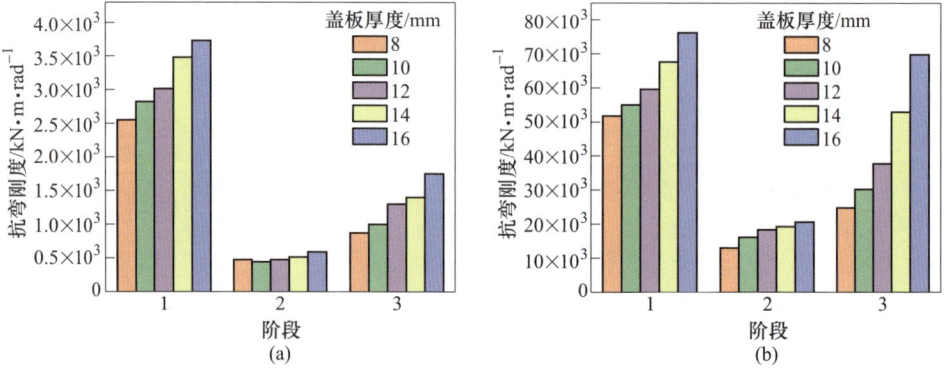

图 2-14　盖板厚度对抗弯刚度的影响
（a）面内抗弯；（b）面外抗弯

　　盖板直径对铝合金板式节点平面内外抗弯刚度的影响规律如图 2-15 所示。随着盖板直径的增大，铝合金板式节点的平面内抗弯刚度逐渐提高，平面外抗弯刚度的变化幅度较小。

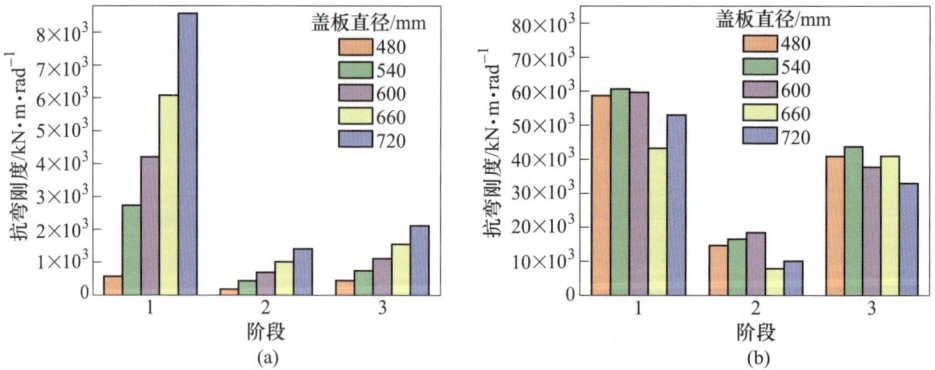

图 2-15　盖板直径对抗弯刚度的影响
（a）面内抗弯；（b）面外抗弯

　　铝合金梁截面高度对铝合金板式节点平面内外抗弯刚度的影响规律如图 2-16 所示。随着梁截面高度的增加，铝合金板式节点的平面内抗弯刚度基本不变，平面外抗弯刚度逐渐提高，且螺栓紧固阶段和孔壁承压阶段的提升幅度较为接近。

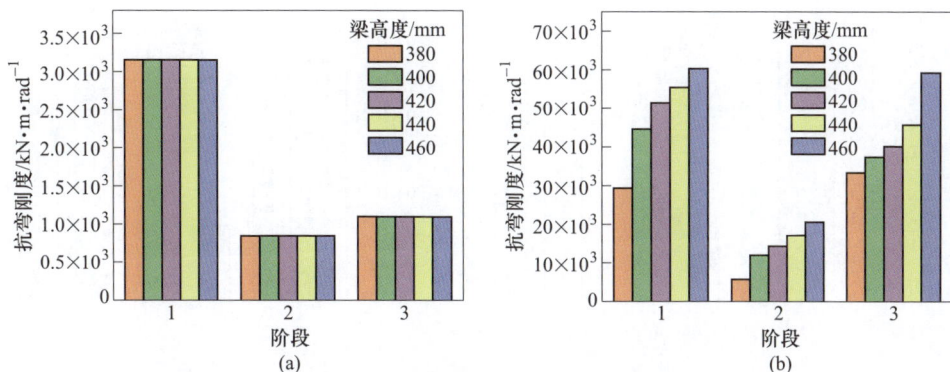

图 2-16　梁高度对抗弯刚度的影响
（a）面内抗弯；（b）面外抗弯

　　铝合金材性对铝合金板式节点平面内外抗弯刚度的影响规律如图 2-17 所示。铝合金材性对板式节点的平面内和平面外抗弯刚度没有影响。

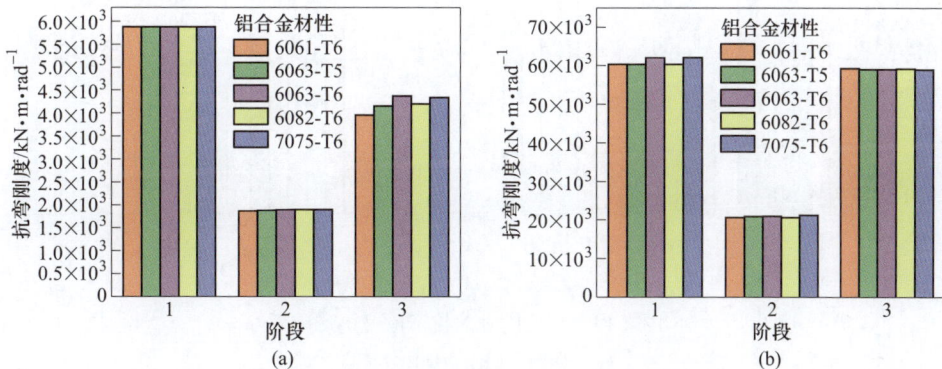

图 2-17　铝合金材性对抗弯刚度的影响
（a）面内抗弯；（b）面外抗弯

　　螺栓预紧力对铝合金板式节点平面内外抗弯刚度的影响规律如图 2-18 所示。随着螺栓预紧力的增大，铝合金板式节点的平面内和平面外抗弯刚度均在螺栓紧固阶段和螺栓滑移阶段逐渐提高，在孔壁承压阶段保持不变。

　　不同螺栓间隙的铝合金板式节点在平面内和平面外弯矩作用下的抗弯刚度变化规律如图 2-19 所示。随着螺栓间隙的增加，平面内和平面外抗弯刚度仅在螺栓滑移阶段出现逐渐减小的变化趋势，在其余阶段均保持不变。

2.3.2　模拟方法

　　众多研究结果表明，半刚性节点的力学性能介于刚接与铰接节点之间，其转

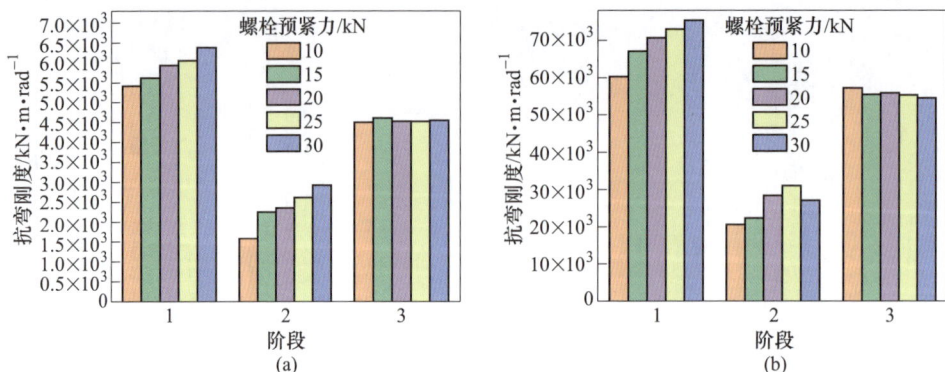

图 2-18　螺栓预紧力对抗弯刚度的影响

（a）面内抗弯；（b）面外抗弯

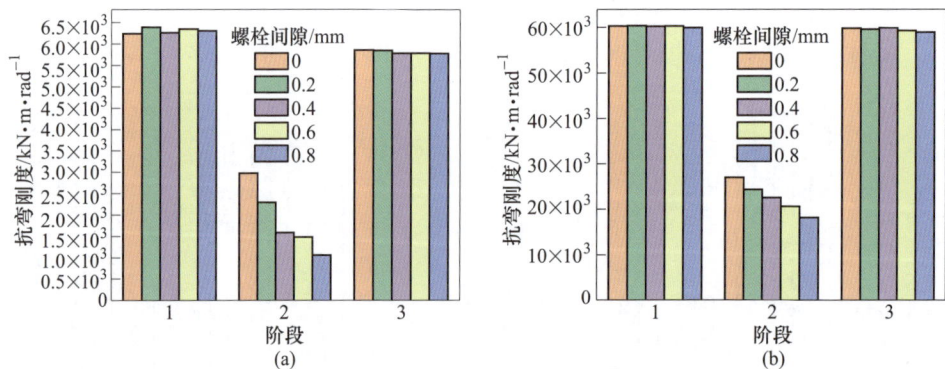

图 2-19　螺栓间隙对抗弯刚度的影响

（a）面内抗弯；（b）面外抗弯

动能力对结构的整体稳定性非常重要。目前常用的半刚性节点模拟方法有两种，分别为弹簧单元模拟法和等效梁单元法（图 2-20）。弹簧单元模拟法是将节点域设置为刚域，然后将杆件与节点刚域通过弹簧单元进行连接，如图 2-20（a）所示。其中，弹簧单元法可根据节点的弯矩−转角曲线输入对应的转动刚度，从而模拟节点的转动能力。等效梁单元法是按刚度等效原则将节点域替换为梁单元，如图 2-20（b）所示。梁单元的长度取节点域的长度，截面尺寸则通过等效刚度换算确定。目前，这两种模拟方法均可在设计软件中实现，但由于单层铝合金网壳中包含非常多的节点，因此采用弹簧单元模拟法需要设置非常多的连接弹簧，操作较为繁琐。因此将采用等效梁单元模拟法反映节点的半刚性特征。

　　铝合金板式节点采用等效梁单元模拟时，等效梁平面内和平面外刚度均与原节点一致。可由原节点有限元分析得到的弯矩−转角曲线提取极限弯矩和转角，

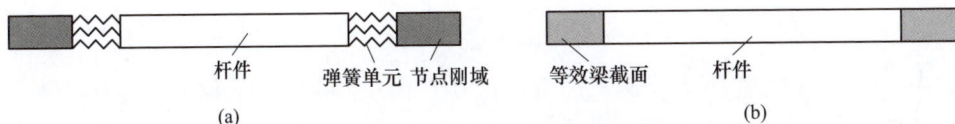

图 2-20 节点半刚性的模拟方法

（a）弹簧单元模拟法；（b）等效梁单元模拟法

然后推出该极限弯矩和转角对应的抗弯刚度，根据该抗弯刚度换算得到等效梁的几何尺寸和力学属性即可。为验证上述模拟方法的准确性，建立 3 个几何尺寸不同的节点有限元分析模型及对应的等效梁模型，同时施加平面内和平面外的弯矩，所得弯矩–转角曲线如图 2-21 所示。由图 2-21 可知，等效梁模拟板式节点时所得平面内外弯矩–转角曲线与对应节点有限元模型所得曲线重合度较高。因此，等效梁单元可以用于模拟铝合金板式节点的平面内和平面外弯曲刚度特征。

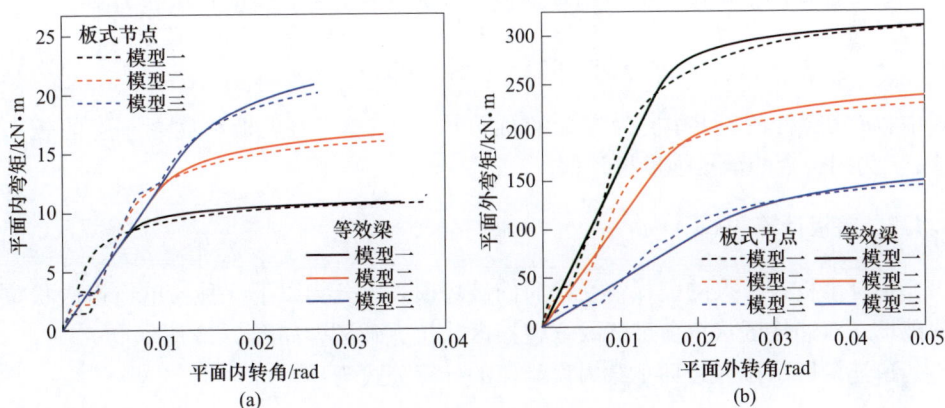

图 2-21 模拟方法的验证

（a）面内抗弯；（b）面外抗弯

2.4 承载力计算方法

2.4.1 螺栓计算

铝合金板式节点在平面内弯矩和平面外弯矩作用下的受力机理如图 2-22 所示。平面内的弯矩均有盖板与梁翼缘的螺栓群产生的抗剪承载力进行传递，因此板式节点的面内（M_{in}）和面外（M_{out}）抗弯承载力可由以下公式计算：

$$M_{in} = \sum_{i=1}^{n} V_i h_i \tag{2-3}$$

$$M_{\text{out}} = \sum_{i=1}^{n} V_i H \tag{2-4}$$

式中，n 为单根梁上下翼缘螺栓总数；V_i 为单个螺栓的抗剪承载力；h_i 为同侧翼缘螺栓的中心距；H 为梁截面高度。

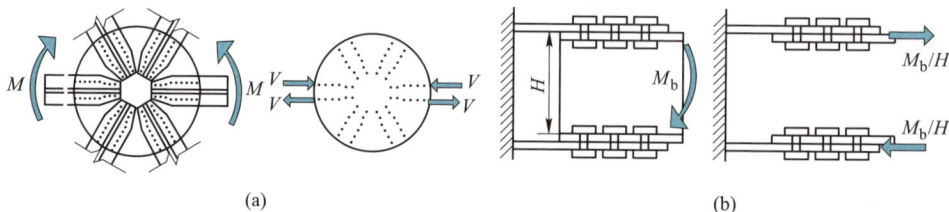

图 2-22　板式节点抗弯受力机理
（a）面内抗弯；（b）面外抗弯

单个螺栓的抗剪承载力由螺栓横截面抗剪承载力和孔壁的承压能力确定：

$$V_i = \min\left[\frac{\pi d^2 f_v}{4}, \ \pi d t_{\min} f_c\right] \tag{2-5}$$

式中，d 为螺栓的直径；f_v 为螺栓的抗剪承载力；$t_{\min}$ 为盖板和翼缘厚度的较小值；f_c 为铝合金的承压强度设计值。

2.4.2　盖板计算

铝合金板式节点的盖板在受拉时的破坏模式可分为以下 3 种：单连接区状拉剪破坏、双连接区状拉剪破坏及三连接区状拉剪破坏，如图 2-23 所示。

单连接区状拉剪破坏承载力设计值的计算公式为：

$$V_1 = 0.5tf\sum_{i=1}^{3}\gamma_i l_i \geqslant Q_i, \ \gamma_1 = \gamma_3 = 0.58, \ \gamma_2 = 1 \tag{2-6}$$

双连接区状拉剪破坏承载力设计值的计算公式为：

$$V_2 = 0.5tf\sum_{i=1}^{5}\gamma_i l_i \geqslant (Q_1 + Q_2)\cos\frac{\varphi_1}{2} \tag{2-7}$$

三连接区状拉剪破坏承载力设计值的计算公式为：

$$V_3 = 0.5tf\sum_{i=1}^{7}\gamma_i l_i \geqslant Q_1\cos\varphi_1 + Q_2 + Q_3\cos\varphi_2 \tag{2-8}$$

式中，V_1 为单连接区状拉剪破坏承载力设计值；V_2 为双连接区状拉剪破坏设计值；V_3 为三连接区状拉剪破坏承载力设计值；t 为节点板厚度；f 为铝合金抗拉强度设计值；γ_i 为第 i 条破坏边的材料等效破坏强度系数，按表 2-4 取值；l_i 为第 i 条破坏边的净长度；Q_i 为第 i 根杆件与节点板连接区域所受螺栓群剪力；φ_1、φ_2 为杆件间夹角。

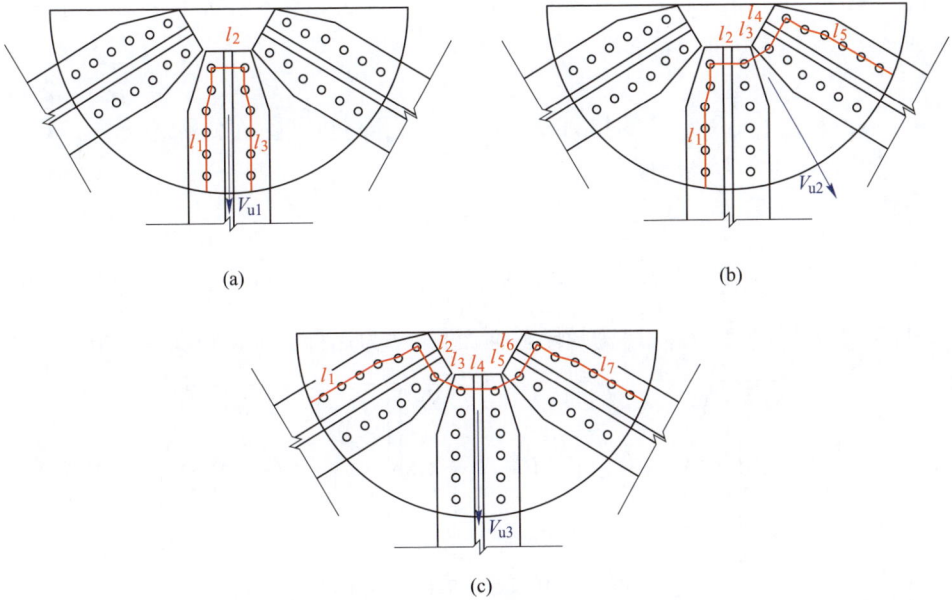

(a) (b)

(c)

图 2-23　节点盖板块状拉剪破坏

（a）单连接区；（b）双连接区；（c）三连接区

表 2-4　等效破坏强度系数

连接区	γ_i	40°	45°	50°	55°	60°	65°	70°	75°	80°	85°	90°
双连接区	γ_1	0.641	0.656	0.673	0.690	0.707	0.725	0.743	0.762	0.780	0.799	0.816
	γ_2	0.960	0.950	0.939	0.926	0.913	0.899	0.884	0.868	0.851	0.834	0.816
	γ_3	1.000	1.000	1.000	1.000	1.000	1.000	1.000	1.000	1.000	1.000	1.000
	γ_4	0.960	0.950	0.939	0.926	0.913	0.899	0.884	0.868	0.851	0.834	0.816
	γ_5	0.641	0.656	0.673	0.690	0.707	0.725	0.743	0.762	0.780	0.799	0.816
三连接区	γ_1	0.780	0.816	0.851	0.884	0.913	0.938	0.960	0.977	0.990	0.997	1.000
	γ_2	0.851	0.816	0.780	0.743	0.707	0.673	0.641	0.615	0.595	0.582	0.577
	γ_3	0.960	0.950	0.939	0.926	0.913	0.899	0.884	0.868	0.851	0.834	0.816
	γ_4	1.000	1.000	1.000	1.000	1.000	1.000	1.000	1.000	1.000	1.000	1.000
	γ_5	0.960	0.950	0.939	0.926	0.913	0.899	0.884	0.868	0.851	0.834	0.816
	γ_6	0.851	0.816	0.780	0.743	0.707	0.673	0.641	0.615	0.595	0.582	0.577
	γ_7	0.780	0.816	0.851	0.884	0.913	0.938	0.960	0.977	0.990	0.997	1.000

2.4.3　杆件计算

杆件净截面破坏的不利路径如图 2-24 所示，需要分别对其破坏线净截面强度进行验算。参与拉断截面的螺栓个数为 n 个，因此破坏面所承受的拉力设计值为：

$$N_{nA} = nN_b \tag{2-9}$$

式中，N_{nA} 为破坏面所承受的拉力设计值；n 为参与拉断截面的螺栓个数；N_b 为单个螺栓配到的剪力设计值。

破坏面应力验算公式为：

$$\sigma_{nb} = \frac{N_{nA}}{A_{nb}} \leqslant f \tag{2-10}$$

式中，σ_{nb} 为破坏面应力；A_{nb} 为拉断截面面积；f 为铝合金抗拉强度设计值。

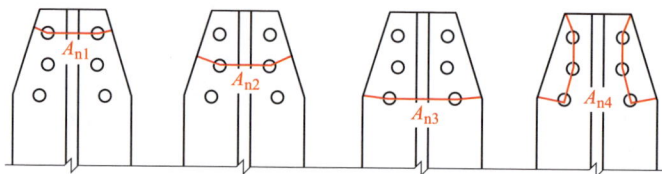

图 2-24　梁端净截面拉断破坏线

3 铝合金单层网壳结构承载性能

3.1 网格形态分析

3.1.1 网格形式分类

在进行复杂形态铝合金单层网壳结构分析之前，应对网格形式进行初步探索。目前，对于单层网格结构而言，常用的网格形式有 3 种，如图 3-1 所示，分别为三角形网格、四边形网格和六边形网格。

(a)　　　　　　　　　　　　　　(b)

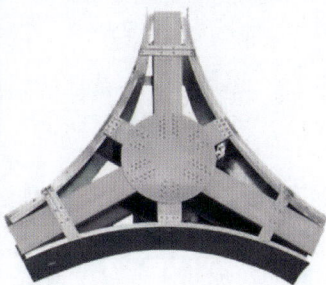

(c)

图 3-1　网格形式
（a）三角形网格；（b）四边形网格；（c）六边形网格

3.1.2 平面网格分析

复杂形态铝合金网壳结构在承受设计荷载的过程中可以分解为平面内受荷和

平面外受荷，为了分析 3 种网格在承受平面内和平面外荷载时的承载性能，在 ABAQUS 中建立了数值分析模型。网格模型外围尺寸为 9000 mm×9000 mm，铝合金材料取 7075-T6。进行平面内承载分析时沿荷载作用方向底边设置固结约束，进行平面外承载性能分析时 4 条边缘均设置固结约束。在进行平面内外分析时，均在各节点施加相同集中力，荷载作用方向与分析方向一致。

不同网格形式时，铝合金网格采用相同截面尺寸（铝合金杆件截面均取 H150 mm×150 mm×12 mm×12 mm）时，在节点平面内集中力作用下的最大节点荷载－位移曲线如图 3-2（a）所示。荷载－位移曲线整体呈现理想弹塑性的变化趋势，这是因为铝合金的力学本构基本与理想弹塑性材料模型一致。具体地，三角形网格在节点面内集中力达到 1360 kN 时开始进入屈服阶段，最大屈服变形为 33 mm。四边形网格在 560 kN 时开始进入屈服阶段，最大屈服变形为 67 mm。六边形网格仅在 220 kN 时发生屈服，最大屈服变形为 127 mm。在同等杆件截面、边界和受荷条件下，三角形网格的面内强度和刚度约为四边形网格的 2.4 倍和 4.7 倍，四边形网格约为六边形网格的 2.5 倍和 4.6 倍。

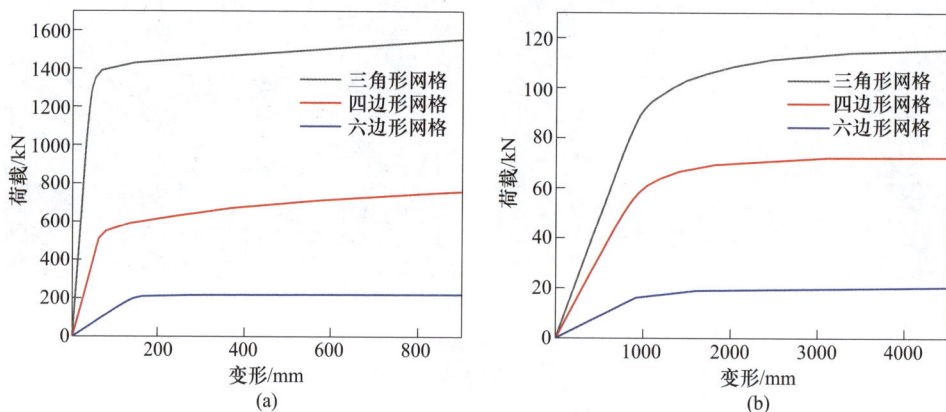

图 3-2　相同杆件截面节点荷载－位移曲线

（a）平面内；（b）平面外

不同网格形式时，铝合金网格采用相同截面尺寸（铝合金杆件截面均取 H150 mm×150 mm×12 mm×12 mm）时，在节点平面外集中力作用下的最大节点荷载－位移曲线如图 3-2（b）所示。三角形网格在节点面外集中力达到 94 kN 时开始进入屈服阶段，最大屈服变形为 846 mm。四边形网格在 60 kN 时开始进入屈服阶段，最大屈服变形为 889 mm。六边形网格仅在 19 kN 时发生屈服，最大屈服变形为 915 mm。在同等杆件截面、边界和受荷条件下，三角形网格的面内强度和刚度约为四边形网格的 1.6 倍和 1.7 倍，四边形网格约为六边形网格的 3.1 倍和 3.2 倍。

采用相同杆件截面时，不同网格形式的铝合金网格结构在平面内节点集中力作用下，结构屈服时的应力分布如图 3-3 所示。总体而言，3 种网格形式的应力分布均呈现自上而下逐渐增大的趋势，其中三角形网格的底部竖向杆件应力最大，四边形网格底部中间交叉网格应力最大，六边形网格最大应力出现在底部交叉和竖向网格。

图 3-3　相同杆件截面平面内屈服应力分布

采用相同杆件截面时，不同网格形式的铝合金网格结构在平面外节点集中力作用下，结构屈服时的应力分布如图 3-4 所示。在平面外节点集中力作用下，三角形网格最大应力出现在沿对角线方向的四个角点区域，跨中应力也较大。四边形网格在节点平面外集中力作用下的分布规律与三角形网格较为相似。六边形网格在节点平面外集中力作用下最大应力区域出现在跨中部位。

图 3-4　相同杆件截面平面外屈服应力分布

通过上述分析可知，在相同杆件截面的前提下，三角形网格的面内和面外强度及刚度最优，四边形网格次之，六边形网格最小。在平面内和平面外节点集中力作用下，3 类铝合金网格的传力方向大体一致，局部存在差别，因此在采用不同网格形式时应充分考虑传力途径的影响，从而采用更为高效的杆件布置方案。

3.1.3　曲面网格分析

在 MIDAS GEN 中建立了不同网格形式的曲面网格分析模型，如图 3-5 所示。每种网格形式的模型均包含 320 根杆件，每个节点施加 200 kN 节点集中力，通过结构计算提取结构应力、变形及稳定临界荷载系数进行对比。

(a)　　　　　　　　　　　　　　　(b)

(c)

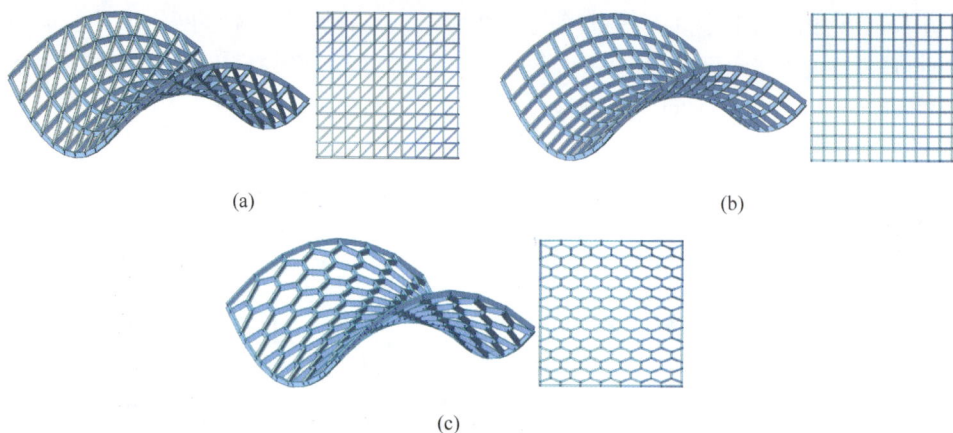

图 3-5　曲面网格分析模型

（a）三角形网格；（b）四边形网格；（c）六边形网格

不同网格形式的曲面网格在相同荷载作用下的应力分布如图 3-6 所示。三角形网格的最大应力为 116 MPa，四边形网格最大应力为 140 MPa，六边形网格的最大应力为 1114 MPa。三角形网格的刚度约为四边形网格和六边形网格的 1.2 倍和 9.6 倍，三角形网格的强度优于四边形网格，六边形网格的强度极差。

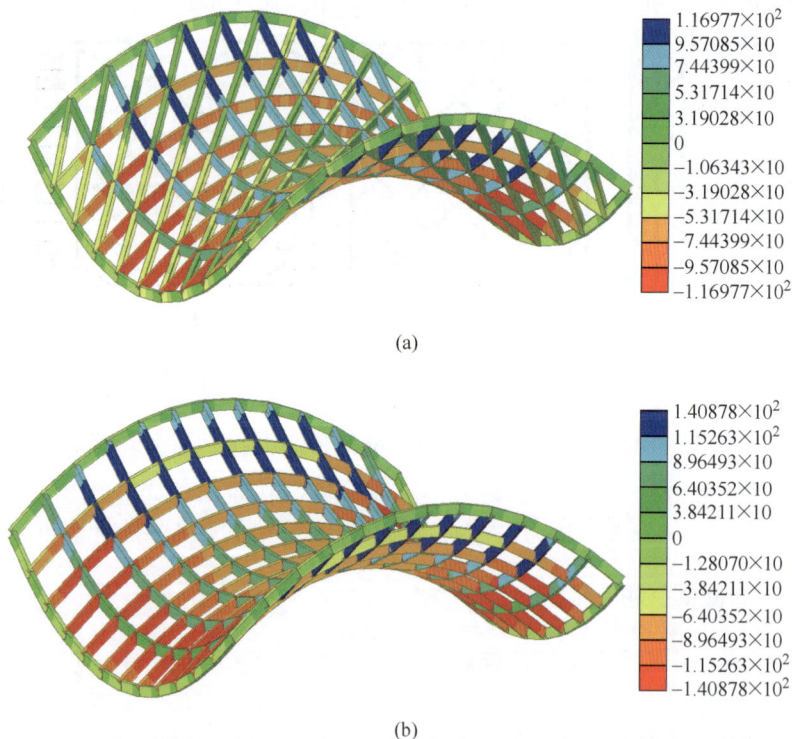

| 1.16977×10^2 |
| 9.57085×10 |
| 7.44399×10 |
| 5.31714×10 |
| 3.19028×10 |
| 0 |
| -1.06343×10 |
| -3.19028×10 |
| -5.31714×10 |
| -7.44399×10 |
| -9.57085×10 |
| -1.16977×10^2 |

(a)

| 1.40878×10^2 |
| 1.15263×10^2 |
| 8.96493×10 |
| 6.40352×10 |
| 3.84211×10 |
| 0 |
| -1.28070×10 |
| -3.84211×10 |
| -6.40352×10 |
| -8.96493×10 |
| -1.15263×10^2 |
| -1.40878×10^2 |

(b)

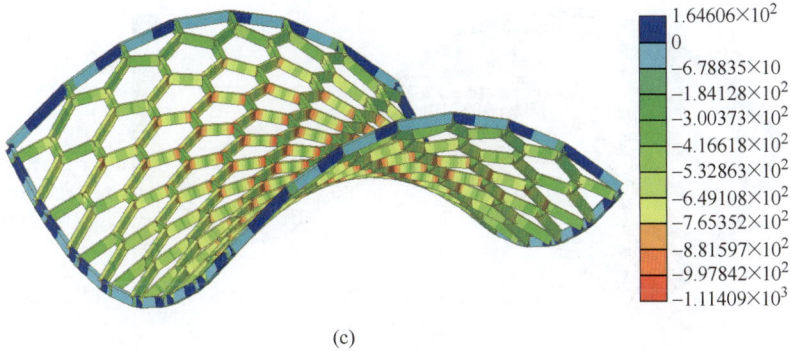

■	1.64606×10^2
■	0
■	-6.78835×10
■	-1.84128×10^2
■	-3.00373×10^2
■	-4.16618×10^2
■	-5.32863×10^2
■	-6.49108×10^2
■	-7.65352×10^2
■	-8.81597×10^2
■	-9.97842×10^2
■	-1.11409×10^3

(c)

图 3-6　曲面网格应力分布

（a）三角形网格；（b）四边形网格；（c）六边形网格

不同网格形式的曲面网格在相同荷载作用下的变形分布如图 3-7 所示。三角形网格的最大竖向变形为 23 mm，四边形网格的最大竖向变形为 30 mm，六边形网格的最大竖向变形为 241 mm。三角形网格的刚度约为四边形网格和六边形网格的 1.3 倍和 10 倍，三角形网格的刚度优于四边形网格，六边形网格的刚度极差。

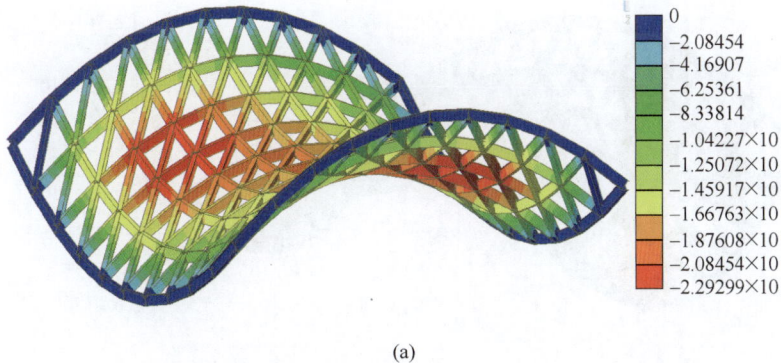

■	0
■	-2.08454
■	-4.16907
■	-6.25361
■	-8.33814
■	-1.04227×10
■	-1.25072×10
■	-1.45917×10
■	-1.66763×10
■	-1.87608×10
■	-2.08454×10
■	-2.29299×10

(a)

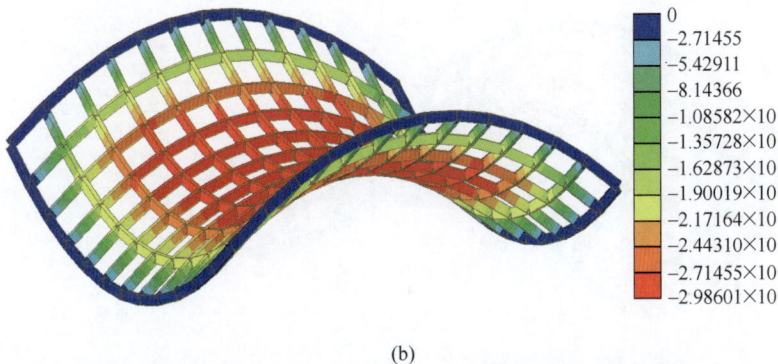

■	0
■	-2.71455
■	-5.42911
■	-8.14366
■	-1.08582×10
■	-1.35728×10
■	-1.62873×10
■	-1.90019×10
■	-2.17164×10
■	-2.44310×10
■	-2.71455×10
■	-2.98601×10

(b)

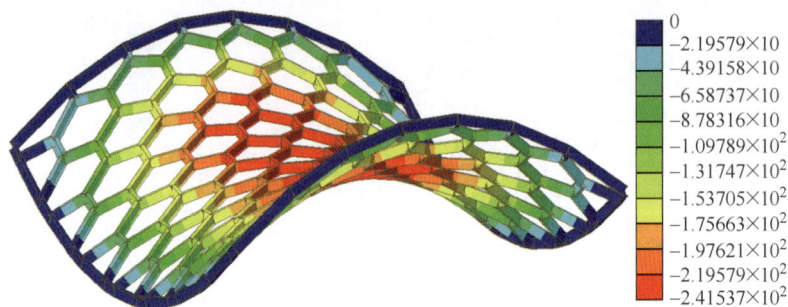

(c)

图 3-7　曲面网格变形分布

（a）三角形网格；（b）四边形网格；（c）六边形网格

　　不同网格形式的曲面网格在相同荷载作用下的屈曲模态如图 3-8 所示。三种网格失稳分布形态较为相似，三角形网格的失稳临界系数为 25，四边形网格的失稳临界系数为 6.6，六边形网格的失稳临界系数为 0.6。三角形网格的稳定承载力约为四边形网格和六边形网格的 3.8 倍和 42 倍，三角形网格的稳定性最优，四边形网格稳定性明显次于三角形网格，六边形网格的稳定性极差。

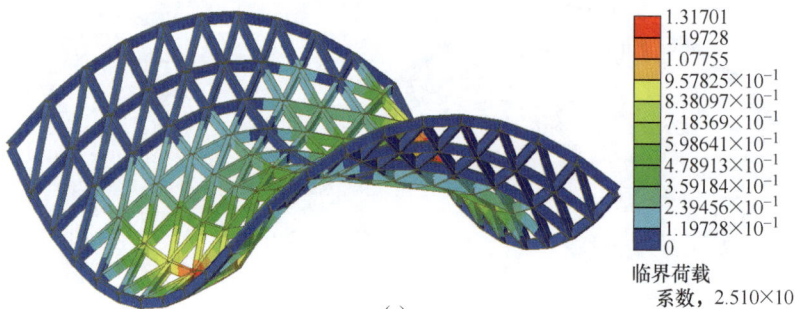

(a)

(b)

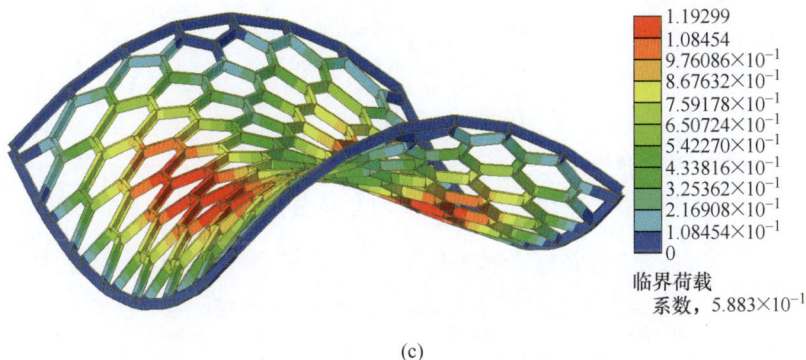

临界荷载
系数，5.883×10^{-1}

(c)

图 3-8　曲面网格失稳模态
（a）三角形网格；（b）四边形网格；（c）六边形网格

3.2　节点网格分析

3.2.1　分析模型

对于复杂形态单层铝合金网壳结构而言，其整体结构体系由如图 3-9（a）所示的节点网格组成。为了分析节点网格的承载性能，建立如图 3-9（b）所示的数值模型。选择 ABAQUS 中的三维梁单元对拟静力试件进行建模，其中的 B31 为考虑剪切变形的一阶 Timoshenko 梁单元，B33 为三次欧拉梁单元，多用于模拟承受分布荷载的梁。考虑到本模型中将节点等效为短杆，所以更适合采用 B31 单元，节点域外的杆件可根据实际尺寸建模。

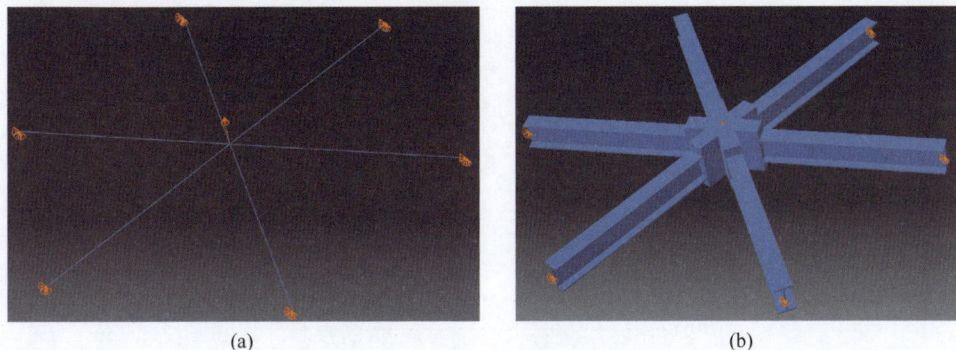

(a)

(b)

图 3-9　节点网格分析模型

3.2.2　节点域长度

节点域的长度关系到网壳整体分析中半刚性区域的范围大小。为分析节点域长度对节点网格承载性能的影响，建立了节点域长度分别为 165 mm、265 mm 及 315 mm 的数值分析模型，采用单向位移加载方式。

各模型的承载力如表 3-1 所示。从中可见，随着节点域长度的增加，承载力有所增大，但增幅很小，可以忽略不计。因此，节点域长度对于节点的竖向承载力没有明显影响。

表 3-1　不同节点域长度的承载力结果统计

模型编号	等效区域长度/mm	承载力/kN	增幅/%
L-2	165	130. 27	0. 00
L-1	215	130. 40	0. 10
L-3	265	130. 53	0. 20
L-4	315	130. 66	0. 30

图 3-10 为各模型加载点处的荷载位移曲线，可见各模型均出现了明显的水平屈服阶段。这与等效刚度模型中将材料的弹塑性采用双折线模型来表达有关，因此在进入屈服阶段后，竖向荷载没有继续增大。而在屈服前，结构的刚度随着节点域长度的增加而有所降低，如图 3-10 所示。与 L-2 相比，L-1、L-3、L-4 的刚度分别下降了 13.82%、23.10%、29.08%，说明当节点域长度较大时，对刚度的削弱作用有所下降。在结构屈服之前，荷载-位移曲线存在较明显的弯折，表明结构刚度有过一次突变，这是因为模型中等效梁与实际杆件的弹塑性性质不同。综上所述，节点域长度对承载力的影响很小，也没有过于削弱结构的刚度，因此仍建议将板式节点的半径作为节点域的长度。

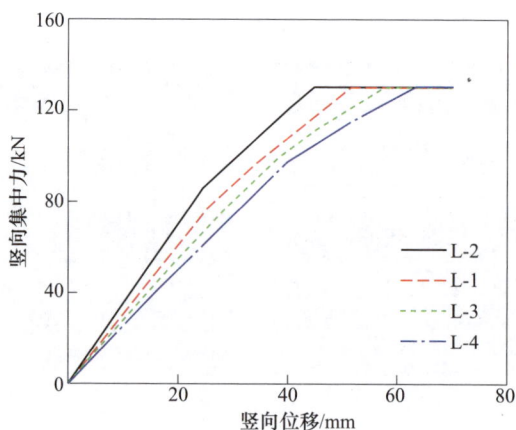

图 3-10　不同节点域长度的荷载-位移曲线

3.2.3　起拱高度

在实际工程中板式节点与其所连接的杆件往往不在同一平面内，而是随建筑外形在节点处存在一定的起拱度。为分析起拱高度对节点网格承载性能的影响，建立了如表 3-2 所示的不同起拱高度的数值分析模型，节点网格起拱模型如图 3-11 所示。

表 3-2　不同起拱高度模型信息和结果统计

模型编号	H-1	H-2	H-3	H-4	H-5
起拱高度/mm	0	50	100	200	300
承载力/kN	130.4	141.72	176.62	256.59	559.2
增幅/%	0.00	8.68	35.45	96.77	328.84

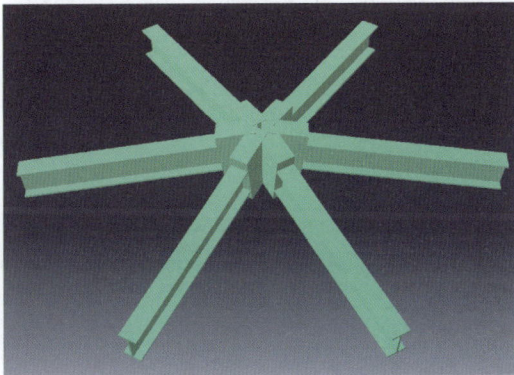

图 3-11　节点网格起拱模型

各模型的承载力计算结果如表 3-2 所示。从表 3-2 中数据可见，当起拱高度增加后，结构的竖向承载力在不断提高，特别是当起拱高度较大时，承载力增加得很快。这是由于起拱高度改变了结构的受力方式，当中心点拱起后，类似拱结构，竖向荷载对支座产生水平推力，而杆件也不再主要承受弯矩，更多承受竖向荷载分解传递来的轴力。当起拱高度足够大时，可充分发挥材料的作用，结构的屈服更多是因为材料到达屈服阶段，结构承载力出现更快增长。

图 3-12 则展示了不同起拱高度时，节点网格加载点的竖向力与位移之间的变化规律。当起拱高度在 0~200 mm 之间时，增加起拱高度会使结构刚度大幅增大。与 H-1 相比，H-2、H-3、H-4、H-5 的刚度分别增大了 16.53%、106.34%、326.90%、792.10%。虽然较大起拱高度有利于提高承载力，但从 H-5 的荷载-位移曲线中可见其屈服阶段较短，显著降低了结构的延性。

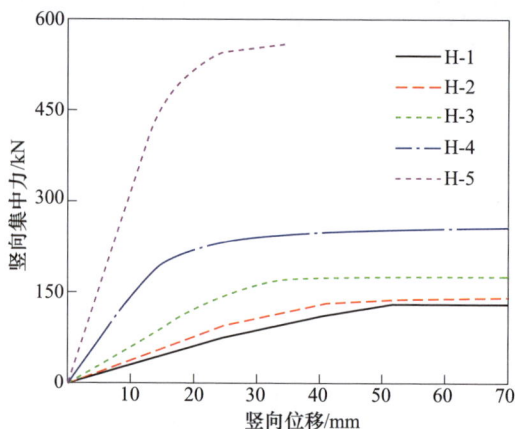

图 3-12 不同起拱高度的荷载-位移曲线

　　图 3-13 表明，起拱高度也引起杆件的应力分布发生变化。H-1 中的 6 根杆件均在靠近节点处产生较大应力，随着起拱高度的增大，相同应力分布的杆件逐渐减少，在 H-4 中开始出现全长应力相近的杆件，当起拱高度达到 300 mm 时，各杆件均出现全长应力相近的情况。起拱高度使得 H-2 的最大应力较 H-1 有一定提升，但随着起拱高度的继续增加，最大应力值开始逐渐降低。

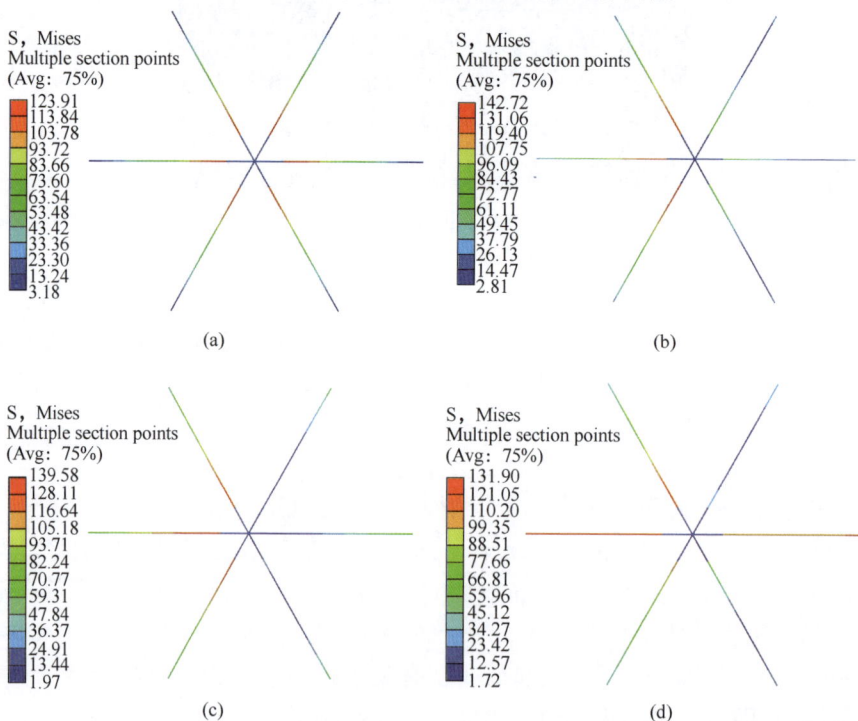

(a)

(b)

(c)

(d)

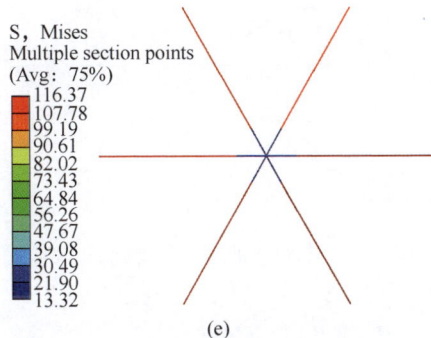

S，Mises
Multiple section points
(Avg: 75%)
116.37
107.78
99.19
90.61
82.02
73.43
64.84
56.26
47.67
39.08
30.49
21.90
13.32

(e)

图 3-13　不同起拱高度的应力分布
（a）H-1；（b）H-2；（c）H-3；（d）H-4；（e）H-5

3.2.4　边界条件

在单层网壳结构中，大多数节点与另一个半刚性节点相连，部分节点与支座相连。为研究不同支座条件对节点网格承载性能的影响，设置了 5 组不同支座条件的节点模型，如图 3-14 所示。其中，6 个半刚性支座的模型，用于模拟所有杆件均与其他节点相连的情形；3 个半刚性支座+3 个铰支座的模型，用于模拟在柱面网壳长边支承时可能出现的临近铰支座的节点；4 个半刚性支座+2 个铰支座的模型，用于模拟单层凯威特型球面网壳中临近铰支座的节点。

在 ABAQUS 中对三种支座类型的设置如图 3-15 所示，半刚性支座通过等效刚度模型实现。

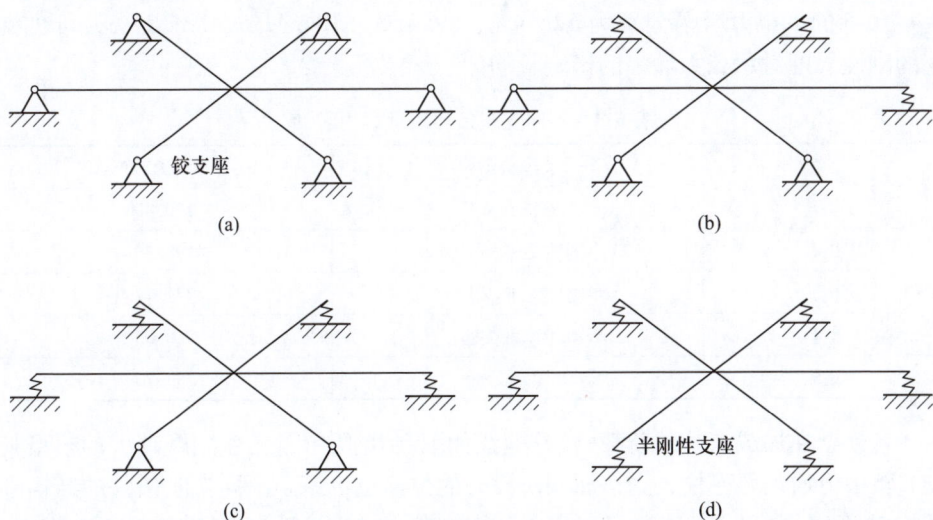

铰支座

(a)

(b)

(c)

半刚性支座

(d)

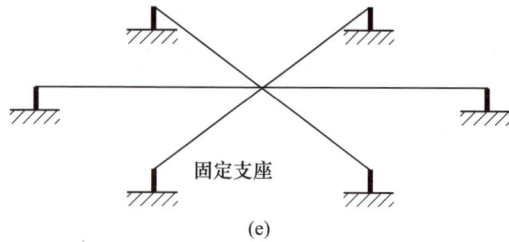

(e)

图 3-14　不同起拱高度的荷载-位移曲线

（a）6 个铰支座；（b）3 个半刚性支座+3 个铰支座；（c）4 个半刚性支座+2 个铰支座；

（d）6 个半刚性支座；（e）6 个固定支座

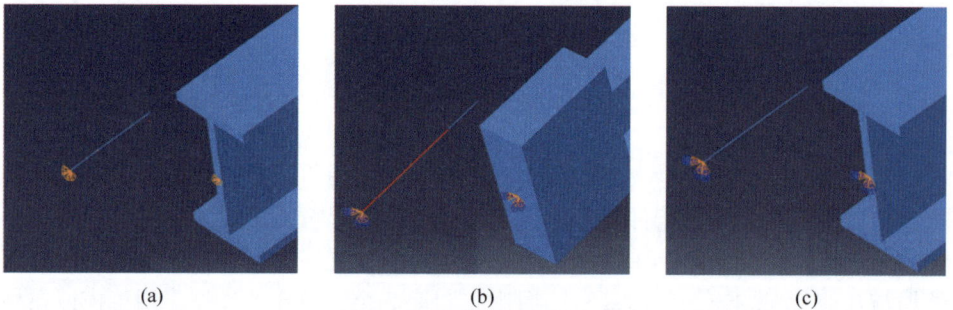

图 3-15　三种支座的模拟方法

（a）铰支座；（b）半刚性支座；（c）固定支座

对各模型的中心点施加竖向位移，计算得到的承载力结果如表 3-3 所示。数据表明，支座的刚性程度对节点承载力有较大影响。相对于模型 B-1，B-2、B-3、B-4、B-5 的承载力增幅分别为 52.14%、69.61%、104.41%、194.27%，可见支座的刚性程度对承载力增幅的影响较均匀。

表 3-3　不同支座条件的承载力统计

模型编号	支座类型	承载力/kN
B-1	6 铰支座	130.40
B-2	3 半刚性支座+3 铰支座	198.39
B-3	4 半刚性支座+2 铰支座	221.17
B-4	6 半刚性支座	266.55
B-5	6 固定支座	383.73

各模型在加载点处的荷载-位移曲线如图 3-16 所示，支座刚度越大的模型其竖向集中力增加得更快，到达屈服阶段时的位移也更短。不同支座条件的结构刚度相对于 B-1，B-2、B-3、B-4、B-5 的刚度增幅分别为 73.07%、101.81%、

163.22%、389.85%，可见当支座刚度较大时，对结构整体刚度的影响较大。

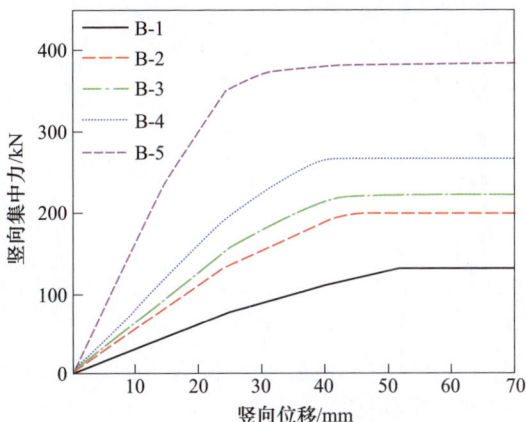

图 3-16 不同支座荷载-位移曲线

图 3-17 反映了不同的支座情况对杆件应力分布的影响。当 6 个支座为同一类型时，各杆件上的应力分布彼此对称；当存在混合类型的支座时（如 B-2、

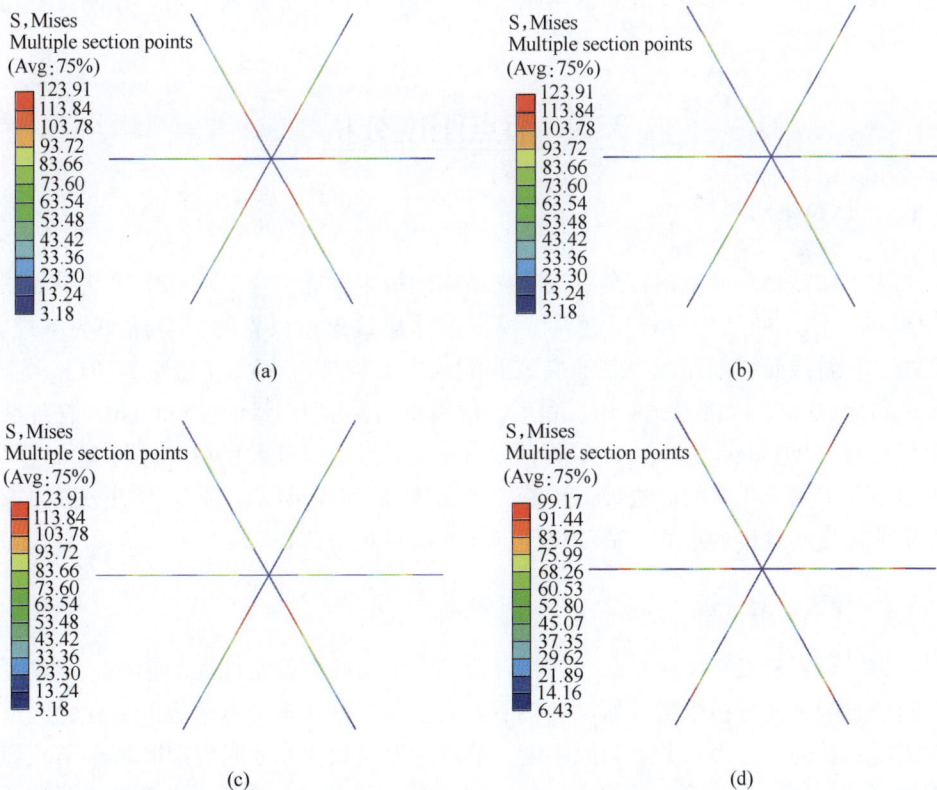

(a)

(b)

(c)

(d)

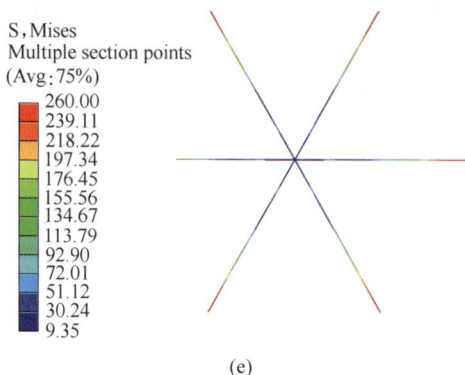

(e)

图 3-17　不同支座荷载-位移曲线

（a）B-1；（b）B-2；（c）B-3；（d）B-4；（e）B-5

B-3)，应力较大的部分往往出现在与铰支座相连的杆件。节点刚度与支座刚度的差异会引起杆件上应力分布不均，较大应力出现在刚度大的位置。例如，当节点为半刚性、支座铰接时，较大应力靠近节点；节点为半刚性、支座固接时，较大应力靠近支座；节点和支座均为半刚性时，杆件上应力分布较均匀，在刚度变化处应力较大。

3.3　节点刚度分析

3.3.1　分析模型

为了探究复杂形态铝合金单层网壳结构的稳定性能，在 RFEM 中建立了如图 3-18（a）所示的结构分析模型。该模型整体建筑形态以椭圆形半球面为基准，两端进行斜截面切割而成。基准椭球曲面水平面长跨为 60 m，短跨为 30 m，立面矢高为 30 m。网格形式采用三角形，网格单边长度为 1800~2500 mm，杆件截面形式为 H260 mm×160 mm×12 mm×12 mm，节点采用等效梁单元进行模拟，等效梁单元采用 2.3 节的方法进行计算，如图 3-18（b）所示。本结构的边界支撑采用落地支座铰接的形式，荷载作用形式为节点集中荷载。

3.3.2　稳定性能分析

为了分析节点刚度对复杂形态铝合金网壳结构静力稳定性能的影响，建立了不同节点刚度的分析模型。通过调整节点刚度系数来实现节点刚度的变化，当节点刚度系数为 1 时表示节点为原刚度，节点刚度系数为 0.8 时表示取 80% 节点原刚度。

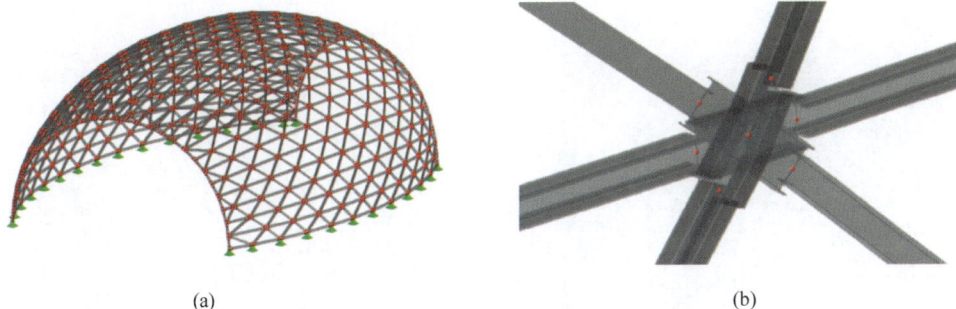

(a)   (b)

图 3-18 铝合金网壳稳定分析模型

（a）整体模型；（b）局部模型

不同节点刚度时，单层铝合金网壳结构杆件的轴力和弯矩变化规律如图 3-19 所示。随着节点刚度由 60% 原刚度增加至 140% 原刚度，杆件的轴力由 512 kN 减少至 501 kN（变化幅度为 2%），杆件的弯矩由 58 kN·m 增加至 65 kN·m（变化幅度为 12%）。

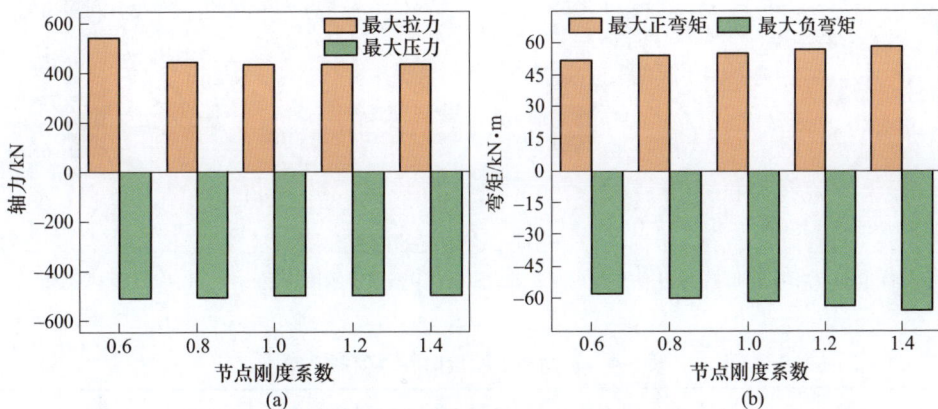

图 3-19 节点刚度对内力分布的影响

（a）轴力变化规律；（b）弯矩变化规律

具体地，不同节点刚度的单层铝合金网壳结构杆件内力分布云图如图 3-20 所示。随着节点刚度的变化，单层铝合金网壳的轴力和弯矩分布规律基本不变。结合图 3-19 的分析可知，铝合金单层网壳节点刚度的变化不会引起内力分布规律的变化，对轴力取值的影响较小，对弯矩取值的影响较大。

不同节点刚度的单层铝合金网壳结构临界荷载系数如表 3-4 所示。随着节点刚度由 60% 原刚度增加至 140% 原刚度，几何非线性临界荷载系数由 3.67 增加至 4.19，双非线性临界荷载系数由 2.31 增加至 2.53，增幅分别为 14% 和 12%。显然，随着节点刚度的增大，单层铝合金网壳的稳定性承载力逐渐增大。

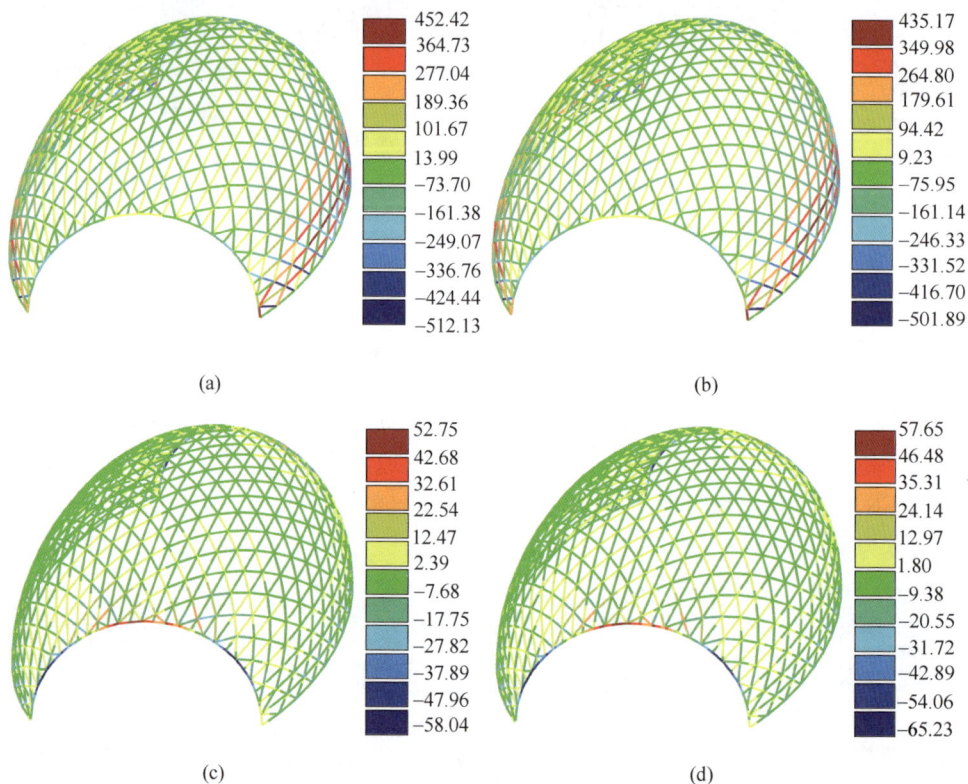

(a)　　　　　　　　　　　　　　(b)

(c)　　　　　　　　　　　　　　(d)

图 3-20　不同节点刚度的内力云图

（a）0.6 节点刚度轴力；（b）1.4 节点刚度轴力；（c）0.6 节点刚度弯矩；（d）1.4 节点刚度弯矩

表 3-4　不同节点刚度时临界荷载系数

节点刚度	弹性模量	几何非线性临界荷载系数	双非线性临界荷载系数
60%原刚度	0.6E	3.67	2.31
80%原刚度	0.8E	3.86	2.41
原刚度	E	4.00	2.48
120%原刚度	1.2E	4.10	2.53
140%原刚度	1.4E	4.19	2.58

　　随着节点刚度的变化，单层铝合金网壳达到几何非线性临界荷载系数时，杆件应力和结构竖向变形的变化规律如图 3-21 所示。随着节点刚度的增大，单层铝合金网壳在几何非线性失稳时的应力逐渐增大，竖向变形逐渐降低。

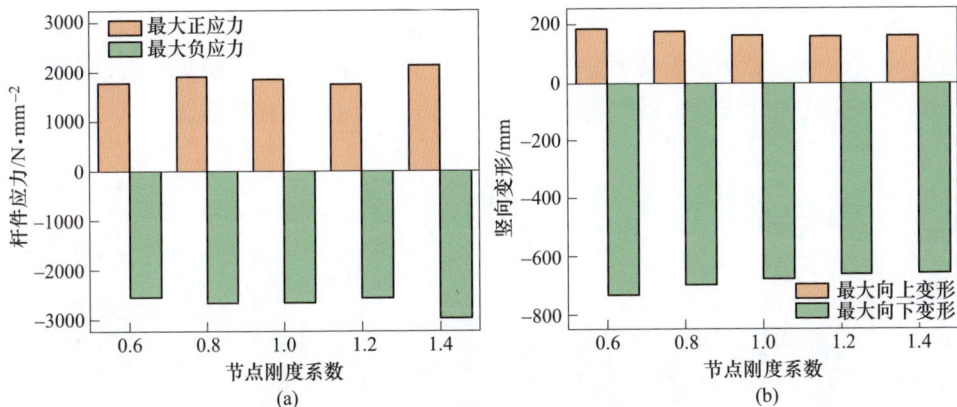

(a)

(b)

图 3-21　节点刚度对几何线性稳定的影响

（a）应力变化规律；（b）变形变化规律

　　不同节点刚度时，单层铝合金网壳结构达到几何非线性临界荷载系数时，杆件应力和结构变形云图如图 3-22 所示。不同节点刚度时，单层铝合金网壳结构在几何非线性失稳时的应力分布和变形分布规律基本一致，应力变化幅度较小，变形值变化幅度较大。

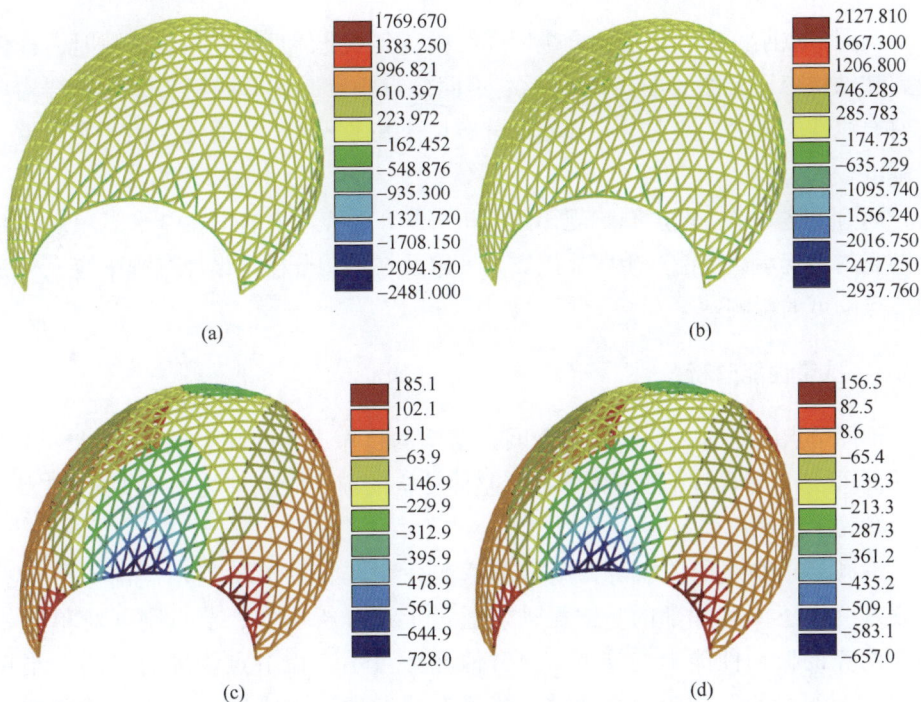

(a)

(b)

(c)

(d)

图 3-22　不同节点刚度时几何非线性失稳状态

（a）0.6 节点刚度应力；（b）1.4 节点刚度应力；（c）0.6 节点刚度变形；（d）1.4 节点刚度变形

随着节点刚度的变化，单层铝合金网壳达到双非线性临界荷载系数时，杆件应力和结构竖向变形的变化规律如图 3-23 所示。随着节点刚度的增大，单层铝合金网壳在几何非线性失稳时的应力基本不变，竖向变形逐渐降低。

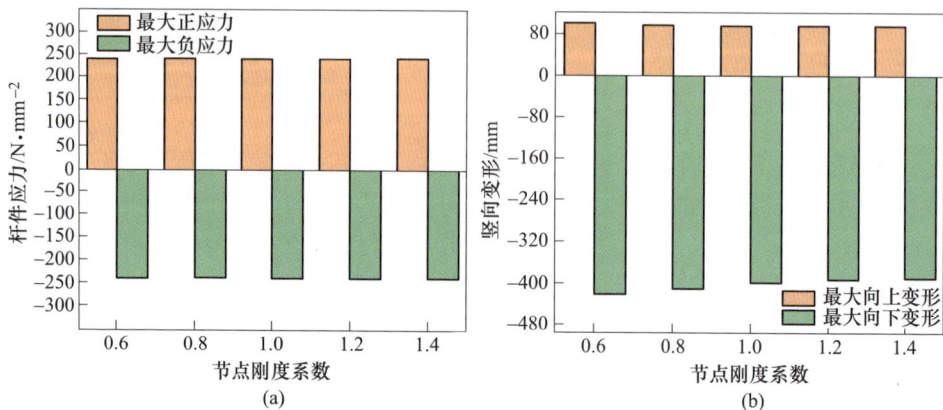

图 3-23　节点刚度对双非线性稳定的影响

（a）应力变化规律；（b）变形变化规律

不同节点刚度时，单层铝合金网壳结构达到双非线性临界荷载系数时，杆件应力和结构变形云图如图 3-24 所示。不同节点刚度时，单层铝合金网壳结构在几何非线性失稳时的应力分布和变形分布规律基本一致，应力无变化，变形值变化幅度较大。

通过上述对节点刚度影响规律的分析可知，节点刚度将对复杂形态单层铝合金网壳的稳定承载性能产生明显的影响，因此在结构分析与设计过程中应充分考虑节点刚度的影响。

3.3.3　抗震性能分析

不同节点刚度时，单层铝合金网壳结构的自振周期变化如图 3-25 所示。由图 3-25 可知，随着节点刚度的增大，整体结构的前 3 阶振型均出现增大的趋势，但增幅均小于 5%。

不同节点刚度的前 3 阶振型分布基本一致，如图 3-26 所示。前 3 阶振型均表现为上下两侧端部的竖向振动。通过上述分析可知，节点刚度对单层铝合金网壳的振动性能影响较小，通常情况下可不考虑节点刚度的影响。当单层铝合金网壳的形态较为复杂时，建议充分考虑节点刚度对其抗震性能的影响规律。

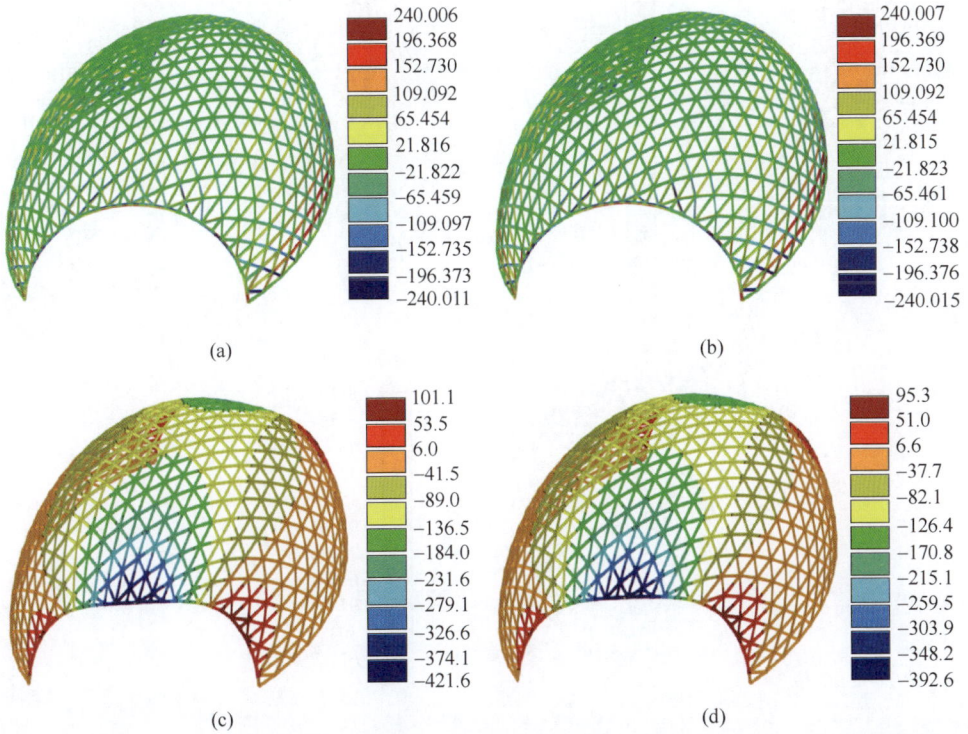

(a)

(b)

(c)

(d)

图 3-24 不同节点刚度时双非线性失稳状态

（a）0.6 节点刚度应力；（b）1.4 节点刚度应力；（c）0.6 节点刚度变形；（d）1.4 节点刚度变形

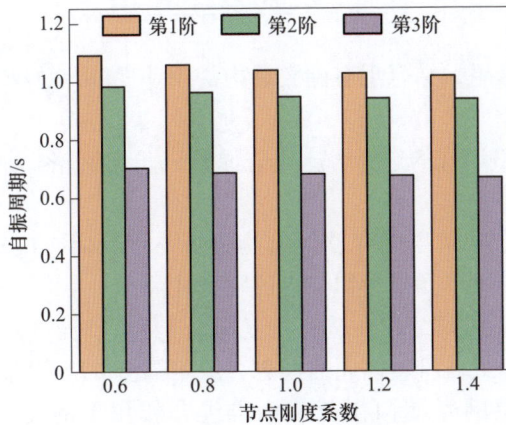

图 3-25 节点刚度对自振周期的影响

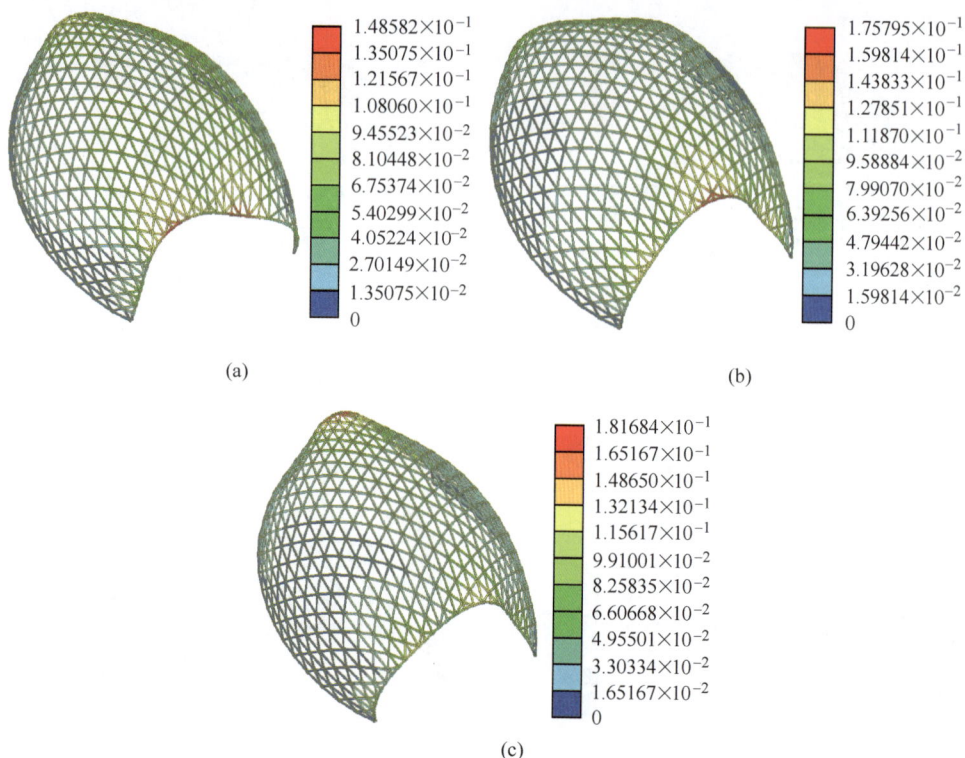

(a)

(b)

(c)

图 3-26　不同节点刚度的振型分布

（a）第 1 阶；（b）第 2 阶；（c）第 3 阶

3.4　设计方法总结

根据上述分析结果，结合现有网壳结构的设计规范，总结出以下铝合金网壳结构设计方法：

（1）在进行网格形式的选择时应优先原则三角形网格，其次为四边形网格，尽量避免六边形网格。

（2）在进行铝合金单层网壳整体结构分析与设计时，应充分考虑节点刚度的影响，可采用等效梁单元来模拟节点的刚度特征。

（3）铝合金单层网壳结构在进行稳定分析与设计时，应充分考虑初始缺陷的影响，缺陷分布取最低阶整体屈曲模态，缺陷幅值取跨度的 1/300。

（4）铝合金单层网壳结构在荷载标准组合作用下的变形不应大于跨度的 1/400。

4 铝合金单层网壳结构设计实例

4.1 工程概况

4.1.1 建筑概况

长春影视文创孵化园区二期建设项目（图 4-1（a））位于长春市净月高新开发区的长春国际影都板块核心地段，主要由冰雪体验摄影基地和影视研学基地两部分组成，总建筑面积可达 473000 m²。影视研学基地屋盖结构包含 2 个采光顶，其中跨度较大采光顶（图 4-1（b））位于结构中部，该采光顶长方向跨度为 85 m，短方向宽度为 61 m。由于该采光顶形状奇特，且直接坐落于分布不规则的外围框架柱顶，导致该采光顶受力极为复杂。为降低该采光顶对下部结构的承载性能要求，并尽可能降低施工难度，本章将对该采光顶的结构方案进行合理的分析与设计。

(a)   (b)

图 4-1 工程概况
（a）整体建筑；（b）采光顶

4.1.2 结构选型

在进行采光顶结构选型时主要考虑了 2 种方案，分别为钢桁架结构和单层铝合金网壳结构。方案 1（图 4-2（a））采用钢管空间桁架结构体系，布置方式为沿采光顶外围及内部设置立体桁架，并在上弦平面设置交叉拉杆进行面内支撑。方案 2（图 4-2（b））采用单层铝合金网格结构体系，网格的几何形状为三角形。

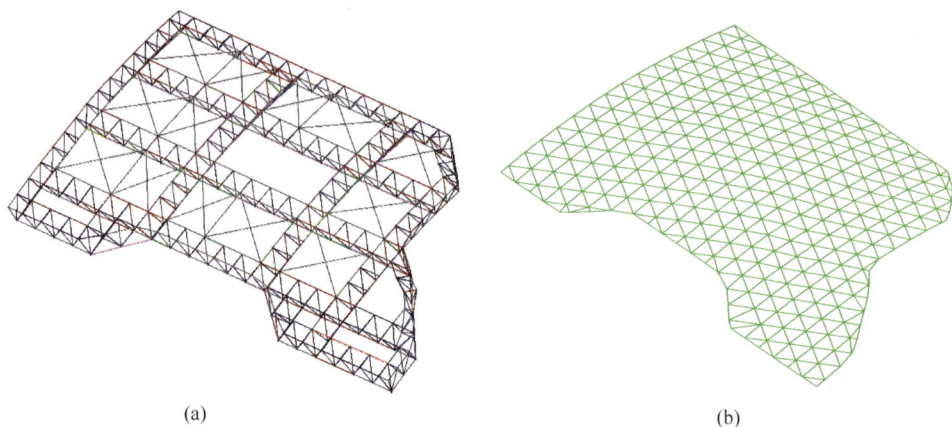

（a）　　　　　　　　　　　　　　　　　（b）

图 4-2　结构方案比选

（a）空间钢桁架；（b）单层铝合金网壳

在本工程中，与钢桁架相比单层铝合金网壳结构具有以下优势：（1）建筑造型美观，建构体系布置简洁，采光性极佳；（2）铝合金结构自重轻，可有效改善下部支撑构件的受力状态，减少型钢混凝土构件的用量；（3）采用较轻的铝合金网壳结构便于施工吊装，可采用较为简单的施工方案，降低施工难度；（4）铝合金材料具有天然的耐腐蚀性能，可减少使用期间的维护成本。

鉴于单层铝合金网壳方案的上述优势，本工程最终选用该方案作为采光顶的结构体系。该采光顶网壳的主要设计荷载为：恒荷载 0.8 kN/m²；活荷载 0.5 kN/m²；地震烈度为 7 度 0.1g，地震分组为第三组，场地类别为 Ⅱ 类；温度荷载取 ±25 ℃温差变化，合拢温度取 10 ℃。单层铝合金网壳采光顶的阻尼比取 0.03，杆件截面为 H460 mm×220 mm×8 mm×12 mm，杆件长度为 2.5~4.5 m。节点选用最常见的铝合金板式节点，盖板尺寸为 ϕ500 mm×12 mm。杆件上下翼缘与板式节点通过 304-HS 材性的不锈钢螺栓，螺栓直径为 10 mm，单侧螺栓数量为 20 个。

4.2　分　析　模　型

4.2.1　模型建立

由于单层铝合金网格采光顶结构较为复杂，需使用两种不同计算软件（MIDAS GEN 和 RFEM）分别建模并进行结果校核，模型详见图 4-3。计算模型中，铝合金的材料本构关系均采用6061-T6材料模型，支座类型均选用铰接的约束方式。通过对比两种计算模型的振型结构及特征值屈曲模态来验证模型的有效性。

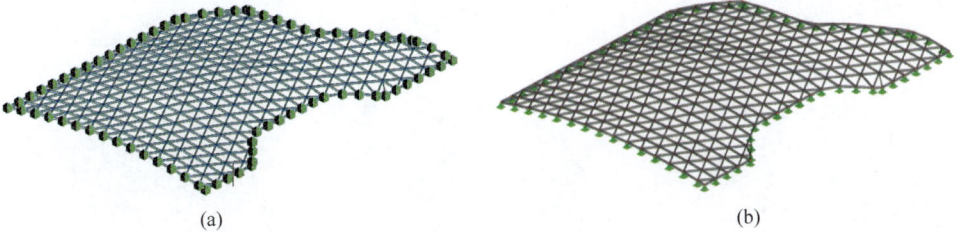

图 4-3 分析模型

（a）MIDAS GEN 模型；（b）RFEM 模型

4.2.2 结果对比

经过计算，获得了两个模型的自振振型、屈曲模态、自振周期及屈曲特征值，并开展模型有效性的对比验证。通过对比可以发现，两个模型的前3阶振型（图4-4）和前3阶屈曲模态（图4-5）基本吻合，对应的自振周期和特征值（表4-1）误差极小，即两类模型的精度可以满足计算需求。进一步分析可以发现，本采光顶网壳自振振型和屈曲模态均是整体振动和整体屈曲，说明采光顶网壳的结构布置合理，可以进一步开展分析与设计工作。

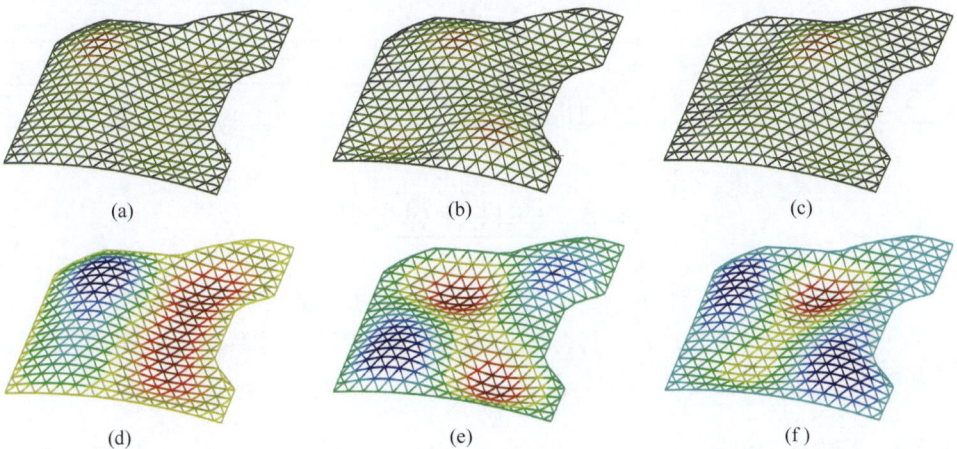

图 4-4 结构振型

（a）MIDAS第1阶；（b）MIDAS第2阶；（c）MIDAS第3阶；（d）RFEM第1阶；
（e）RFEM第2阶；（f）RFEM第3阶

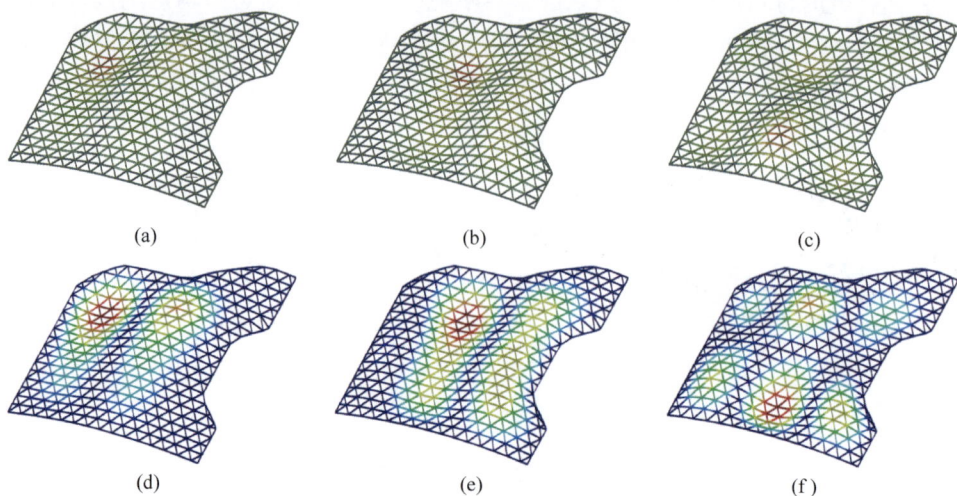

图 4-5　屈曲模态
（a）MIDAS 第 1 阶；（b）MIDAS 第 2 阶；（c）MIDAS 第 3 阶；（d）RFEM 第 1 阶；
（e）RFEM 第 2 阶；（f）RFEM 第 3 阶

表 4-1　计算结果对比

模　型	振型	周期/s	模态	特征值
MIDAS GEN	第 1 阶	0.69	1 阶	4.3
	第 2 阶	0.59	2 阶	4.5
	第 3 阶	0.57	3 阶	5.4
RFEM	第 1 阶	0.66	1 阶	4.4
	第 2 阶	0.56	2 阶	4.7
	第 3 阶	0.54	3 阶	535

4.3　弹性计算分析

基于 MIDAS GEN 模型，施加各类荷载，计算整体网格结构在荷载基本组合作用下的构件受力状态，分析其在荷载标准组合作用下的位移情况，初步判断结构的强度和刚度是否满足规范要求。

4.3.1　构件内力分析

采用 MIDAS Gen 模型开展单层铝合金网壳弹性分析，在该模型中采用理想弹性的材料模型，提取构件内力并开展构件设计。计算所得构件轴力的最大设计值为 440 kN，最大弯矩设计值为 76 kN·m，最大剪力设计值为 430 kN。通过内力计算获得构件的应力分布见图 4-6。由该图可知杆件最大应力为 112 MPa，大部分杆件的应力处于 80 MP 以内，满足规范要求。通过上述分析可知杆件的应力远小于屈服应力，这是由于本结构主要有稳定性控制，详见后续稳定性分析。

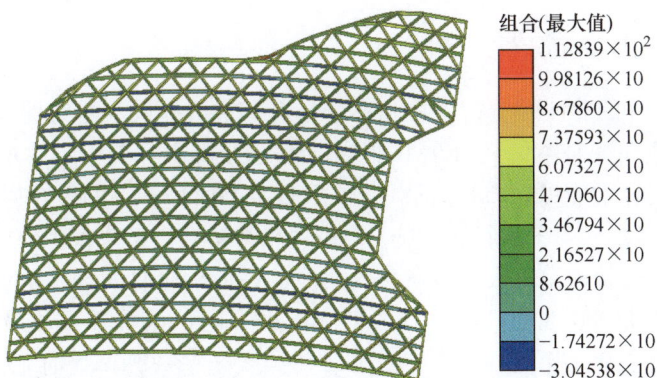

组合(最大值)

值
1.12839×10^2
9.98126×10
8.67860×10
7.37593×10
6.07327×10
4.77060×10
3.46794×10
2.16527×10
8.62610
0
-1.74272×10
-3.04538×10

图 4-6　构件应力

4.3.2　结构变形分析

在荷载标准组合（恒荷载+活荷载）作用下，本结构的整体变形如图 4-7 所示。由该图可知，本结构最大变形发生在中间靠上部位，最大竖向位移为 119 mm。最大位移与跨度比值为 1/512，小于规范限值 1/400。通过上述分析可确定本结构满足规范对单层网壳结构变形的要求。

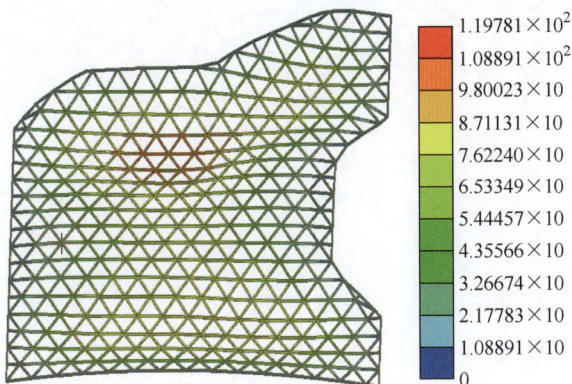

值
1.19781×10^2
1.08891×10^2
9.80023×10
8.71131×10
7.62240×10
6.53349×10
5.44457×10
4.35566×10
3.26674×10
2.17783×10
1.08891×10
0

图 4-7　结构变形

4.4 稳定性验算

对于单层铝合金网壳结构而言，在弹性分析基础上应进行稳定性验算。使用RFEM 模型开展双非线性稳定分析，并基于该分析结果确定倒塌工况，并进行整体结构抗连续倒塌分析，充分验证本结构的稳定性承载力。

4.4.1 双非线性稳定分析

RFEM 软件的非线性分析模块和稳定分析模块可提供双非线性稳定分析。本节采用 RFEM 模型对本结构开展双非线性稳定分析，对其稳定性承载力进行验算。荷载工况分别为恒载+满布活载、恒载+左半布活载、恒载+右半布活载、恒载+上半布活载、恒载+下半布活载。采用理想弹塑性模型来模拟 6061-T6 铝合金的本构关系。初始缺陷的形状取各工况对应的最低阶屈曲模态，缺陷值根据规范要求按跨度的 1/300 取值。经计算各工况作用下的荷载临界系数最小至为 2.5，大于规范限值 2.0。当结构开始失稳时（荷载安全系数为 2.5 时），结构构件的塑性发展状态如图 4-8 所示。由该图可知，单层铝合金网格的破坏模式为左上方的 2 根杆件率先失稳，逐渐引起周围部分杆件失稳，并未直接出现整体结构失稳的情况。

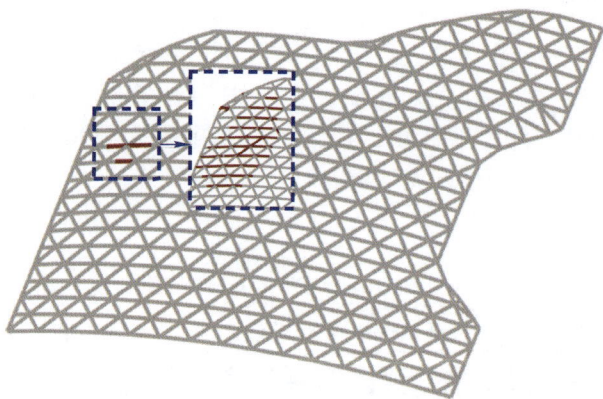

图 4-8 塑性发展

4.4.2 抗连续倒塌分析

为进一步验证整体结构的安全性，将依据双非线性稳定分析结果提出倒塌工况，开展整体结构抗连续倒塌分析。采用拆除构件法对本工程开展抗连续倒塌分析，即选择双非线性稳定分析中率先失效的 2 根杆件作为初始失效杆件。根据分析结果，将应力比超过 1.0 的相邻构件继续拆除，直至邻近杆件应力比均小于 1.0 或出现大范围倒塌为止。根据分析结果（图 4-9）可知，当最先失稳的两根构件失效后，其周围杆件的应力水平基本无明显的变化，即该倒塌工况并不会引起整体结构的连续性倒塌。

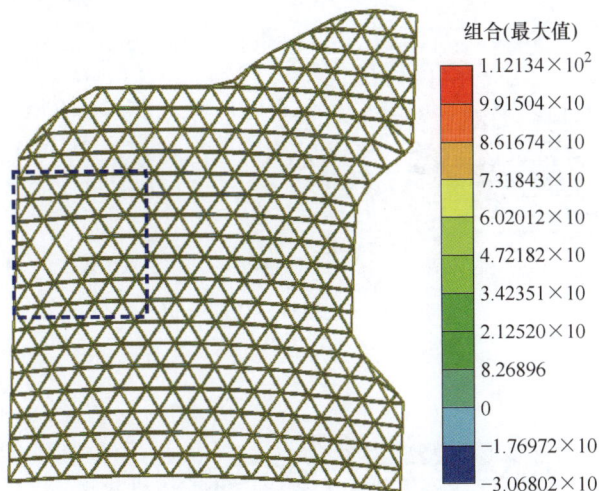

组合(最大值)

	1.12134×10^2
	9.91504×10
	8.61674×10
	7.31843×10
	6.02012×10
	4.72182×10
	3.42351×10
	2.12520×10
	8.26896
	0
	-1.76972×10
	-3.06802×10

图 4-9   倒塌分析结果

4.5   关键构件复核

对由于本结构形状奇特，导致部分关键构件受力复杂，需对其进行补充计算。针对关键杆件，进行屈曲分析验算，确定其计算长度系数并输入至结构设计模型，完成杆件强度验算。建立关键节点有限元分析模型，计算其在最大荷载设计值作用下的应力状态，完成节点的强度校核。

4.5.1   关键杆件

在单层铝合金网壳结构整体模型中选取典型杆件，在构件两端施加单位力，通过计算获取其屈曲特征值（该特征值即为屈服荷载），再根据欧拉公式可以得到杆件的面外计算长度系数。典型构件依然取最先失稳的构件，其特征值屈曲分析结果见图 4-10。

经过计算得到该杆件的计算长度系数为 1.47，将其输入至整体模型进行铝合金结构设计，所得杆件应力比如图 4-11 所示。计算结果显示除部分杆件的应力达到 0.7 以外，大部分杆件的应力比小于或等于 0.5，结构具有足够的安全储备。

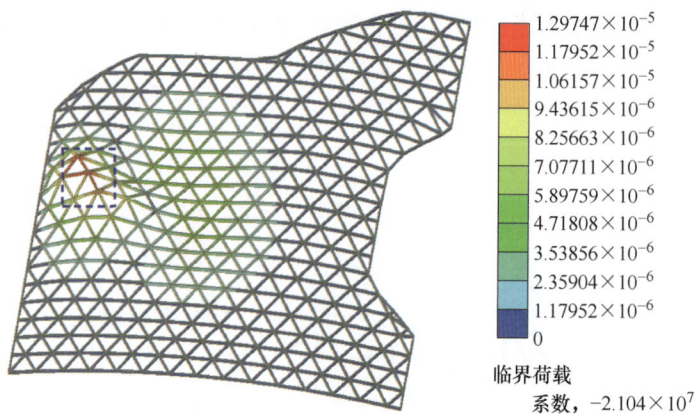

图 4-10　关键杆件屈曲分析

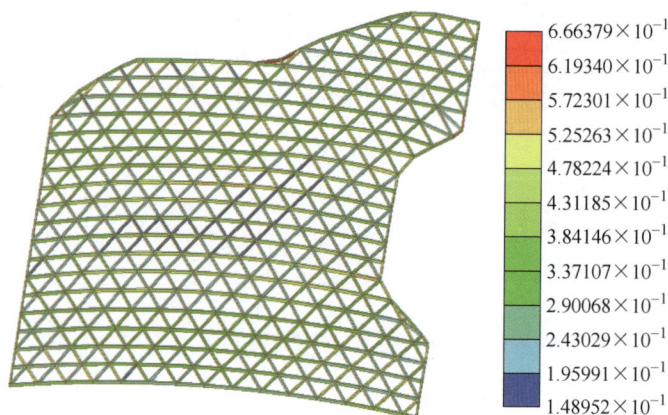

图 4-11　关键杆件的应力比

4.5.2　典型节点

选取受力最大的铝合金板式节点，采用 ABAQUS 建立有限元分析模型（图 4-12），计算该节点的受力状态，对其强度进行校核。依据节点的对称性，建立 1/2 节点模型，其中铝合金梁、铝合金盖板及不锈钢螺栓均采用 C3D8R 单元。

经过计算得到了铝合金板式节点的应力状态，如图 4-13 所示。由该图可知，在荷载设计值作用下，上下盖板的应力均小于 120 MPa，梁翼缘最大应力约为 150 MPa，螺栓应力接近 280 MPa。通过上述分析可知，各部分应力均满足规范要求且具有较大安全储备，盖板的应力明显低于梁翼缘，符合"强节点、弱杆件"的结构设计理念。

图 4-12 有限元分析模型

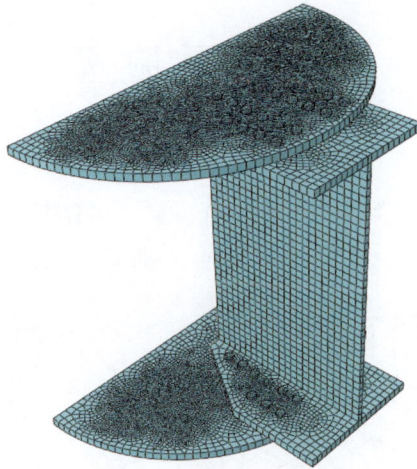

(a)

(b)

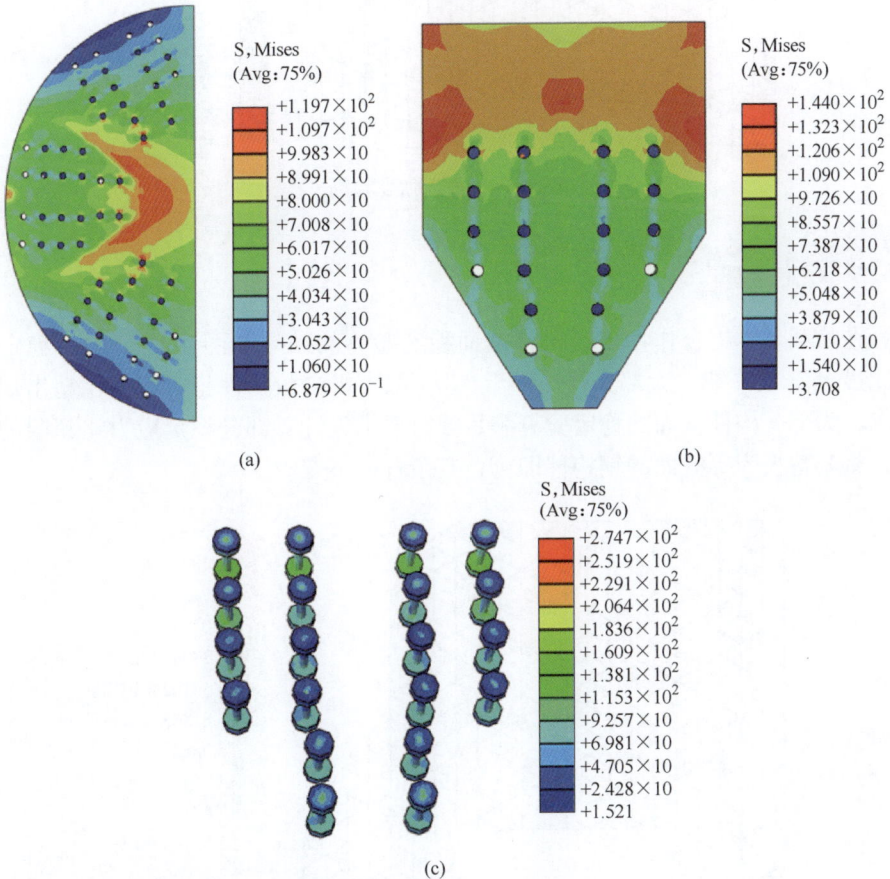

(c)

图 4-13 节点分析结果

（a）盖板应力；（b）梁翼缘应力；（c）螺栓应力

4.6　截　面　验　算

4.6.1　强度验算

在荷载基本组合作用下，构件截面强度验算的结果如图 4-14 所示。强度应力比最大值为 0.67，大部分杆件小于 0.5，构件截面的强度验算满足规范要求。

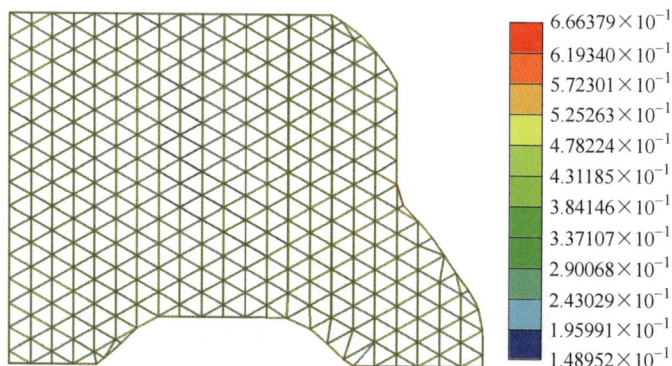

图 4-14　截面强度验算

4.6.2　稳定验算

在荷载基本组合作用下，构件截面稳定验算的结果如图 4-15 所示。稳定应力比最大值为 1.02，大部分杆件小于 0.8，只有极少数构件稳定应力比超出规范要求，大部分构件截面的稳定验算满足规范要求。针对部分稳定应力比超限的杆件，将其替换为等截面的钢构件即可，其余杆件不变。

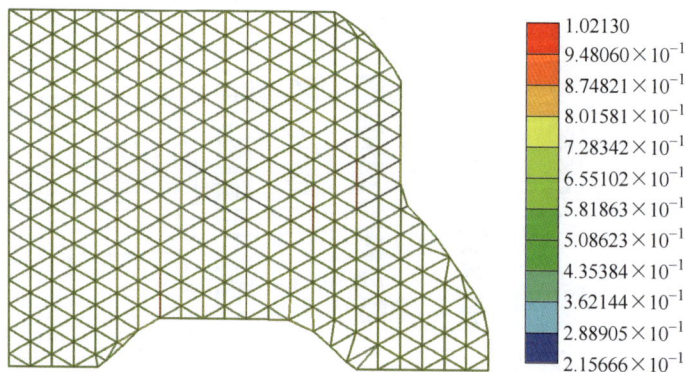

图 4-15　截面稳定验算

4.6.3　抗剪验算

在荷载基本组合作用下，构件截面抗剪验算的结果如图 4-16 所示。抗剪应力比最大值为 0.46，大部分杆件小于 0.4，构件截面的抗剪验算满足规范要求。

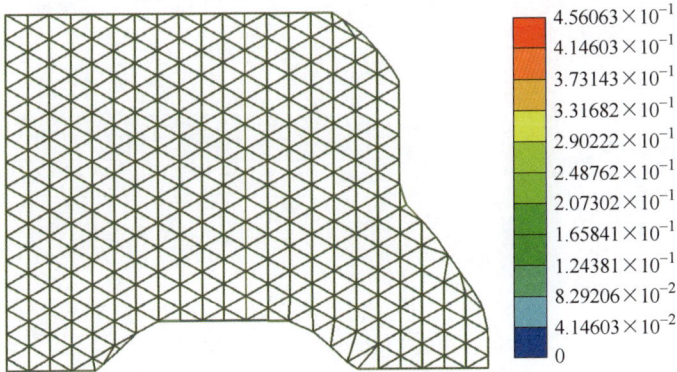

图 4-16　截面抗剪验算

4.7　工程设计总结

以长春影视文创孵化园区的影视研学基地采光顶为工程实践对象，对其开展单层铝合金网壳结构分析与设计，具体结论如下：

（1）使用 MIDAS GEN 和 RFEM 软件分别建立分析模型，计算结果表明两个模型的振型和屈曲模态基本吻合，充分验证了两个模型的准确性和有效性。

（2）采用 MIDAS Gen 模型开展单层铝合金网壳弹性分析，结果表明在荷载基本组合作用下构件的最大应力为 112 MPa，满足规范要求。在荷载标准组合用下，结构的最大位移与跨度的比值为 1/512，小于规范限值 1/400。

（3）使用 RFEM 模型开展双非线性稳定分析，经计算各工况作用下的荷载临界系数最小值为 2.5，大于规范限值 2.0。采用拆除构件法对本工程开展抗连续倒塌分析，结果表明本结构不会发生连续性倒塌。

（4）针对关键杆件进行特征屈曲分析，确定其计算长度系数为 1.47，并输入至整体分析模型。该模型计算结果表明大部分杆件的应力比小于或等于 0.5，结构具有足够的安全储备。对典型节点开展有限元分析，其结果显示各部分均具有足够的安全储备。

第 2 篇

铝合金门式刚架

**Aluminum
Alloy Portal
Frame**

5 铝合金门式刚架节点力学性能

5.1 节点试验研究

5.1.1 试件设计

为探索铝合金门式刚架梁柱节点的力学性能，本章设计了如图 5-1 所示的梁柱节点试件。梁柱节点试件由 H 型铝合金工字梁和双 C 型双槽型连接件通过螺栓紧密连接而成。其中，铝合金工字梁的截面尺寸为 H203 mm×106 mm×11 mm×11 mm，槽钢连接件采用 C181 mm×47.5 mm×5 mm×10 mm。在 H 型铝合金工字

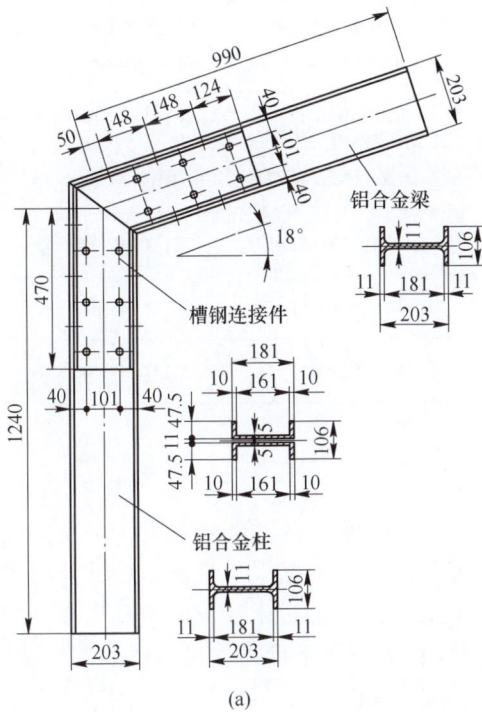

(a)   (b)

图 5-1 梁柱试验试件示意图

（a）构件尺寸示意图；（b）节点域实物图

梁上翼缘和下翼缘分别开设 6 个和 4 个螺栓孔，工字梁腹板开设 6 个螺栓孔，同时在双槽型连接件翼缘和腹板对应位置开设螺栓孔，螺栓孔的直径根据对应螺栓直径进行取值（大于螺栓直径 0.2 mm）。铝合金工字梁的长度分别为 1240 mm 和 990 mm，槽钢连接件的长度均为 470 mm，翼缘和腹板上螺栓的分布间距为 148 mm，试件构造尺寸详见图 5-1（a）。铝合金工字梁在工厂进行切割和钻孔，双槽型连接件由钢板焊接而成，然后将两者运至试验室进行拼装和连接，如图 5-1（b）所示。

　　对于门式刚架而言，梁柱节点的螺栓直径和起拱角度对其梁柱节点的受力性能有较为明显的影响，因此本章共设计了 5 个梁柱节点试件，各试件的参数详见表 5-1。由该表可知，本试验主要设计了不同螺栓直径（8 mm、14 mm 和 20 mm）和不同起拱角度（90°、108°和 126°）的梁柱节点试件，用于探究不同螺栓直径和起拱角度对铝合金门式刚架梁柱节点力学性能的影响规律。需要说明的是，当研究螺栓直径或起拱角度的影响时，梁柱节点的其他构造参数均保持一致。

表 5-1　梁柱节点试件汇总

编号	螺栓直径/mm	起拱角度/(°)	梁截面尺寸 /mm×mm×mm×mm	连接件截面尺寸 /mm×mm×mm×mm
SJ-1	8	108	H203×106×11×11	2C181×47.5×5×10
SJ-2	14	108	H203×106×11×11	2C181×47.5×5×10
SJ-3	20	108	H203×106×11×11	2C181×47.5×5×10
SJ-4	20	90	H203×106×11×11	2C181×47.5×5×10
SJ-5	20	126	H203×106×11×11	2C181×47.5×5×10

5.1.2　支座及加载

　　本试验加载现场如图 5-2（a）所示，试验系统主要包含反力架（由反力梁和立柱构成）、千斤顶、固结支座、加载控制仪器和数据采集仪器。在试验的过程中，首先将试件的下端与固结支座紧密连接，然后通过千斤顶向试件施加竖向集中力，如图 5-2（b）所示。采用四根螺栓和端板将千斤顶与反力梁稳固连接，从而保证在加载过程中加载点的位置不会偏移，如图 5-2（c）所示。固结支座通过竖向布置的螺纹钢与地基紧密连接，而试件底端通过 3 排水平螺栓与固结支座紧密连接，从而保证试件底端形成固结约束的边界条件，如图 5-2（d）所示。通过上述加载方式和支座形式可以模拟铝合金门式刚架梁柱节点在竖向荷载作用

下的边界条件，从而保证了试验结果的有效性。在试验过程中，加载控制仪器用
于控制加载速度，在本试验中试验的加载速度为 1 mm/min，并使用数据采集仪
器记录每一时刻的试验数据。

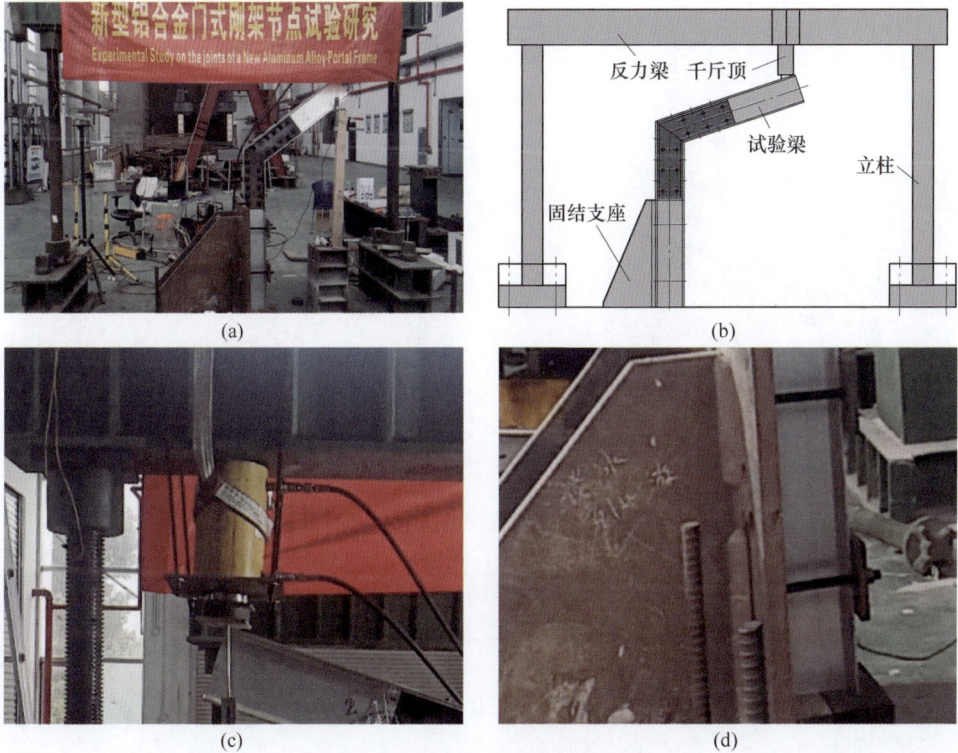

图 5-2　梁柱节点试验加载示意图
（a）加载现场；（b）加载示意图；（c）加载点示意图；（d）支座示意图

5.1.3　测点布置

　　试验过程中，通过数据采集仪器来记录试件每一时刻的应变和位移数据，各
测点位置如图 5-3 所示。

　　为获得 H 型铝合金梁和 C 型槽钢连接件在竖向荷载作用下的应变变化规律，
在截面的不同部位共设置 10 组应变片，如图 5-3（a）所示。其中 1~5 号应变片
布置于铝合金梁截面，6~10 号布置于槽钢连接件。1 号应变片布置在铝合金梁
上翼缘、2 号、3 号、4 号自上而下分别布置于梁腹板，5 号布置在铝合金梁下翼
缘。6 号和 10 号应变片分别布置于槽钢连接件左侧上下翼缘、7 号、8 号、9 号
号则均匀布置于槽钢连接件腹板。通过 10 个应变片监测并记录铝合金梁及槽钢

连接件在加载周期中的全截面应变变化情况。

2 组位移计分别布置于时间加载点和槽钢连接件的端部，如图 5-3（b）所示。其中 1 号位移计设置于铝合金梁翼缘的端侧，用以记录铝合金梁端点的位移变化情况。2 号位移计设置于槽钢连接件的端侧，用以记录槽钢连接件端点的位移变化情况。

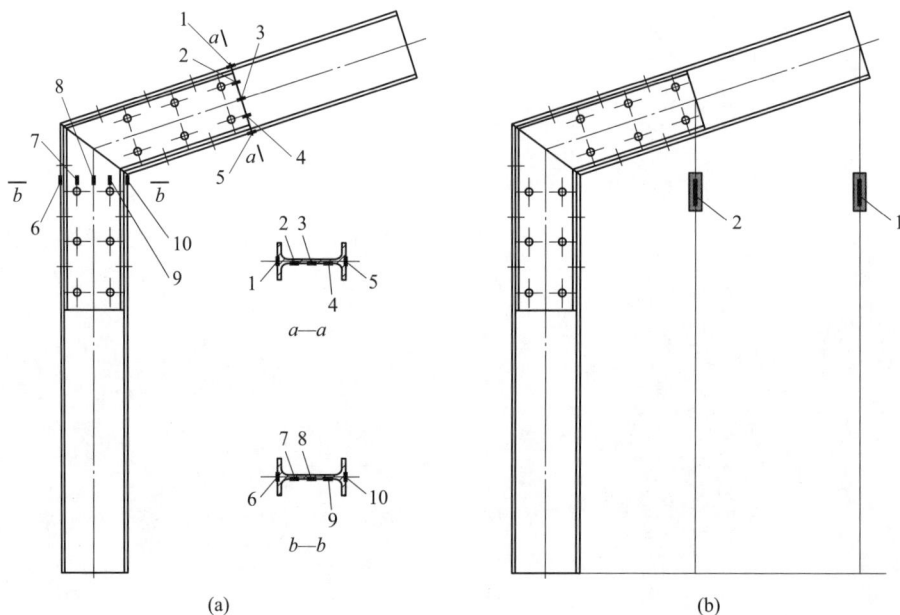

(a)　　　　　　　　　　　　　　(b)

图 5-3　梁柱节点测点布置示意图

（a）应变片布置方案；（b）位移计布置方案

5.1.4　材性测试

试件的 H 型工字梁采用 6061-T6 型铝合金型材，双槽型连接件采用 Q235 钢材。从试验构件所用的同批次铝材、钢材中取样后加工成标准试件进行材性试验，如图 5-4（a）所示。材性试件主体长度为 250 mm，其中两端长度和宽度分别为 55 mm 和 25 mm，中间段长度和宽度分别为 90 mm 和 15 mm，两端和中间段通过半径为 36 mm 的圆弧段进行过渡，试件尺寸详见图 5-4（b）。材性试验拉接机将材性试件两端紧紧夹住，然后开始施加轴向拉力，如图 5-4（c）所示。试件的破坏模式如图 5-4（d）所示，均为中间截面拉断破坏。材性试验的结果汇总于表 5-2。

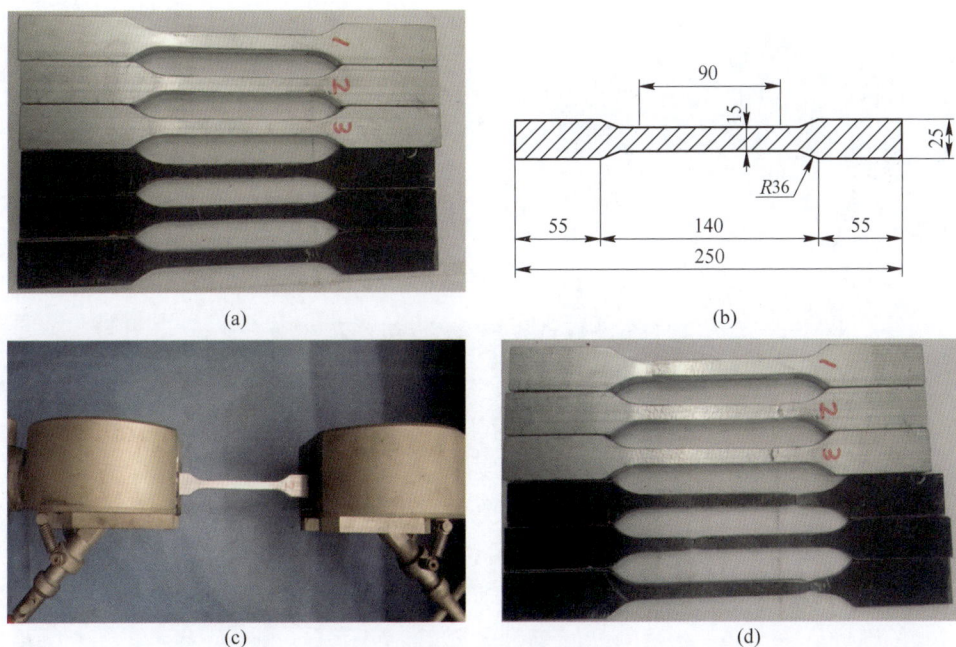

图 5-4　材性试验示意图

（a）试件实物图；（b）试件尺寸图；（c）材性试验加载图；（d）材性试件破坏图

表 5-2　材性试验结果

材料类别	屈服强度/MPa	抗拉强度/MPa	弹性模量/GPa
6061-T6	239	264	70.5
Q235	235	360	206
螺栓	887	992	204

5.1.5　破坏特征

对于不同螺栓直径的梁柱节点，其螺栓孔壁的破坏状态需要重点关注，因此在试件破坏后拆除了螺栓，螺栓孔壁的状态如图 5-5 所示。当螺栓直径为 8 mm时，孔壁出现了较为明显的挤压变形。当螺栓直径为 14 mm 时，部分螺栓孔壁出现轻微挤压变形，部分孔壁无明显挤压。螺栓直径增至 20 mm，螺栓孔壁均保持完好，并无明显挤压痕迹。由上述分析可知，随着螺栓直径的增大，螺栓孔壁的挤压面积逐渐增大，孔壁的挤压变形逐渐减小。

不同起拱角度的梁柱节点试件的破坏模式汇总于图 5-6。由该图可知，不同起拱角度时梁柱节点试件的破坏模式基本一致。随着竖向荷载的增加，铝合金门式刚架梁柱节点的拐角处弯矩逐渐增大，从而引起双槽型连接件外翼缘角部屈曲破坏，同时伴随着铝合金梁翼缘缝隙增大。

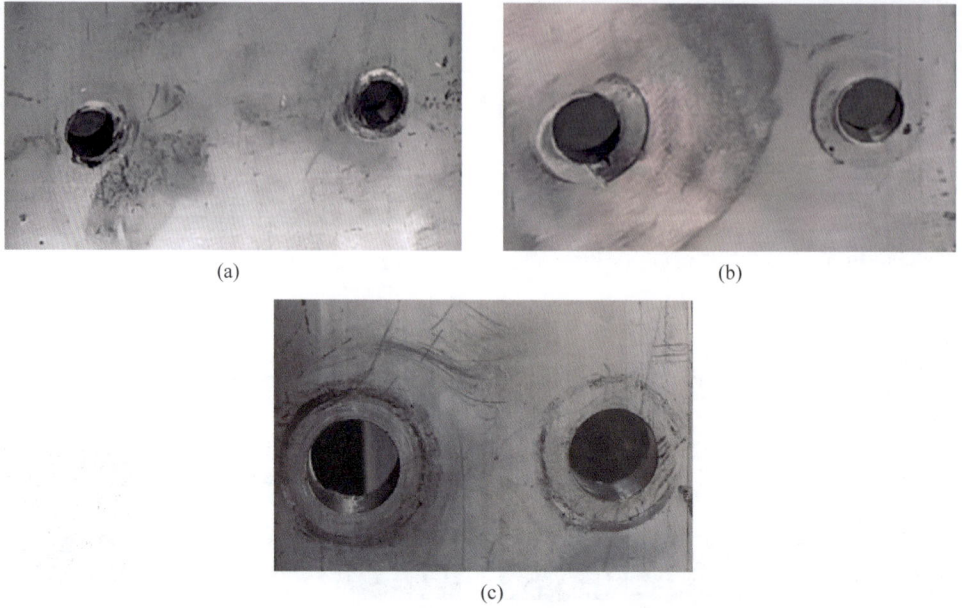

(a)

(b)

(c)

图 5-5　梁柱节点不同螺栓直径破坏模式

（a）8 mm；（b）14 mm；（c）20 mm

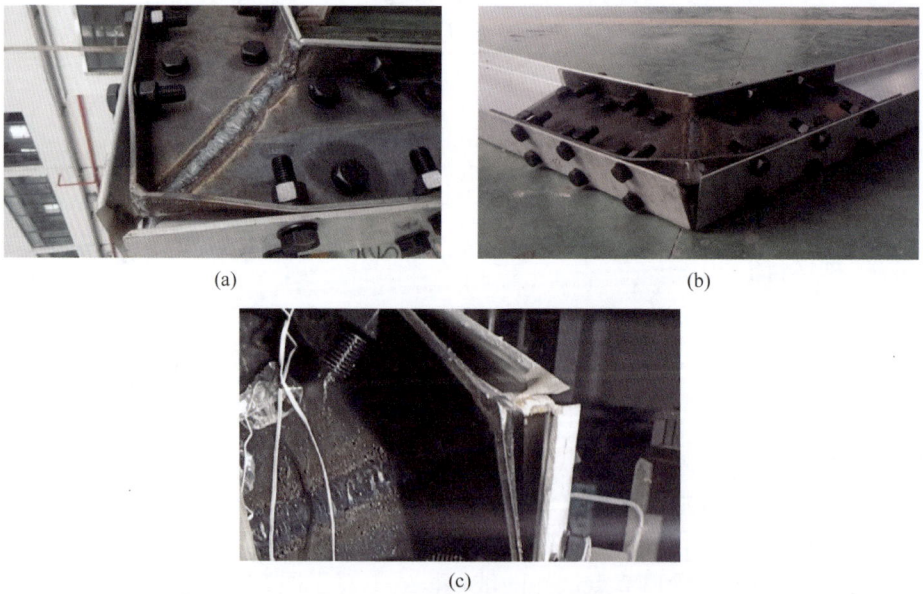

(a)

(b)

(c)

图 5-6　梁柱节点不同角度破坏模式

（a）90°；（b）108°；（c）126°

通过上述分析可知，随着螺栓直径的增大，试件螺栓孔径处破坏情况不断好转，螺栓孔壁处的挤压程度逐渐减小。对比不同起拱角度试件的破坏情况可知，梁柱节点的破坏模式并不随着起拱角度的变化而发生明显变化，即起拱角度的变化对试件的破坏形式及破坏点位置无影响。

5.1.6 应变分布

为了探究竖向荷载加载过程中，铝合金梁和双槽型连接件全截面应变的变化规律，将加载周期分为5个试件节点并提取每个节点截面的应变分布状态，如图5-7所示。观察各时间点的应变曲线，可以发现：（1）各试件的铝合金梁和槽钢连接件的截面应变分布规律基本一致，这是由于各节点试件的构造形式相似且加载方式一致；（2）铝合金梁的应变分布基本复合工字型截面在弯矩作用下的分布规律，总体呈现上下翼缘应变较大而腹板应变较小的规律；（3）槽钢连接件的最大应变出现在腹板与上下翼缘交界处，上下翼缘的应变值居中，腹板中间的应变最小。

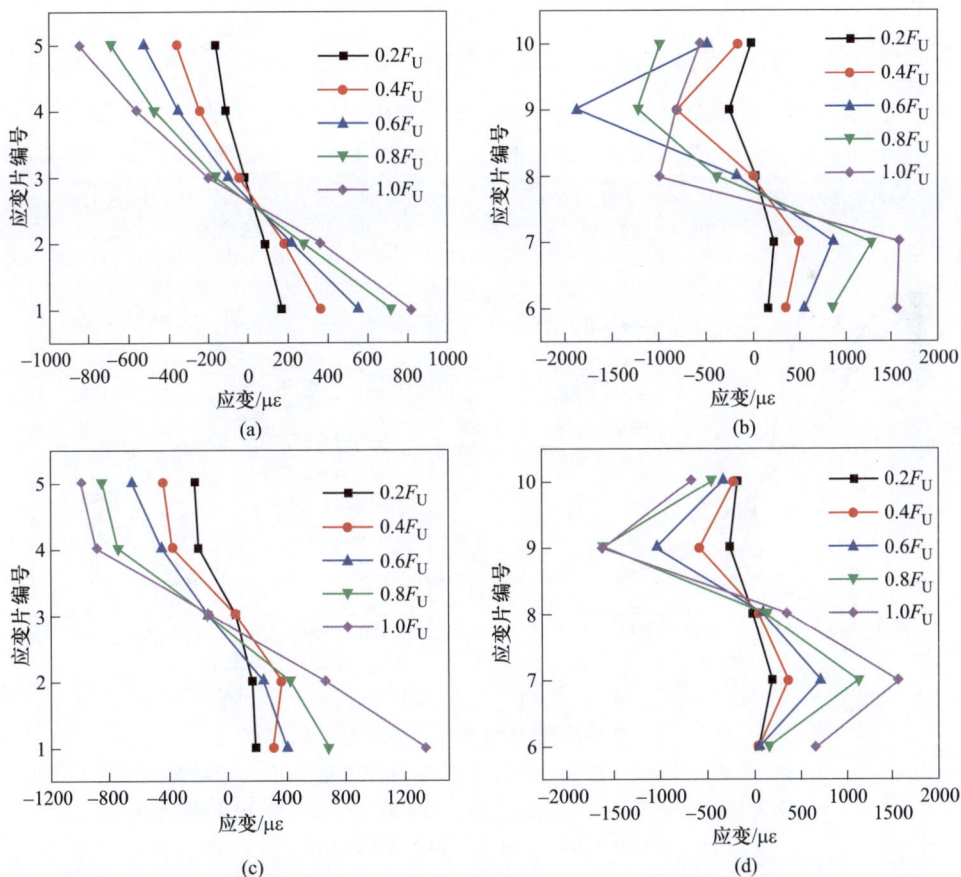

(a)   (b)   (c)   (d)

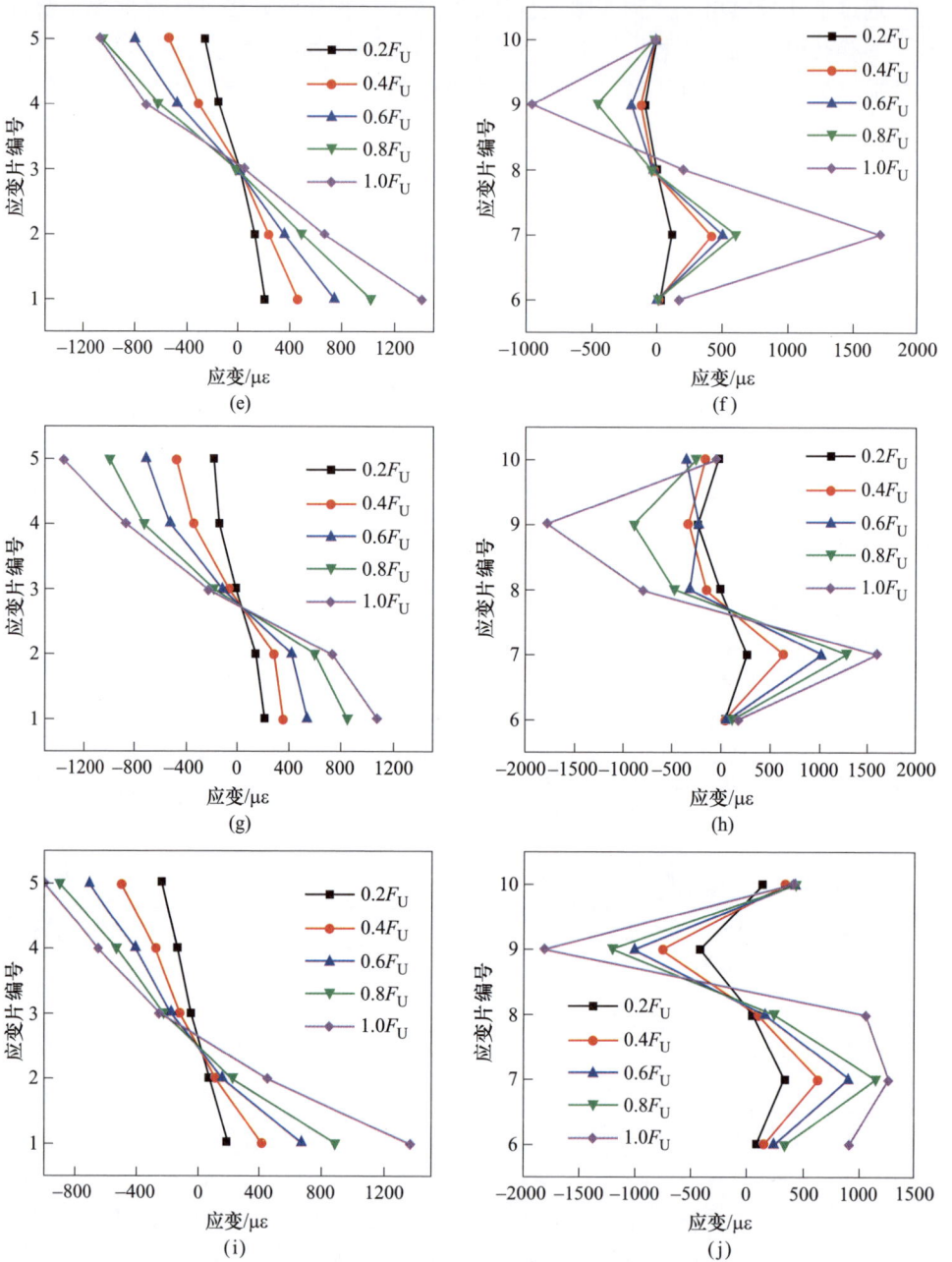

图 5-7　梁柱节点应变分布图

（a）SJ-1 铝合金梁；（b）SJ-1 槽钢连接件；（c）SJ-2 铝合金梁；（d）SJ-2 槽钢连接件；

（e）SJ-3 铝合金梁；（f）SJ-3 槽钢连接件；（g）SJ-4 铝合金梁；（h）SJ-4 槽钢连接件；

（i）SJ-5 铝合金梁；（j）SJ-5 槽钢连接件

铝合金梁的应变分布形式基本表明，试件在竖向荷载作用下主要承受弯矩的作用，应变为 0 的位置处于截面中心点下方不远处，说明构件同时承受剪力的作用，但剪力作用较小。通过分析双槽型连接件的应变分布规律可知，双槽型连接件的腹板负责传递大部分弯矩，而翼缘传递小部分弯矩。因此，在节点设计时应适当增大双槽型连接件腹板的厚度。

5.1.7 荷载−位移曲线

以不同螺栓直径和起拱角度为分析因素，将试件的荷载−位移曲线进行汇总与对比，如图 5-8 所示。铝合金门式刚架梁柱节点在竖向荷载作用下，荷载−位移曲线主要包含三个阶段：弹性阶段、屈服阶段和退化阶段。下面将基于三个阶段对不同螺栓直径和起拱角度的荷载−位移曲线进行详细的分析。

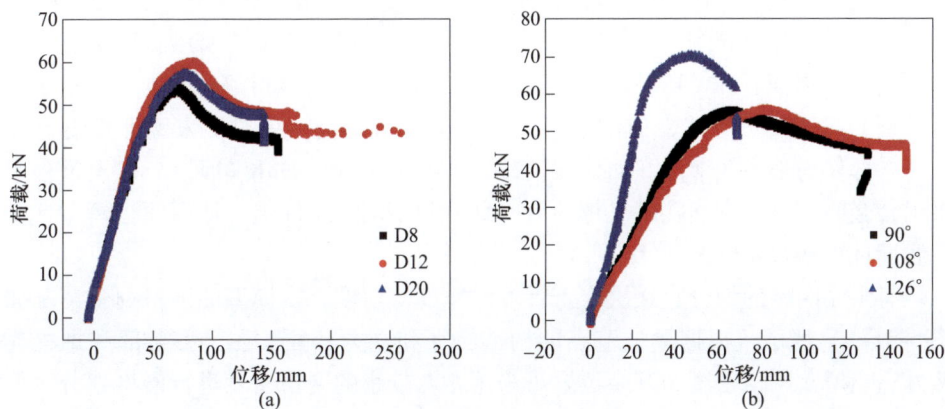

图 5-8 梁柱节点荷载−位移曲线
（a）不同螺栓直径；（b）不同角度

不同直径的荷载−位移曲线列于图 5-8（a）。在弹性阶段不同螺栓直径的荷载−位移曲线基本吻合，屈服荷载均接近 50 kN。进入塑性阶段后，不同直径的荷载−位移曲线开始出现差异，即极限荷载出现了先增大后减小的现象，极限位移基本一致。其中，直径为 8 mm 时极限荷载为 52 kN，直径为 12 mm 时极限荷载为 63 kN，直径为 20 mm 时为 58 kN。这是由于随着螺栓直径的增大，螺栓群的抗剪承载力增大从而引起试件承载力的增大。但当螺栓群的承载力大于杆件净截面的承载力时，增大螺栓直径并不会引起试件承载力的增大，反而会引起净截面面积减少从而使得试件承载力出现下降趋势。在退化阶段，不同直径的荷载−位移曲线下降趋势基本一致，三条曲线之间的区别与塑性阶段相同，这里不再赘述。

不同起拱角度的荷载−位移曲线汇总于图 5-8（b）。当起拱角度由 90° 增加至

108°时，荷载位移曲线在弹性阶段基本吻合，塑性阶段和退化阶段出现微小差异。当起拱角度增加至 126°时，荷载位移曲线在弹性阶段、屈服节点及退化阶段均出现明显差异，即试件在竖向荷载作用下的刚度和极限承载力显著提高，其中极限承载力增大了 30%，极限位移降低了 35%。出现上述现象的原因是当起拱角度增大到一定程度时，在竖向荷载作用下梁的受力从主要受弯转变成压弯，轴压力在一定程度上可以改善梁的抗弯性能，从而降低由弯矩引起的竖向位移。

5.2 节点数值分析

5.2.1 数值模型

根据铝合金门式刚架梁柱节点的几何对称性，以铝合金工字梁腹板中心线所在剖面为对称面，在 ABAQUS 中建立了 1/2 节点模型，如图 5-9（a）所示。数值模型的几何尺寸与试验构件严格一致，从而与试验结果对比来验证模型有效性，各部件均采用 8 节点 6 面体线性减缩积分单元（C3D8R 单元）。建模过程中将铝合金梁、双槽型连接件、螺栓分别划分为不同的构件组，从而便于模型计算及后期计算结果查询。

有限元网格的划分直接决定着计算的精度与速度，本模型的网格划分情况如图 5-9（b）所示。根据梁柱节点的构造特征和受力特征，在模型角部和螺栓连接处适当增大网格密度，其余位置可采用相对较小的网格密度进行网格划分，但均应保证沿厚度方向划分不低于 2 段网格。

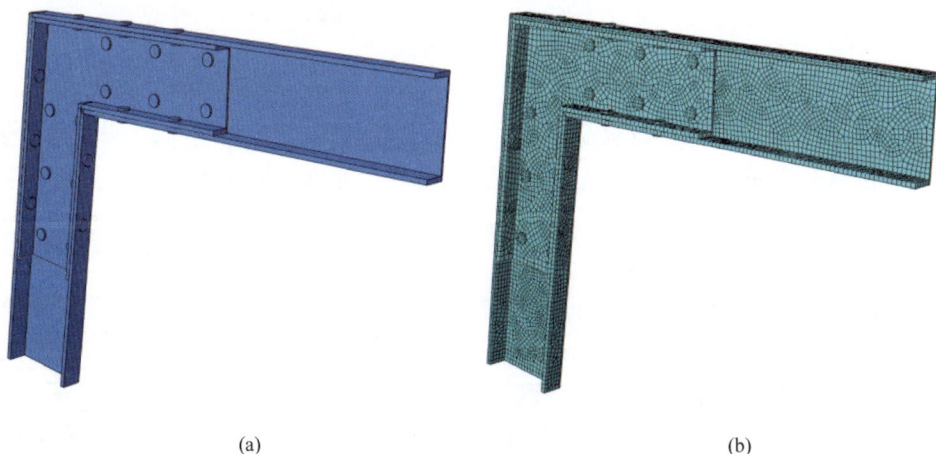

(a)　　　　　　　　　　　　　　　　　(b)

图 5-9　梁柱节点 1/2 模型

（a）几何模型；（b）网格划分

5.2.2　本构关系

在进行数值模拟时，材料模型的选择将直接决定计算结果的有效性。在梁柱数值模型中，主要包含两种材料，分别为铝合金和钢材。结合材性试验的结果，铝合金采用 Ramberg-Osgood 模型，钢材采用双折线模型，如图 5-10 所示。

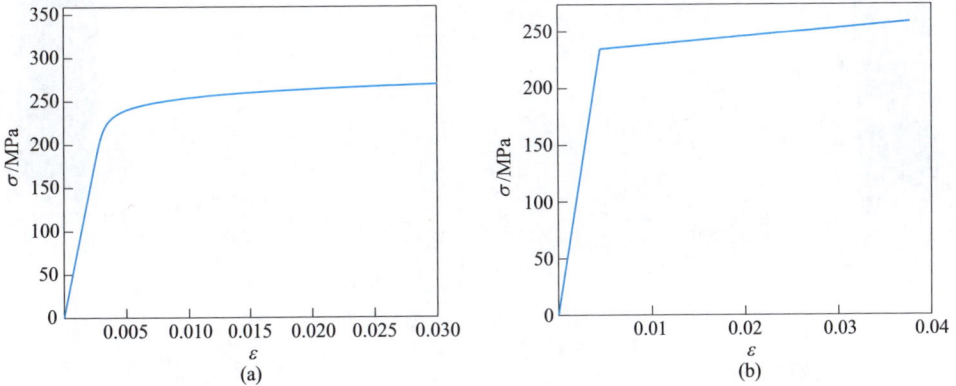

图 5-10　本构关系

（a）铝合金；（b）钢材

5.2.3　边界条件

根据试验试件的加载方案和约束条件，本模型的边界条件主要包含 3 个方面，分别为固端约束、对称约束和接触设定。其中固端约束与试验一致，即在梁柱节点试件的柱构件底端设置固结约束，从而约束柱底的位移和转动，如图 5-11（a）所示。根据节点试件的几何对称性，在腹板中心剖面设置对称约束，如图 5-11（b）所示。在试件不同部件之间会产生相对滑动，因此需要对其设置"有限滑移"接触，其中螺栓杆与螺栓孔壁仅需设置法向的"硬接触"，而其他接触均需考虑摩擦作用，即设置摩擦系数为 0.3 的切向"库伦摩擦"。

5.2.4　模型验证

为验证数值模型的有效性，对试验试件 SJ-1 和 SJ-5 进行模拟，荷载-位移曲线对比如图 5-12 所示。由该图可知，试验与数值模拟的荷载位移曲线较为吻合，尤其是两类曲线的变化规律基本一致。试验与数值模拟的极限荷载和位移列于表 5-3。对比结果显示，SJ-1 试验与数值模拟的极限误差仅为 8.2%，SJ-5 试验与数值模拟极限误差仅为 5.9%。显然，该类数值模型可以用于铝合金门式刚架梁柱节点的参数分析。

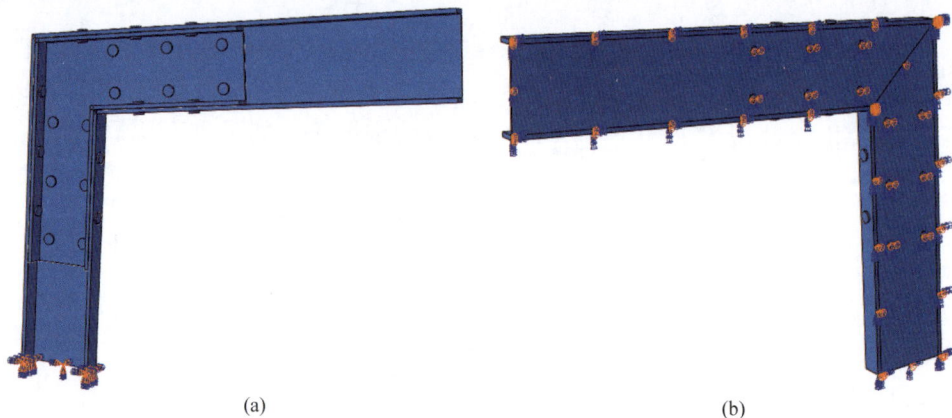

(a)　　　　　　　　　　　　　　　　(b)

图 5-11　梁柱节点边界条件

（a）固端约束；（b）对称约束

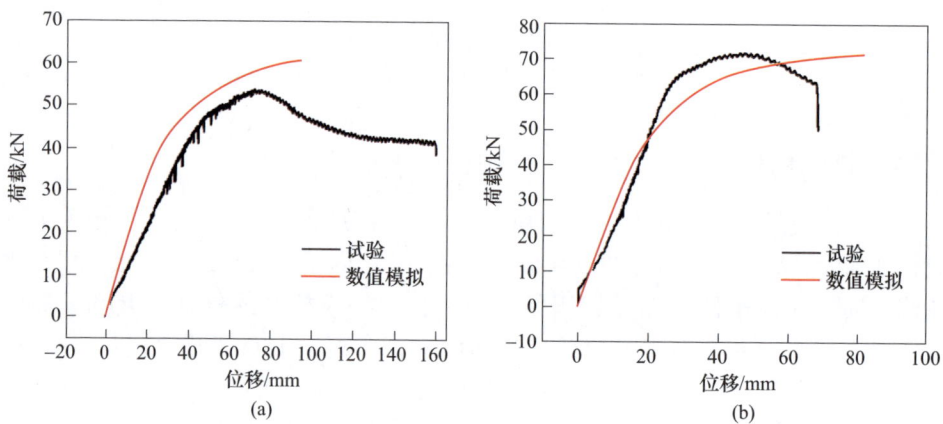

(a)　　　　　　　　　　　　　　　　(b)

图 5-12　梁柱节点荷载位移曲线对比

（a）SJ-1；（b）SJ-5

表 5-3　梁柱节点试验与数值模拟结果对比

编号	类别	位移/mm	荷载/kN	误差对比%
SJ-1	试验	72.8	53.40	8.2
	数值模拟	72.8	58.17	
SJ-5	试验	48.6	71.60	5.9
	数值模拟	48.6	67.59	

5.2.5 参数分析

在进行数值模拟参数分析之前进行基础模型信息介绍，后续模型将在该基础模型的基础上根据分析参数的不同进行响应的参数调整。基础模型的 H 型铝合金杆件的截面尺寸为 H203 mm×106 mm×11 mm×11 mm，槽型连接件的截面尺寸为 2C181 mm×47.5 mm×5 mm×10 mm，起拱角度为 96°，螺栓等级为 10.9 级螺栓直径为 20 mm，H 型铝合金杆件采用 6061-T6 铝合金型材，槽钢连接件采用 Q235 钢材。在基础模型的基础上，建立不同螺栓直径、不同起拱角度、不同槽型连接件厚度的数值分析模型，从而分析这些因素对铝合金门式刚架梁柱节点力学性能的影响规律。在基础模型中荷载形式分为两种，分别为竖向集中力和水平集中力，用来分析该类节点在平面外竖向荷载和平面内水平荷载作用下的受力特征和变形机理。

通过试验研究了不同螺栓直径和起拱角度时，铝合金门式刚架梁柱节点在竖向荷载作用下的受力性能。此处将通过数值模拟补充分析起拱角度和槽钢壁厚对该类节点竖向性能的影响规律。不同起拱角度和槽钢壁厚的竖向荷载位移曲线汇总于图 5-13、表 5-4 和表 5-5。

（1）随着起拱角度的增大（96°增加至 136°），屈服位移和极限位移无明显变化规律且变化幅度较小，屈服荷载和极限荷载逐渐增大（分别增大 2.04 倍和 1.90 倍），破坏特征由槽型连接件破坏逐渐转变为 H 型铝合金杆件破坏。

（2）随着槽型连接件壁厚由 4 mm 增大至 14 mm 时，屈服位移和屈服荷载分别增大 2.44 倍和 3.96 倍，极限位移和极限荷载分别增大 1.8 倍和 2.46 倍，破坏特征由槽型连接件破坏转变为 H 型铝合金杆件破坏。

（3）随着起拱角度的增大，梁柱节点竖向承载性能的增幅逐渐增大，随着槽型连接件壁厚的增大，梁柱节点竖向承载性能的增幅逐渐减小。

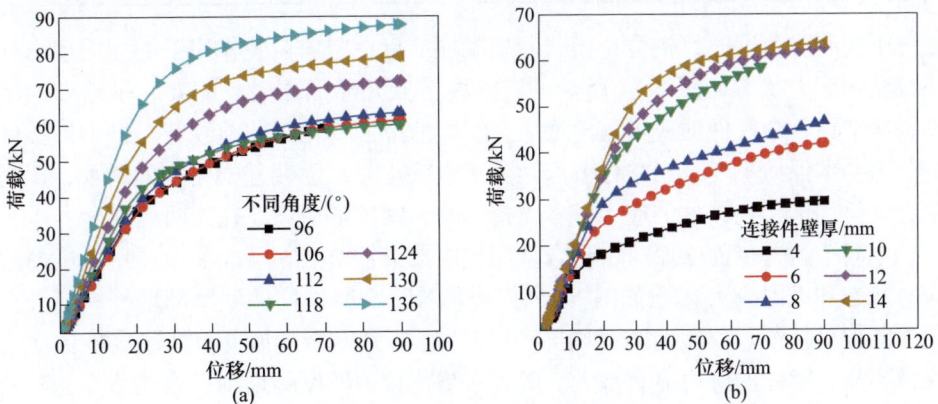

图 5-13 梁柱节点竖向荷载位移曲线

（a）起拱角度的影响；（b）连接件壁厚的影响

表 5-4　梁柱节点竖向荷载作用下不同起拱角度关键结果

起拱角度 /(°)	屈服位移 /mm	屈服荷载 /kN	破坏特征	极限位移 /mm	极限荷载 /kN
96	8.38	5.94	连接件	48.38	26.10
106	8.21	7.47	连接件	45.71	24.53
112	8.81	8.67	连接件	44.15	27.07
118	8.21	8.94	梁	48.85	29.25
124	7.25	9.75	梁	48.65	33.10
130	8.21	11.98	梁	44.21	36.10
136	7.25	12.13	梁	46.65	40.14

表 5-5　梁柱节点竖向荷载作用下不同连接件壁厚关键结果

槽钢壁厚 /mm	屈服位移 /mm	屈服荷载 /kN	破坏特征	极限位移 /mm	极限荷载 /kN
4	4.60	3.02	连接件	30.50	14.67
6	5.28	4.00	连接件	39.71	24.53
8	6.31	5.21	连接件	46.59	19.16
10	8.38	5.94	梁	48.38	26.10
12	10.94	10.18	梁	50.58	28.48
14	11.21	11.98	梁	54.21	36.10

　　不同起拱角度时，铝合金门式刚架梁柱节点在竖向荷载作用下的屈服应力状态和极限应力状态如图 5-14 所示。当梁柱节点开始屈服时，随着起拱角度的增加，H 型铝合金杆件的应力逐渐增大，螺栓的应力变化无明显规律，槽型连接件的应力基本保持不变。当梁柱节点达到极限状态时，随着起拱角度的增大，H 型铝合金梁和槽型连接件的应力基本保持不变，螺栓的应力变化无明显规律。

　　不同槽型连接件壁厚时，铝合金门式刚架梁柱节点在竖向荷载作用下的屈服应力状态和极限应力状态如图 5-15 所示。随着槽型连接件壁厚的增加，铝合金门式刚架梁柱节点屈服时 H 型铝合金杆件的应力逐渐增加，槽型连接件的应力保持不变，螺栓的应力显著增大。随着槽型连接件壁厚的增加，梁柱节点达到极限状态时，H 型铝合金杆件的应力保持不变，槽型连接件的应力无明显变化规律且变化幅度较小，螺栓的应力呈现先增后减的变化趋势。

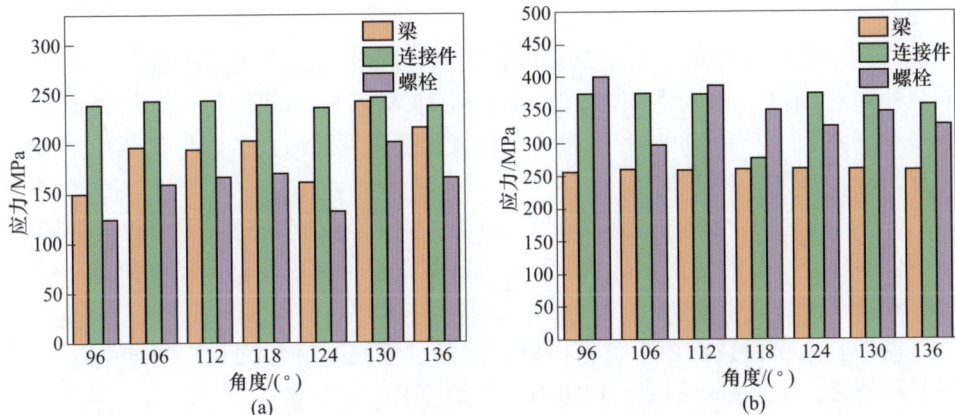

图 5-14　梁柱节点竖向荷载作用下不同起拱角度应力柱状图
（a）屈服应力状态柱状图；（b）极限应力状态柱状图

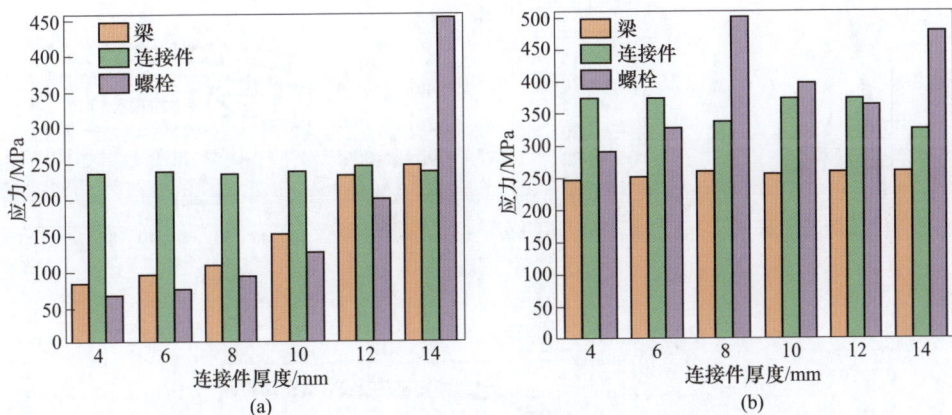

图 5-15　梁柱节点竖向荷载作用下不同连接件壁厚应力柱状图
（a）屈服应力状态柱状图；（b）极限应力状态柱状图

在铝合金门式刚架中，梁柱节点主要承受竖向荷载和水平荷载。前面已探明该类节点在竖向荷载作用下的受力性能，现对其在水平荷载作用下的受力性能展开研究。铝合金门式刚架梁柱节点在水平荷载作用下，不同螺栓直径、起拱角度和槽型连接件壁厚对其承载性能的影响规律汇总于图 5-16、表 5-6、表 5-7 和表 5-8。通过分析可知：

（1）在水平荷载作用下，随着螺栓直径的增大，梁柱节点的屈服荷载、屈服位移、极限荷载和极限位移均无明显变化规律，且变化幅度极小，这是由于螺栓群的承载力大于杆件截面的承载力时，增大螺栓直径对水平承载性能并无增强作用。

（2）当梁柱节点承受水平荷载的作用时，随着起拱角度的增加，屈服和极限位移均逐渐增大（分别增大 2.14 倍和 2.78 倍），屈服和极限荷载逐渐减小（分别降低 58% 和 48%），这是由于随着起拱角度的增大，水平荷载产生的轴力逐渐减小而弯矩逐渐增大。

（3）不同槽型连接件壁厚对铝合金门式刚架梁柱节点的水平承载性能影响较小，即随着壁厚的变化，荷载位移曲线基本重合，屈服位移、屈服荷载、极限位移和极限荷载变化幅度极小。

（4）在水平荷载作用下，不同螺栓直径、不同起拱角度和不同连接件壁厚时节点的破坏模式保持不变，均为 H 型铝合金杆件破坏。

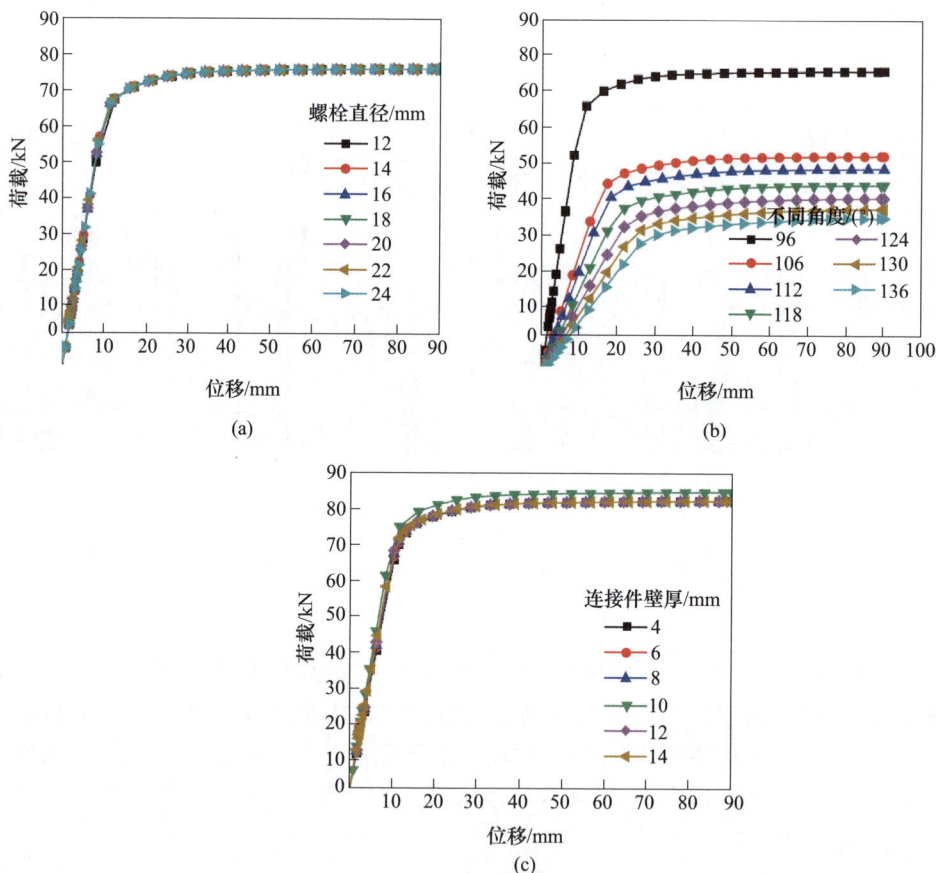

图 5-16　梁柱节点水平荷载位移曲线
（a）螺栓直径的影响；（b）起拱角度的影响；（c）连接件壁厚的影响

表 5-6 梁柱节点水平荷载作用下不同螺栓直径关键结果

螺栓直径 /mm	屈服位移 /mm	屈服荷载 /kN	破坏特征	极限位移 /mm	极限荷载 /kN
12	6.15	18.22	梁	19.21	39.56
14	6.22	18.91	梁	19.03	39.58
16	6.76	19.30	梁	20.61	40.32
18	6.25	22.76	梁	19.15	39.62
20	5.76	21.40	梁	20.61	40.33
22	6.51	23.77	梁	19.78	39.55
24	6.74	24.65	梁	20.37	40.29

表 5-7 梁柱节点水平荷载作用下不同起拱角度关键结果

起拱角度 /(°)	屈服位移 /mm	屈服荷载 /kN	极限破坏特征	极限位移 /mm	极限荷载 /kN
96	5.79	21.40	梁	20.61	40.33
106	8.21	13.73	梁	30.71	28.99
112	9.82	14.14	梁	36.17	27.51
118	12.71	14.76	梁	39.71	25.29
124	12.71	12.27	梁	44.21	23.55
130	12.71	10.47	梁	48.71	22.13
136	12.38	8.89	梁	57.38	21.13

表 5-8 梁柱节点水平荷载作用下不同连接件壁厚关键结果

槽钢壁厚 /mm	屈服位移 /mm	屈服荷载 /kN	破坏特征	极限位移 /mm	极限荷载 /kN
4	6.21	21.43	连接件	19.49	38.62
6	6.31	20.40	连接件	19.49	38.67
8	6.35	20.66	连接件	19.49	38.70
10	5.79	21.40	梁	20.61	40.33
12	6.39	21.118	梁	19.49	38.74
14	6.86	22.16	梁	20.78	39.00

不同螺栓直径时铝合金门式刚架梁柱节点在水平荷载作用下的屈服和极限应力状态如图 5-17 所示。H 型铝合金杆件的应力在节点屈服和极限状态时均无明显区别，螺栓在节点屈服和极限状态时的应力随着直径的增加呈现降低的趋势。这是因为螺栓直径的增大将提高螺栓的受力面积，从而显著降低螺栓的应力。

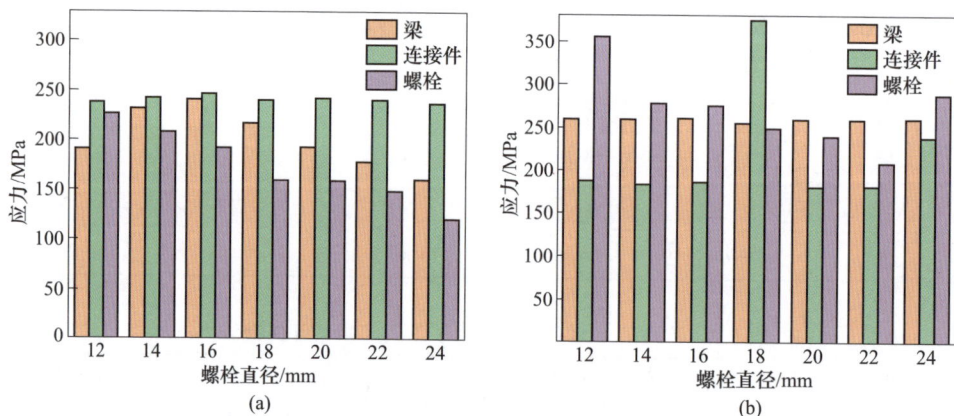

图 5-17　梁柱节点水平荷载作用下不同螺栓直径应力柱状图
（a）屈服应力状态柱状图；（b）极限应力状态柱状图

在水平荷载作用下，铝合金门式刚架梁柱节点在不同起拱角度时的屈服和极限应力状态如图 5-18 所示。随着起拱角度的增加，节点屈服和破坏时 H 型铝合金梁的应力均保持不变，槽型连接件的应力均为先增后保持不变，螺栓的应力均呈现先增后减的变化趋势。

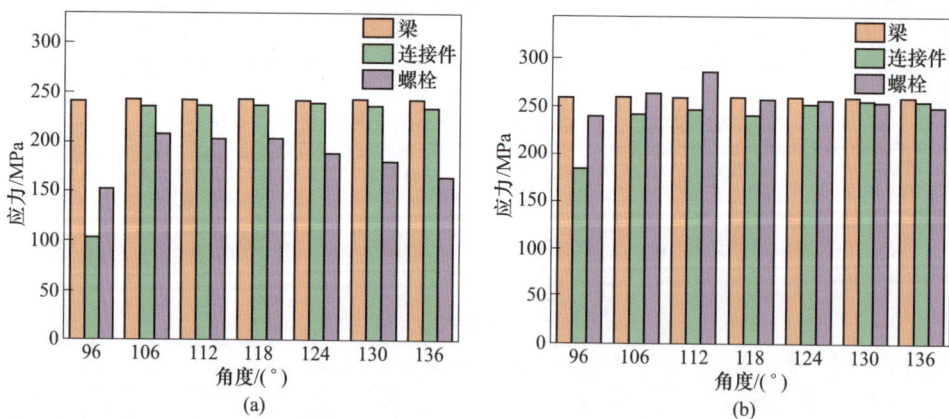

图 5-18　梁柱节点水平荷载作用下不同起拱角度应力柱状图
（a）屈服应力状态柱状图；（b）极限应力状态柱状图

当槽型连接件的壁厚变化时，铝合金门式刚架梁柱节点在水平荷载作用下的屈服和极限应力状态变化规律如图 5-19 所示。随着槽型连接件壁厚的增大，H型铝合金梁在节点屈服时的应力呈现逐渐增加的趋势，但增加幅度较小。槽型连接件的应力无明显变化规律，且节点屈服时变化幅度较大，节点破坏时变化幅度较小。节点在屈服和破坏时，螺栓的应力均随着槽型连接件壁厚的增大而增大，其变化幅度较大。

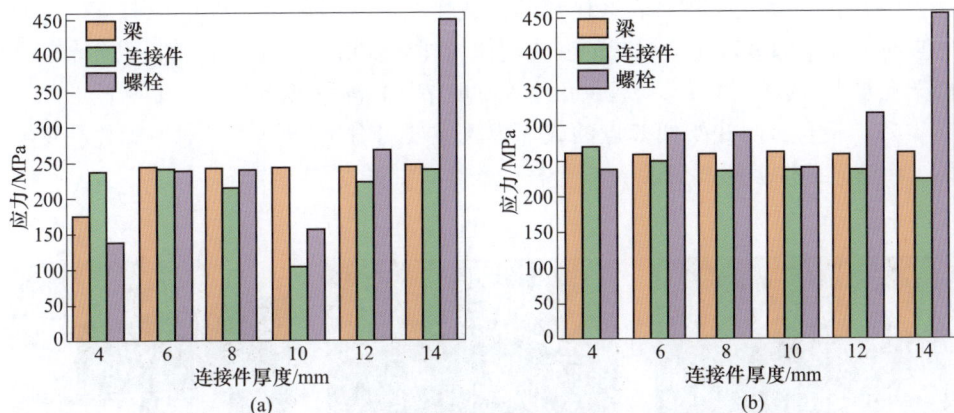

图 5-19　梁柱节点水平荷载作用下不同连接件壁厚应力柱状图
（a）屈服应力状态柱状图；（b）极限应力状态柱状图

5.3　节点构造计算方法

5.3.1　受力特征

铝合金门式刚架的节点采用对称布置的 C 型连接件将 H 型铝合金杆件的端部进行紧密连接，通过前面的试验研究和数值分析可以发现梁柱节点和梁梁节点的以下受力特征：

（1）节点在竖向荷载作用下，随着螺栓直径的增大，试件螺栓孔径处破坏情况不断好转，螺栓孔壁处的挤压程度逐渐减小节点的破坏模式并不随着起拱角度的变化而发生明显变化，即起拱角度的变化对试件的破坏形式及破坏点位置无影响。随着槽型连接件壁厚由 4 mm 增大至 14 mm 时，竖向屈服位移和屈服荷载分别增大 2.44 倍和 3.96 倍，极限位移和极限荷载分别增大 1.8 倍和 2.46 倍。

（2）在水平荷载作用下，随着螺栓直径的增大，节点的屈服荷载、屈服位移、极限荷载和极限位移均无明显变化规律，且变化幅度极小。节点承受水平荷载的作用时，随着起拱角度的增加，屈服和极限位移分别增大 2.14 倍和 2.78 倍，屈服和极限荷载分别降低 58% 和 48%。不同槽型连接件壁厚对铝合金门式刚架梁柱节点的水平承载性能影响较小。

（3）竖向承载试验的破坏模式表明，随着螺栓直径的增大，螺栓孔壁的挤压面积逐渐增大，孔壁的挤压变形逐渐减小。在弹性阶段不同螺栓直径的荷载-位移曲线在弹性阶段基本重合，当试件开始进入屈服阶段时不同螺栓直径的荷载-位移曲线逐渐出现分离现象。

（4）铝合金门式刚架节点在竖向荷载作用下，当起拱角度增加时该类节点的竖向承载性能呈现先增后减的变化规律，即起拱角度存在极值点。铝合金门式刚架在水平荷载作用下，当起拱角度增加时节点的水平承载性能逐渐降低。

（5）铝合金门式刚架节点的破坏模式主要可分为三类，分别为螺栓孔壁破坏、C 型连接件破坏及 H 型铝合金杆件破坏，如图 5-20 所示。

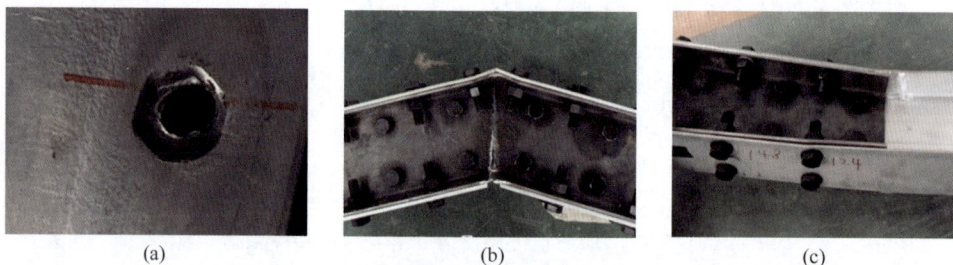

图 5-20　铝合金门式刚架节点破坏模式
（a）螺栓孔壁破坏；（b）C 型连接件破坏；（c）H 型铝合金杆件破坏

5.3.2　构造计算

为满足"强节点、弱杆件"的结构设计原则，节点设计应满足节点不先于构件破坏的原则。通过分析 C 型连接件壁厚对节点承载性能的影响可以发现，当连接件壁厚较小时，连接件会先于铝合金杆件发生破坏。基于建筑结构的美观要求，C 型连接件的截面尺寸应保证在几何边缘处与 H 型铝合金杆件对齐。为保证 C 型连接件不先于 H 型铝合金杆件破坏，C 型连接件的强度设计值和截面面积应该满足以下要求：

$$f_s A_s \geq 1.2 f_a A_a \tag{5-1}$$

式中，f_s 和 f_a 分别为钢材和铝合金的强度设计值；A_s 和 A_a 分别为 C 型连接件和 H 型铝合金杆件截面的面积。

通过分析不同螺栓直径对梁柱节点在竖向和水平荷载作用下承载性能的影响规律，可知当螺栓群的承载力大于 C 型连接件即可，此时增大螺栓直径对节点的承载性能无影响。因此，螺栓群的抗剪承载力只需大于铝合金杆件即可：

$$n\min\left[d_w f_c \cdot 2t, \frac{\pi}{2}d^2 f_v\right] \geqslant f_s A_n \tag{5-2}$$

式中，n 为螺栓数量；d 为螺栓直径；t 为 H 型铝合金杆件厚度；f_c 为螺栓连接承压强度；f_v 为螺栓抗剪强度；f_s 为铝合金设计强度；A_n 为 H 型铝合金杆件净截面面积。

6　铝合金门式刚架结构承载性能

6.1　铝合金门刚体系

6.1.1　结构布置

目前，常用的铝合金门式刚架结构体系如图 6-1 所示，主要有尖顶门式刚架、多边抽顶门式刚架、桃型门式刚架及组合门式刚架。铝合金门式刚架主要由主方向结构和次方向结构组成。其中，主方向结构由刚架梁和刚架柱构成，次方向结构由次梁和支撑组成。刚架梁和刚架柱均采用 H 型铝合金截面，刚架次梁和支撑采用较小截面的铝合金矩形管。

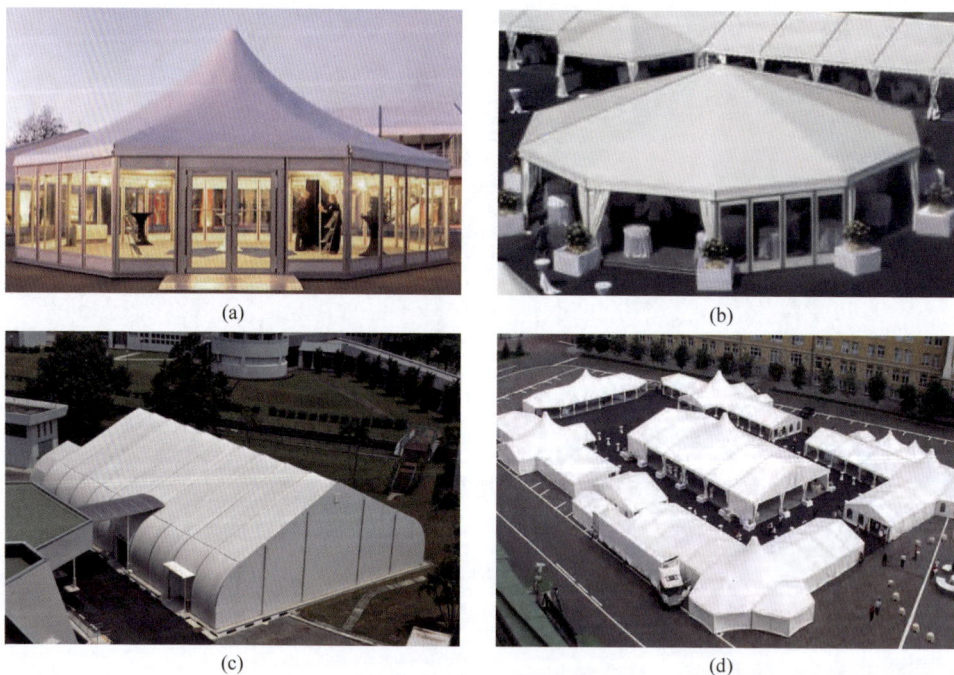

(a)　　　　　　　　　　　　　　(b)

(c)　　　　　　　　　　　　　　(d)

图 6-1　铝合金门刚体系

（a）尖顶式；（b）多边抽顶式；（c）桃型式；（d）组合式

6.1.2 基本单元

不同形态的铝合金门式刚架结构均由基础的单榀门刚（图 6-2（a））拼接而成，单榀门刚主要由门刚梁柱及节点构成。由于钢材的弹性模型量为铝合金的 3 倍，因此采用钢连接件作为铝合金门式刚架的节点和支座主要连接构造。由于新型铝合金门式刚架的主构件截面类型为 H 型，因此采用双 C 型钢连接件作为节点的连接构造，如图 6-2（b）所示。

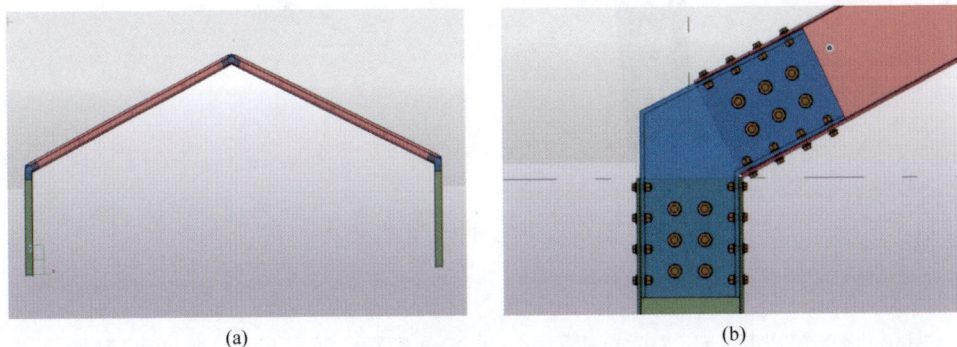

(a)　　　　　　　　　　　　(b)

图 6-2　铝合金门刚基本单元

(a) 单榀门刚；(b) 节点构造

双 C 型连接件的构造尺寸可根据被连接 H 型铝合金杆件的内截面尺寸确定，从而使得两者紧密贴合在一起，然后通过螺栓将两者紧密连接。双 C 型连接件的翼缘可以传递 H 型铝合金杆件翼缘的内力，连接腹板则对应传递铝合金杆件腹板的内力。这种节点方式不仅在构造上较易实现，且具有传力途经清晰的优点。钢制的双 C 型连接件刚度明显高于 H 型铝合金杆件，可以有效实现节点的刚性连接和柱脚的固结约束。

6.2　节点刚度分析

6.2.1　节点抗弯性能

由于新型铝合金门式刚架的梁柱节点和梁梁节点在几何构造上基本一致，因此本章采用梁柱节点的数值模型进行抗弯性能数值分析。抗弯分析基础模型的 H 型铝合金杆件的截面尺寸为 H203 mm×106 mm×11 mm×11 mm，槽型连接件的截面尺寸为 2C181 mm×47.5 mm×5 mm×10 mm，起拱角度为 96°，螺栓等级为 10.9 级，螺栓直径为 20 mm，H 型铝合金杆件采用 6061-T6 铝合金型材，槽钢连接件采用 Q235 钢材。梁柱节点模型一端设置固结约束，另一端施加弯矩作用，如图 6-3 所示。数值模型的其余设置与第 5 章基本一致，这里不再赘述。

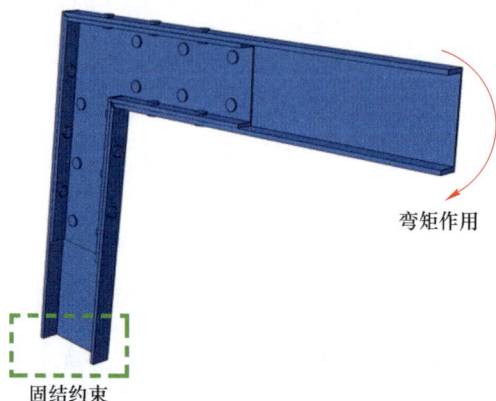

弯矩作用

固结约束

图 6-3　抗弯分析数值模型

　　为分析不同连接件壁厚对节点抗弯性能的影响，建立了厚度分别为 4～14 mm 的数值分析模型，其抗弯分析结果汇总于图 6-4。不同连接件壁厚的节点在弯矩作用下的变形曲线（图 6-4（a））结果显示，随着连接件壁厚的增大，节点的抗弯刚度和抗弯承载力先快速增大，当连接件厚度增大到一定数值后，节点的抗弯刚度和抗弯承载力不再增大。具体地，当连接件壁厚由 4 mm 增大至 10 mm 时，节点的抗弯刚度和承载力近似呈线性增大。当连接件壁厚大于 10 mm 后，增大连接件壁厚不在对节点的抗弯性能起到有利作用。

　　当连接件壁厚为 4 mm 时，节点受弯破坏时的应力分布如图 6-4（b）所示。由该图可知，当连接件壁厚为 4 mm 时，连接件转角处应力率先达到极限状态（最大应力为 375 MPa），此时铝合金杆件的应力最大值为 214 MPa，即连接件先于铝合金梁发生破坏。当连接件壁厚为 14 mm 时（图 6-4（c）），节点在弯矩作用下破坏时，铝合金杆件的应力达到极限应力 240 MPa，而连接件应力小于极限应力（仅为 320 MPa）。由此可见，随着连接件壁厚的增大，节点在弯矩作用下的破坏模式逐渐由连接件破坏转变为铝合金杆件破坏。

　　通过上述分析可知，随着连接件壁厚的增加，节点的抗弯性能逐渐增强，但当壁厚增大到一定数值后，抗弯性能趋于稳定。这是由于当连接件壁厚较小时，连接件的刚度和强度弱于铝合金杆件，此时提高连接件的厚度可增强其刚度和强度，从而增强节点的抗弯性能。当连接件壁厚较大时，连接件的刚度和强度强于铝合金杆件，此时节点的抗弯性能主要由铝合金杆件起控制作用，此时提高连接件刚度无法有效提高节点的抗弯性能。

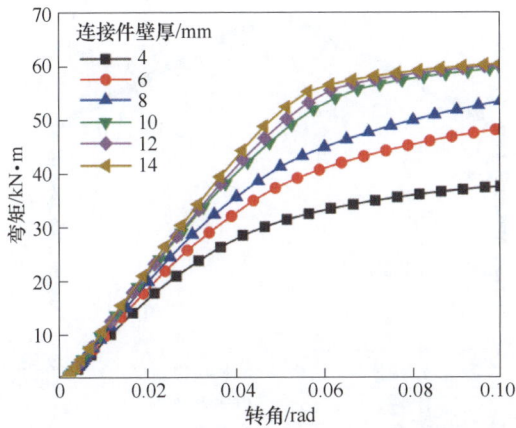

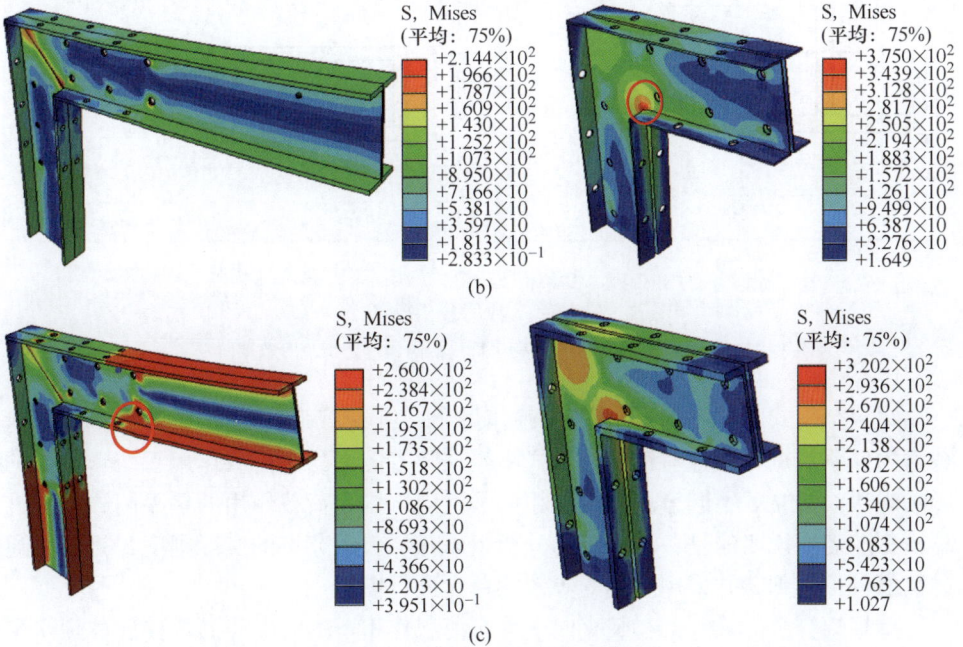

图 6-4 不同连接件壁厚的抗弯性能

（a）弯矩-转角曲线；（b）连接件 4 mm 厚时破坏状态；（c）连接件 14 mm 厚时破坏状态

6.2.2 竖向承载性能

通过上述分析可知，连接件壁厚将直接影响节点的刚度。为了进一步分析节点刚度对铝合金门式刚架承载的影响，建立了如图 6-5 的分析模型。其中，铝合金梁用工字型截面的梁单元进行模拟，节点用等效的矩形方管梁单元进行模拟。

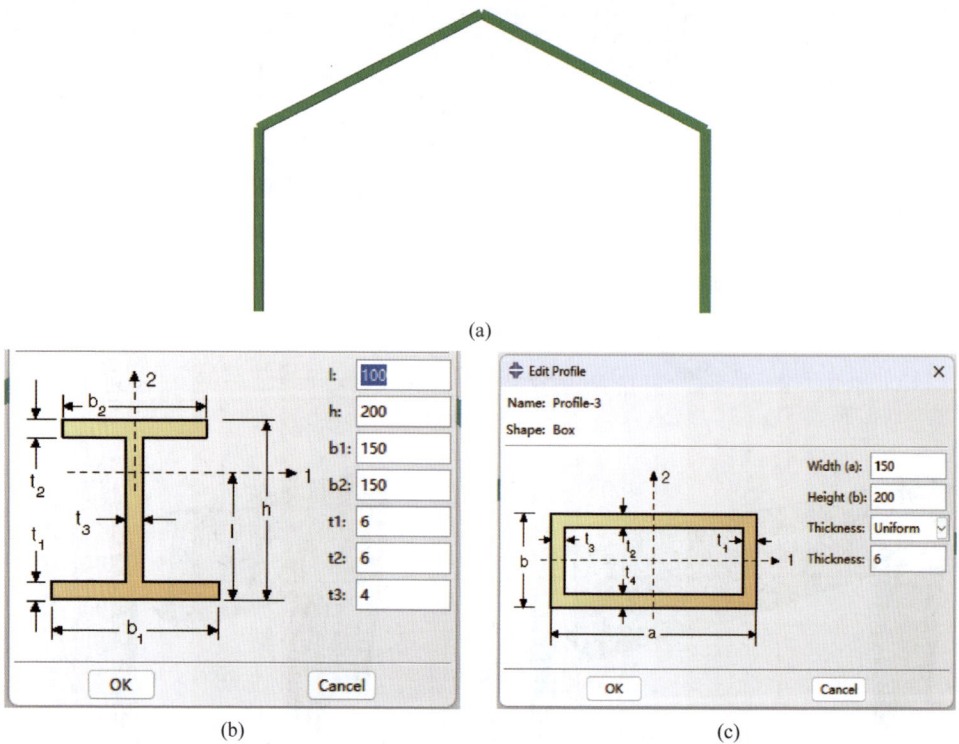

图 6-5　数值分析模型

（a）单跨模型；（b）铝合金杆件截面；（c）节点等效截面

　　铝合金门式刚架在自重和活荷载作用下，其荷载形式为竖直向下的均布荷载。为探明节点半刚性对铝合金门式刚架在竖直向下均布荷载作用下变形特征的影响规律，建立了不同节点刚度在相同竖直向下均布荷载作用的单榀门式刚架计算模型。需要说明的是，在后续的分析中 $1.0K_0$ 表示节点的实际刚度，该刚度通过数值模拟得到，并采用上述的等效梁单元进行模拟。

　　单榀铝合金门式刚架在竖直向下均布荷载作用下的跨中竖向位移和柱顶水平位移如图 6-6 所示。随着节点刚度的降低，跨中竖向荷载–位移曲线和柱顶水平荷载–位移曲线变化规律基本一致。随着节点刚度的降低，荷载–位移曲线的斜率逐渐降低，即刚度逐渐下降。当节点刚度由 100% 降低到 50% 时，刚度下降较为缓慢，当节点刚度降低至 50% 以下时，刚度下降幅度较大。

　　不同节点刚度单榀铝合金门式刚架在竖直向下均布荷载作用下，屈服时（荷载为 16~20 kN）的竖向变形分布如图 6-7 所示。在竖直向下均布荷载作用下，单榀铝合金门式刚架的最大变形发生在梁梁拼接处，由跨中向两端竖向位移逐渐减小，两端铝合金柱的竖向位移基本为 0。当节点刚度为原刚度（100%）时，

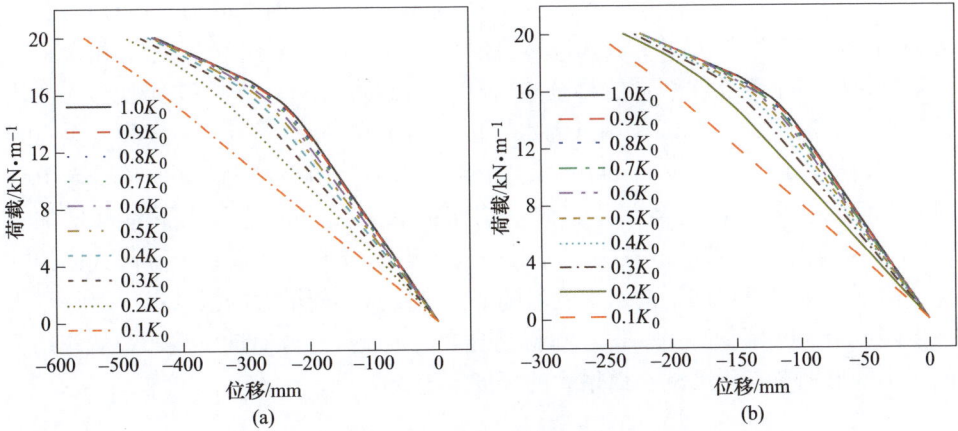

图 6-6 竖直向下均布荷载作用下荷载-位移曲线
（a）跨中竖向；（b）柱顶水平

跨中最大竖向位移为 270 mm，梁端处竖向位移为 45 mm。当节点刚度降低至 50%时，跨中最大竖向位移增加至 290 mm（增幅为 7%），梁端处竖向位移增加至 48 mm（增幅为 6%）。当节点刚度由 50%降低至 10%时，跨中最大竖向位移为 437 mm（增幅为 51%），梁端竖向位移为 73 mm（增幅为 52%）。

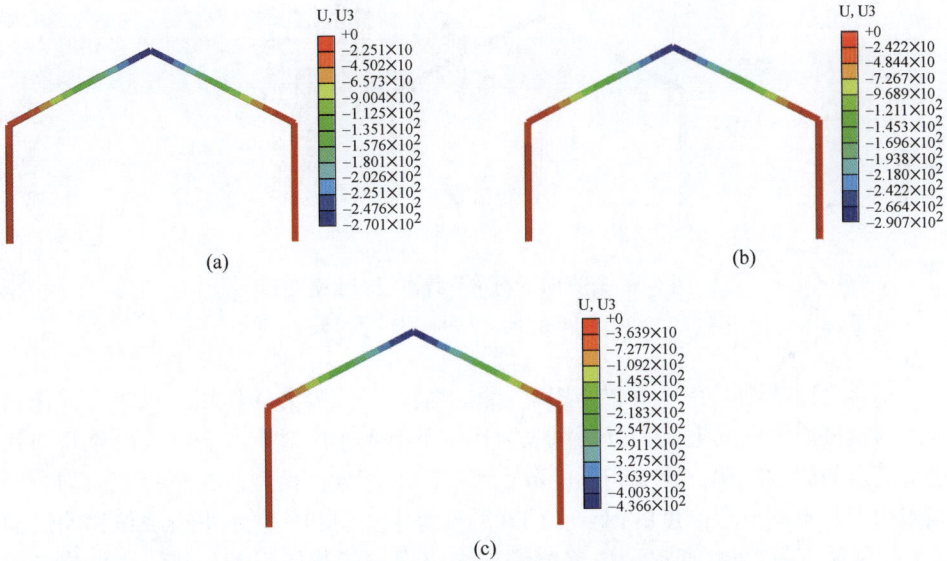

图 6-7 竖直向下均布荷载作用下竖向变形
（a）$1.0K_0$；（b）$0.5K_0$；（c）$0.1K_0$

不同节点刚度单榀铝合金门式刚架在竖直向下均布荷载作用下，屈服时（荷载为 16~20 kN）的水平变形分布如图 6-8 所示。在竖直向下的均布荷载作用下，单榀铝合金门式刚架的水平最大位移发生在两边柱顶（梁柱节点处），由于荷载的对称性跨中位置处的水平位移基本为 0。节点刚度不折减时（原刚度），两边柱顶在竖直向下均布荷载作用下的水平位移为 136 mm。当节点刚度降低至 50% 时，两边柱顶的水平位移为 144 mm，增幅为 6%。当节点刚度由 50% 降低至 10% 时，单榀铝合金门式刚架在竖直向下均布荷载作用下的柱顶水平位移增加至 215 mm，增幅为 49%。节点刚度降低幅度小于 50% 时，单榀铝合金门式刚架在竖直向下均布荷载作用下的水平变形随节点刚度减小而增大的幅度小于 10%。当节点刚度由 50% 降低至 10% 时，单榀铝合金门式刚架在竖直向下均布荷载作用下的水平变形随节点刚度减小而增大的幅度大于 50%。

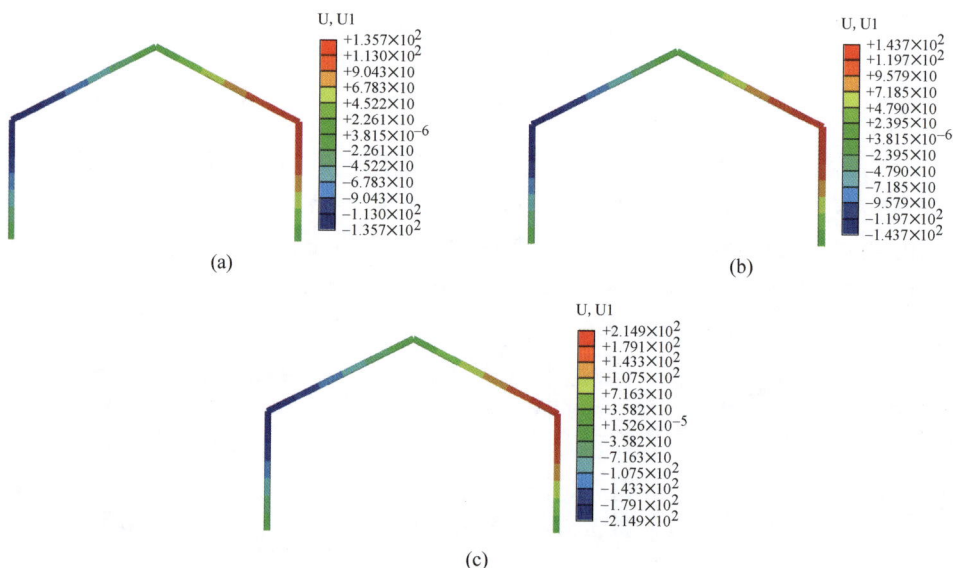

图 6-8　竖直向下均布荷载作用下水平变形
（a）$1.0K_0$；（b）$0.5K_0$；（c）$0.1K_0$

　　铝合金门式刚架在风荷载作用下，屋顶会承受风吸力的作用，风吸力的作用方向为沿屋面法向向上。为分析风吸力作用下节点刚度对铝合金门式刚架竖向和水平变形的影响规律，建立了不同节点刚度的数值分析模型。在竖直法向均布荷载作用下，不同节点刚度的铝合金门式刚架跨中竖向和柱顶水平荷载位移曲线如图 6-9 所示。跨中竖向荷载-位移曲线在法向均布荷载作用下，其切线斜率随着节点刚度的降低而逐渐降低，而且降低的幅度越来越大。柱顶水平荷载-位移曲线随着节点刚度的变化规律与跨中竖向荷载基本一致。

　　单榀铝合金门式刚架在竖直法向均布荷载作用下，不同节点刚度屈服时（荷载为 18~24 kN）的竖向变形分布如图 6-10 所示。在竖直法向均布荷载作用下，

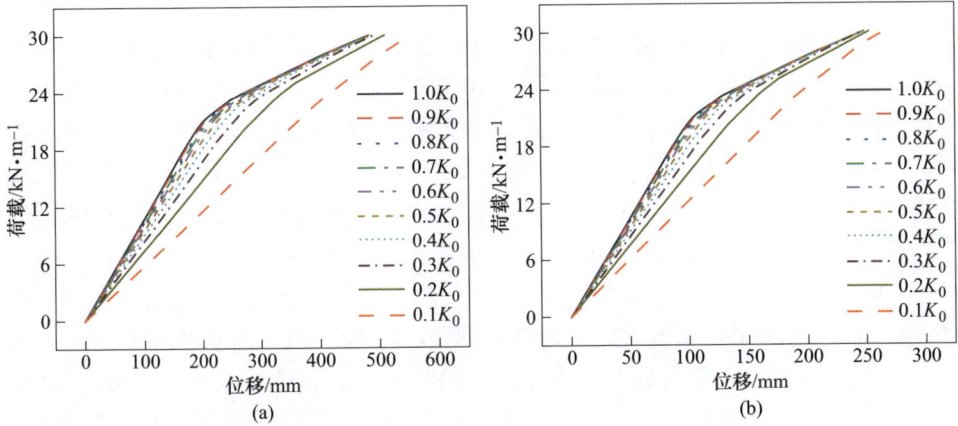

图 6-9 竖直法向均布荷载作用下荷载-位移曲线

（a）跨中竖向；（b）柱顶水平

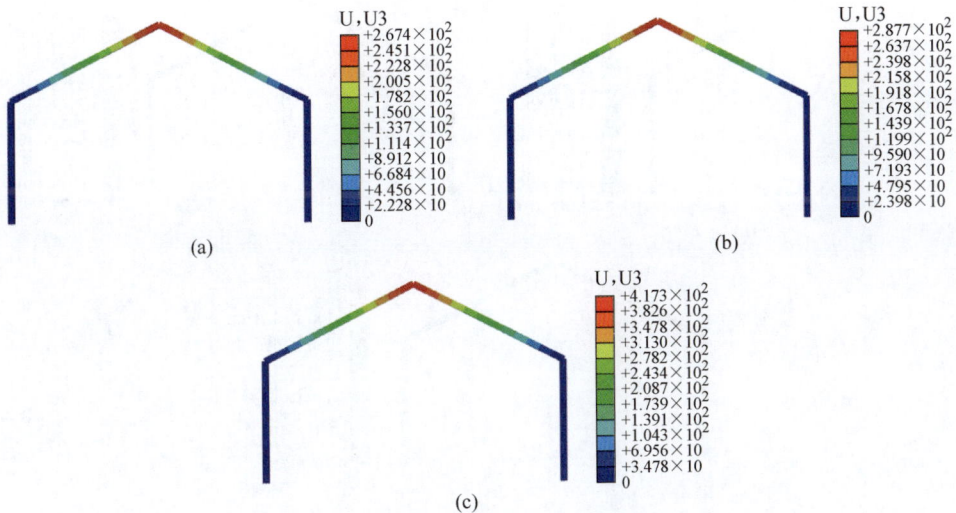

图 6-10 竖直法向均布荷载作用下竖向变形

（a）$1.0K_0$；（b）$0.5K_0$；（c）$0.1K_0$

铝合金门式刚架的竖向变形分布规律与其在竖直向下的分布规律基本一致，即最大位移发生在跨中，两边梁端处竖向位移较小。当节点刚度未降低时（100%），铝合金门式刚架在竖直法向均布荷载作用下的跨中竖向位移为267 mm，两边梁端竖向位移为45 mm。当节点刚度降低至50%时，跨中竖向位移增大了8%（其值为288 mm），两边梁端的竖向位移增大了7%（其值为48 mm）。当节点荷载降低了90%后，跨中竖向位移增大了150 mm，两边梁端的竖向位移增大了22 mm，增大幅度分别为 56% 和 49%。显然，节点刚度降低幅度在 50% 以内时，单榀铝合金门式刚架在竖直法向均布荷载作用下的竖向变形随节点刚度减小而增大的幅度，远小于其在节点刚度降低幅度大于 50% 之后。

　　不同节点刚度单榀铝合金门式刚架在竖直法向均布荷载作用下，屈服时（荷载为 16~20 kN）的水平变形分布如图 6-11 所示。在竖直法向均布荷载作用下，铝合金门式刚架最大水平位移发生在梁柱节点处，梁梁节点处的水平位移为 0。当节点刚度为原刚度时，铝合金门式刚架两端的梁柱节点最大水平位移为 138 mm。当节点刚度为其实际刚度的 0.5 倍时，铝合金门式刚架的最大水平位移为 146 mm，与原刚度相比增加了 8 mm，增幅为 6%。当节点刚度降为 10% 原刚度时，铝合金门式刚架的最大水平位移增幅为 48%，其位移值为 204 mm。当节点的刚度保持在 50% 以上时，节点刚度变化所引起铝合金门式刚架水平位移的幅度小于 10%。但是，当节点刚度下降 50% 以上时，铝合金门式刚架在竖向法向均布荷载作用下的水平位移增加幅度较大。

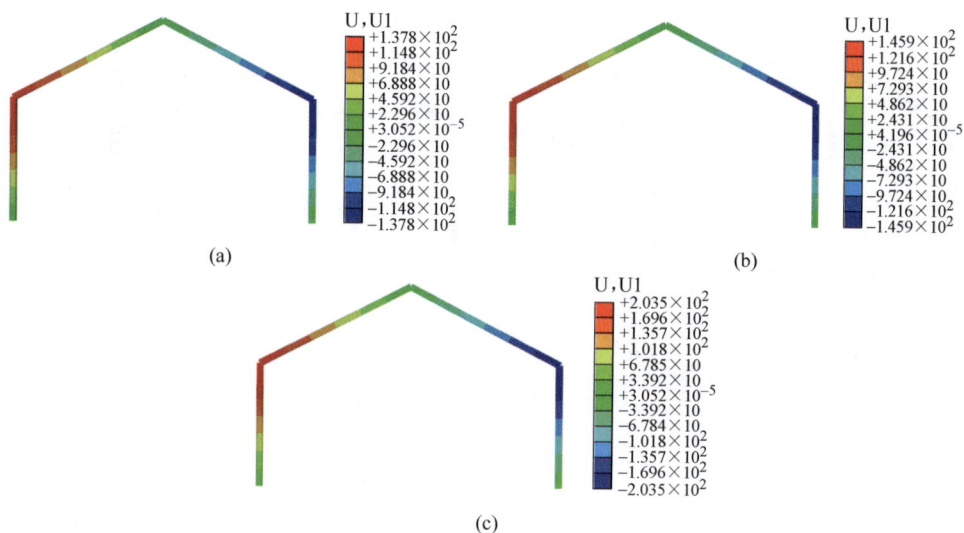

图 6-11　法向均布荷载作用下水平变形
（a）$1.0K_0$；（b）$0.5K_0$；（c）$0.1K_0$

6.2.3　水平承载性能

　　对于门式刚架结构而言，其承受的水平荷载主要包含风荷载和地震作用。铝合金门式刚架自重较轻，因此地震作用往往不起控制作用，研究水平荷载影响时候以风荷载为代表，地震影响选择忽略。在进行门式刚架抗风计算时，水平风荷载往往以均布荷载或集中荷载的形式施加在立柱上。为探明节点刚度对铝合金门式刚架在水平风荷载作用下的变形特征，分别建立水平均布荷载和水平集中荷载的数值分析模型，对铝合金门式刚架在这两种水平荷载作用下的水平和竖向变形特征进行探索。

铝合金门式刚架两边柱在同一方向的水平均布荷载作用下，柱顶水平和梁端（梁柱节点处）竖向荷载-位移曲线如图6-12所示。随着节点刚度的降低（在水平均布荷载作用下），柱顶水平荷载-位移曲线弹性阶段和屈服阶段的刚度逐渐降低，且降低的幅度越来越大，但屈服阶段刚度降低的速度大于弹性阶段。梁端的水平均布荷载-竖向位移曲线随节点刚度的降低，在弹性阶段基本重合，而在屈服阶段出现了刚度下降的趋势，且屈服荷载逐渐减小。

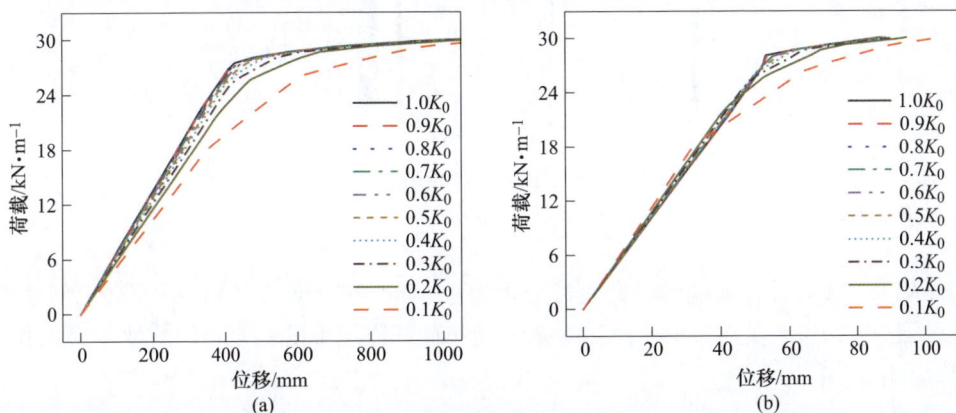

图6-12 水平均布荷载作用下的荷载-位移曲线
（a）柱顶水平；（b）梁端竖向

铝合金门式刚架两侧柱在水平均布荷载作用下的屈服水平变形状态如图6-13所示。在水平均布荷载作用下，铝合门式刚架两端柱的水平位移随着高度的增加水平位移逐渐增大，梁的水平位移与柱顶水平位移一致。节点刚度为原刚度时（$1.0K_0$）铝合金门式刚架最大水平位移为527 mm，节点刚度为$0.5K_0$时最大水平位移为574 mm，节点刚度为$0.1K_0$时最大水平位移为960 mm。由上述分析可知，当节点刚度降低50%时水平屈服位移增幅仅为9%，但是当节点刚度降低90%时水平屈服位移的增幅为82%。当节点刚度保持在原刚度的50%以上时，节点刚度对水平均布荷载作用下的铝合金门式刚架水平变形影响较小，但当节点刚度低于原刚度的50%时影响较为明显。

铝合金门式两侧柱在水平均布荷载作用下的屈服竖向变形状态如图6-14所示。当铝合金门式刚架两边柱承受水平均布荷载作用时，铝合金门式刚架的竖向位移主要发生于上部的梁，且最大竖向位移发生在梁端处（梁柱节点），两边梁的竖向变形呈反对称分布。在水平均布荷载作用下，当节点刚度分别为$1.0K_0$、

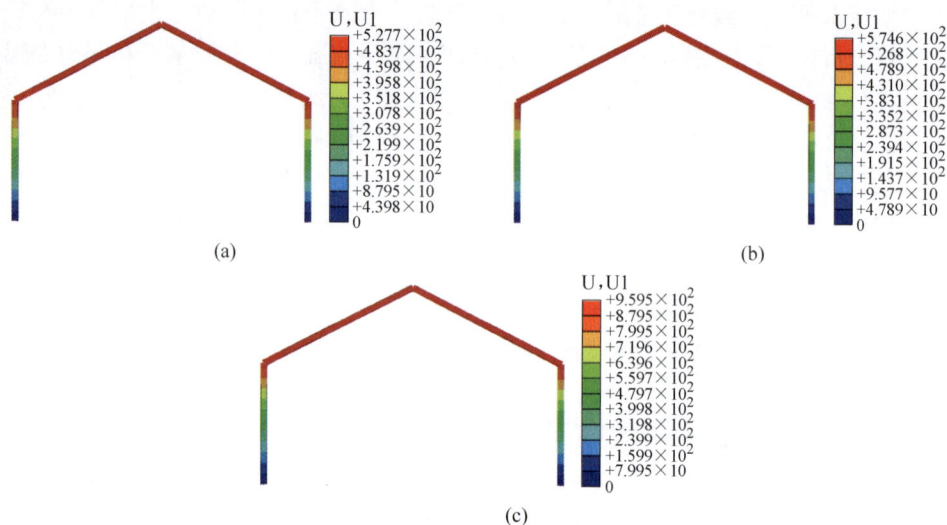

图 6-13　水平均布荷载作用下水平变形

（a）1.0K_0；（b）0.5K_0；（c）0.1K_0

0.5K_0 及 0.1K_0 时，梁端的竖向变形分别为 44 mm、44 mm 及 50 mm，总体变化幅度不超过 10%。显然，节点刚度对水平均布荷载作用下的铝合金门式刚架竖向位移影响较小。

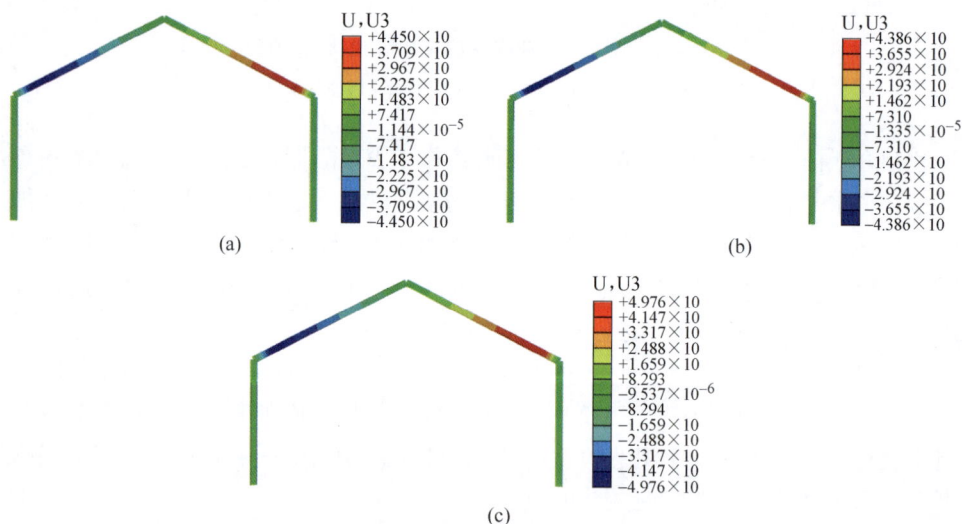

图 6-14　水平均布荷载作用下竖向变形

（a）1.0K_0；（b）0.5K_0；（c）0.1K_0

铝合金门式刚架两边柱在同一方向的柱顶水平集中荷载作用下，柱顶水平和梁端（梁柱节点处）竖向荷载-位移曲线如图 6-15 所示。铝合金门式刚架在柱顶水平集中力作用下的荷载-位移曲线随节点刚度的变化规律与水平均布荷载较为一致。铝合金门式刚架在柱顶水平集中力的作用下，随着节点刚度的降低柱顶水平荷载位移曲线的刚度逐渐降低，而梁端竖向位移变化幅度较小。

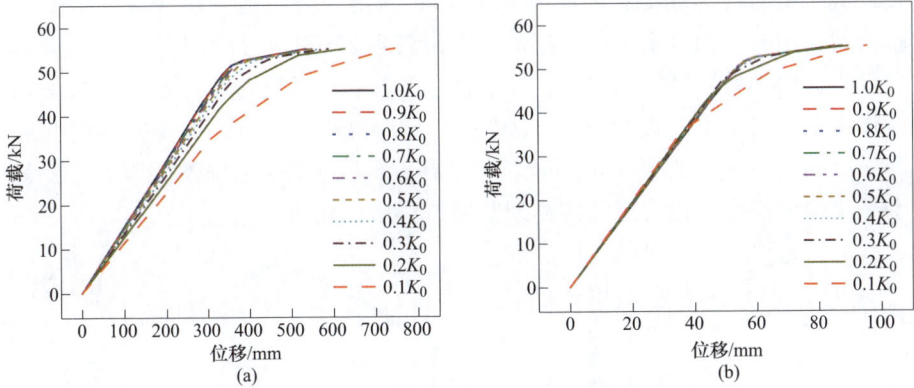

图 6-15   水平集中荷载作用下的荷载-位移曲线
（a）柱顶水平；（b）梁端竖向

铝合金门式刚架两侧柱在柱顶水集中荷载作用下的屈服水平变形状态与水平均布荷载作用时较为相似，如图 6-16 所示。当刚度不折减时，铝合金门式刚架在柱顶水平集中力作用下的最大水平位移为 464 mm。当刚度折减 50% 时，在柱顶水平集中力作用下的最大水平位移仅增大 26 mm（增幅为 6%）。当刚度折减

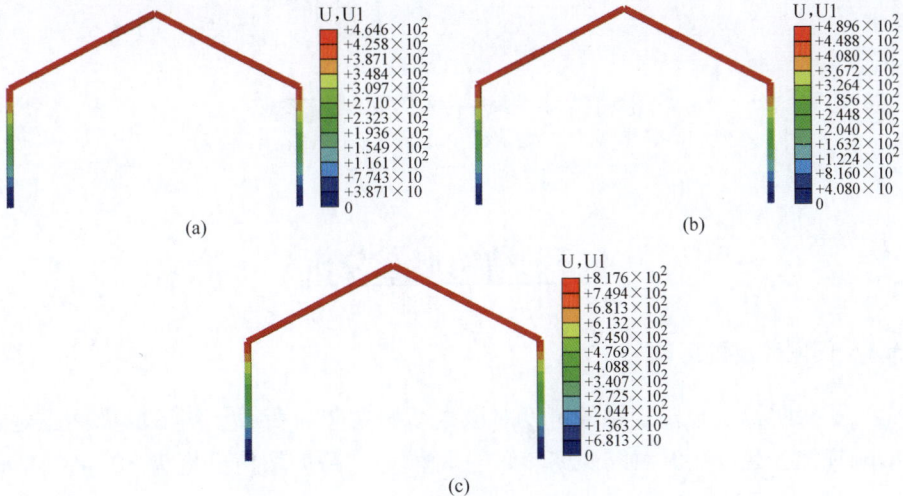

图 6-16   水平集中荷载作用下水平变形
（a）$1.0K_0$；（b）$0.5K_0$；（c）$0.1K_0$

90%时，最大水平位移增大 354 mm（增幅为 76%）。当刚度折减一半以内时，节点刚度对柱顶水平力产生的水平位移影响较小，但当折减幅度大于 50%后会产生明显的影响。

铝合金门式刚架两侧柱在柱顶水集中荷载作用下的屈服竖向变形状态与水平均布荷载作用时较为相似，如图 6-17 所示。当铝合金门式刚架两边柱承受水平均布荷载作用时，铝合金门式刚架的竖向位移主要发生于上部的梁，且最大竖向位移发生在梁端处（梁柱节点），两边梁的竖向变形呈反对称分布。在水平均布荷载作用下，当节点刚度分别为 $1.0K_0$、$0.5K_0$ 及 $0.1K_0$ 时，梁端的竖向变形分别为 46 mm、46 mm 及 53 mm，总体变化幅度不超过 10%。显然，节点刚度对柱顶水平集中力产生的铝合金门式刚架竖向位移影响较小。

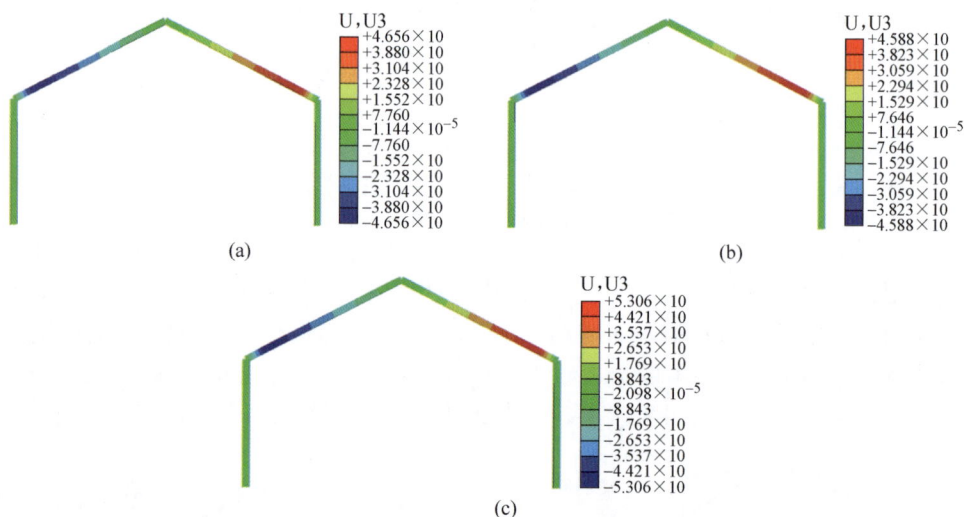

图 6-17　水平集中荷载作用下竖向变形
(a) $1.0K_0$；(b) $0.9K_0$；(c) $0.1K_0$

6.3　结构形态分析

6.3.1　门刚跨度的影响

为了探明铝合金门式刚架跨度对该类结构在竖向荷载作用下的面内稳定性能影响规律，建立了几种常见跨度的分析模型，跨度取值分别为 10 m、15 m、20 m、25 m、30 m 及 35 m。

铝合金门式刚架结构在不同跨度时的荷载增量系数与梁跨中最大竖向位移曲线如图 6-18（a）所示，荷载增量系数与柱顶水平位移曲线如图 6-18（b）所示。

不同铝合金门式刚架跨度的荷载增量系数与位移曲线特征为：

（1）门刚跨度为 10 m 时，随着荷载增量系数增加到 13.7 时，梁跨中竖向位移和柱顶水平位移分别线性增加至 176 mm 和 71 mm，当荷载增量系数大于 13.7 后水平和竖向位移快速增加至 220 mm 和 130 mm，铝合金门式刚架发生面内失稳，即结构面内稳定安全系数为 13.7。

（2）门刚跨度为 15 m 时，随着荷载增量系数增加到 6.1 时，梁跨中竖向位移和柱顶水平位移分别线性增加至 238 mm 和 85 mm，当荷载增量系数大于 6.1 后水平和竖向位移快速增加至 400 mm 和 150 mm，铝合金门式刚架发生面内失稳，即结构面内稳定安全系数为 6.1。

（3）门刚跨度为 20 m，随着荷载增量系数增加到 3.6 时，梁跨中竖向位移和柱顶水平位移分别线性增加至 380 mm 和 120 mm，当荷载增量系数大于 3.6 后水平和竖向位移快速增加至 650 mm 和 260 mm，铝合金门式刚架发生面内失稳，即结构面内稳定安全系数为 3.6。

（4）门刚跨度为 25 m 时，随着荷载增量系数增加到 2.4 时，梁跨中竖向位移和柱顶水平位移分别线性增加至 406 mm 和 128 mm，当荷载增量系数大于 2.4 后水平和竖向位移快速增加至 680 mm 和 270 mm，铝合金门式刚架发生面内失稳，即结构面内稳定安全系数为 2.4。

（5）门刚跨度为 30 m 时，随着荷载增量系数增加到 1.7 时，梁跨中竖向位移和柱顶水平位移分别线性增加至 610 mm 和 160 mm，当荷载增量系数大于 1.7 后水平和竖向位移快速增加至 780 mm 和 240 mm，铝合金门式刚架发生面内失稳，即结构面内稳定安全系数为 1.7。

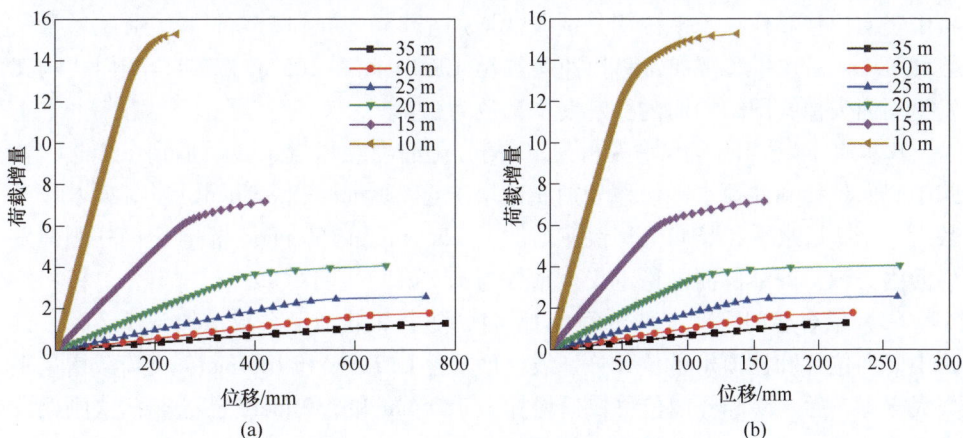

(a)　　　　　　　　　　　　　(b)

图 6-18　不同跨度结构荷载增量位移曲线

（a）梁跨中竖向位移；（b）柱顶水平位移

（6）门刚跨度为 35 m 时，随着荷载增量系数增加到 1.5 时，梁跨中竖向位移和柱顶水平位移分别线性增加至 680 mm 和 190 mm，当荷载增量系数大于 1.5 后水平和竖向位移快速增加至 790 mm 和 230 mm，铝合金门式刚架发生面内失稳，即结构面内稳定安全系数为 1.5。

由上述分析可知，随着门刚跨度由 10 m 增加至 20 m（2 倍）和 30 m（3 倍），结构面内稳定安全系数分别降低了 74% 和 88%，结构失稳时梁跨中竖向位移分别增大了 2.2 倍和 3.5 倍，柱顶水平位移分别增大了 1.7 倍和 2.3 倍。随着铝合金门式刚架跨度的增加，梁的竖向位移增加速度大于柱顶水平位移，这是由于跨度较大时梁的弯曲失稳更为明显。在进行铝合金门式刚架面内稳定承载力计算方法研究时，应充分考虑门式刚架的影响。当铝合金门式刚架跨度较大时可通过控制梁最大竖向位移来保证结构的面内稳定，当跨度较小时可通过同时控制梁最大竖向位移和柱顶水平位移来保证结构的面内稳定。

6.3.2 起拱角度的影响

梁与柱的夹角是铝合金门式刚架的主要几何参数之一，在进行铝合金门式刚架面内稳定性能研究时，应先对不同梁柱夹角的门刚模型进行特征值屈曲分析。根据常用的铝合金门式刚架梁柱夹角，选取梁柱夹角分别为 95°、100°、105°、110° 及 115°，对应梁与水平线夹角（水平夹角）5°、10°、15°、20° 及 25°。铝合金门式刚架结构在不同梁水平夹角时的荷载增量系数与梁跨中最大竖向位移曲线如图 6-19（a）所示，荷载增量系数与柱顶水平位移曲线如图 6-19（b）所示。不同梁水平夹角的荷载增量系数与位移曲线特征为：

（1）铝合金门刚梁水平夹角为 5° 时，随着荷载增量系数增加到 1.4 时，梁跨中竖向位移和柱顶水平位移分别线性增加至 850 mm 和 75 mm，当荷载增量系数大于 1.4 后水平和竖向位移快速增加至 1060 mm 和 105 mm，铝合金门式刚架发生面内失稳，即结构面内稳定安全系数为 1.4。

（2）铝合金门刚梁水平夹角为 10° 时，随着荷载增量系数增加到 1.7 时，梁跨中竖向位移和柱顶水平位移分别线性增加至 238 mm 和 85 mm，当荷载增量系数大于 1.7 后水平和竖向位移快速增加至 820 mm 和 150 mm，铝合金门式刚架发生面内失稳，即结构面内稳定安全系数为 1.7。

（3）铝合金门刚梁水平夹角为 15° 时，随着荷载增量系数增加到 1.7 时，梁跨中竖向位移和柱顶水平位移分别线性增加至 610 mm 和 160 mm，当荷载增量系数大于 1.7 后水平和竖向位移快速增加至 780 mm 和 230 mm，铝合金门式刚架发生面内失稳，即结构面内稳定安全系数为 1.7。

（4）铝合金门刚梁水平夹角为 20° 时，随着荷载增量系数增加到 1.8 时，梁跨中竖向位移和柱顶水平位移分别线性增加至 560 mm 和 200 mm，当荷载增量系数大于 1.8 后水平和竖向位移快速增加至 620 mm 和 240 mm，铝合金门式刚架发生面内失稳，即结构面内稳定安全系数为 1.8。

（5）铝合金门刚梁水平夹角为 25°时，随着荷载增量系数增加到 1.9 时，梁跨中竖向位移和柱顶水平位移分别线性增加至 450 mm 和 220 mm，当荷载增量系数大于 1.9 后水平和竖向位移快速增加至 510 mm 和 280 mm，铝合金门式刚架发生面内失稳，即结构面内稳定安全系数为 1.9。

通过上述分析可以发现，随着梁水平夹角的增加，铝合金门式刚架在竖向荷载作用下的梁最大竖向位移逐渐降低，柱顶水平位移逐渐增大，从而引起了面内稳定安全系数缓慢增加。两水平夹角增加时，铝合金门式刚架梁的轴力增加而弯矩减小，从而导致梁的最大竖向位移明显降低。但是，当梁水平夹角增加后会引起柱顶水平受力增大，并引起柱顶水平位移增大。综上所述，当梁水平夹角增大时，铝合金门刚梁的受力得到改善，门刚柱的受力较为不利，两者相互抵消仅引起了铝合金门式刚架面内稳定安全系数的缓慢增加。因此可以看出，合理地选择梁水平夹角，可以更好地平衡铝合金门刚梁柱的承载能力利用率。

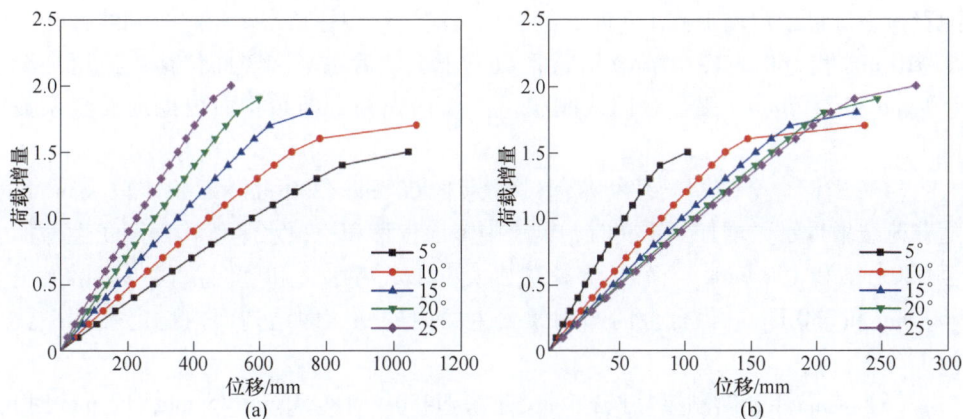

图 6-19　不同角度结构荷载增量-位移曲线
（a）梁跨中竖向位移；（b）柱顶水平位移

6.3.3　梁柱截面的影响

铝合金门式刚架面内稳定性承载力主要有门刚梁和柱提供，因此梁柱的截面尺寸对面内稳定性能的影响极为重要。为分析不同构件截面对铝合金门式刚架面内稳定性的影响，建立了截面尺寸分别为 H250 mm×200 mm×6 mm×10 mm、H300 mm×200 mm×6 mm×12 mm、H350 mm×200 mm×8 mm×12 mm、H400 mm×200 mm×8 mm×12 mm、H450 mm×250 mm×8 mm×12 mm 及 H500 mm×250 mm×8 mm×12 mm 的面内稳定分析模型。铝合金门式刚架结构在不同梁柱截面尺寸时的荷载增量系数与梁跨中最大竖向位移曲线如图 6-20（a）所示，荷载增量系数与柱顶水平位移曲线如图 6-20（b）所示。不同梁柱截面尺寸的荷载增量系数与位移曲线特征为：

（1）当铝合金门刚梁柱的截面尺寸为 H250 mm×200 mm×6 mm×10 mm 时，随着荷载增量系数增加到 0.8 时，梁跨中竖向位移和柱顶水平位移分别线性增加至 880 mm 和 240 mm，当荷载增量系数大于 0.8 后水平和竖向位移快速增加至 1600 mm 和 700 mm，铝合金门式刚架发生面内失稳，即结构面内稳定安全系数为 0.8。

（2）当铝合金门刚梁柱的截面尺寸为 H300 mm×200 mm×6 mm×12 mm 时，随着荷载增量系数增加到 1.2 时，梁跨中竖向位移和柱顶水平位移分别线性增加至 720 mm 和 220 mm，当荷载增量系数大于 1.2 后水平和竖向位移快速增加至 1100 mm 和 380 mm，铝合金门式刚架发生面内失稳，即结构面内稳定安全系数为 1.2。

（3）当铝合金门刚梁柱的截面尺寸为 H350 mm×200 mm×8 mm×12 mm 时，随着荷载增量系数增加到 1.7 时，梁跨中竖向位移和柱顶水平位移分别线性增加至 610 mm 和 160 mm，当荷载增量系数大于 1.7 后水平和竖向位移快速增加至 780 mm 和 230 mm，铝合金门式刚架发生面内失稳，即结构面内稳定安全系数为 1.7。

（4）当铝合金门刚梁柱的截面尺寸为 H400 mm×200 mm×8 mm×12 mm 时，随着荷载增量系数增加到 1.9 时，梁跨中竖向位移和柱顶水平位移分别线性增加至 620 mm 和 150 mm，当荷载增量系数大于 1.9 后水平和竖向位移快速增加至 960 mm 和 380 mm，铝合金门式刚架发生面内失稳，即结构面内稳定安全系数为 1.9。

（5）当铝合金门刚梁柱的截面尺寸为 H450 mm×250 mm×8 mm×12 mm 时，随着荷载增量系数增加到 2.7 时，梁跨中竖向位移和柱顶水平位移分别线性增加至 520 mm 和 130 mm，当荷载增量系数大于 2.7 后水平和竖向位移快速增加至 1140 mm 和 460 mm，铝合金门式刚架发生面内失稳，即结构面内稳定安全系数为 2.7。

（6）当铝合金门刚梁柱的截面尺寸为 H500 mm×250 mm×8 mm×12 mm 时，随着荷载增量系数增加到 3.2 时，梁跨中竖向位移和柱顶水平位移分别线性增加至 430 mm 和 110 mm，当荷载增量系数大于 3.2 后水平和竖向位移快速增加至 920 mm 和 380 mm，铝合金门式刚架发生面内失稳，即结构面内稳定安全系数为 3.2。

当铝合金门式刚架梁柱的截面尺寸由 H250 mm×200 mm×6 mm×10 mm 增加至 H500 mm×250 mm×8 mm×12 mm 时，面内稳定安全系数增大了 4 倍，梁竖向位移和柱水平位移分别降低了 52% 和 55%。这是由于当门刚梁柱的截面尺寸增大时，铝合金门式刚架的面内强度和刚度均显著提高，从而有效提高了面内稳定性能。在进行铝合金门式刚架梁柱构件截面尺寸初步设计时，应主要考虑面内稳定承载性能的需求，在兼顾结构安全和经济性两方面的同时找出最优截面尺寸。

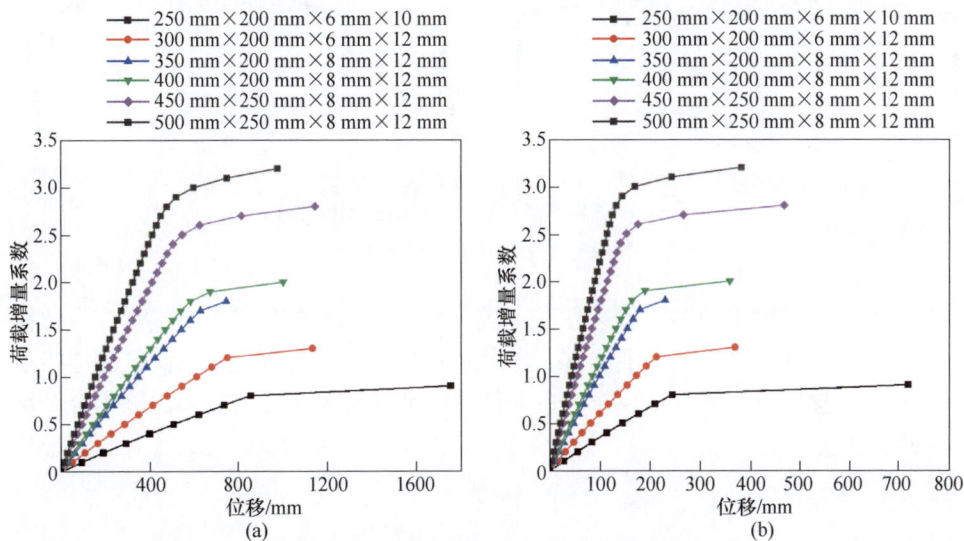

图 6-20 不同截面结构荷载增量-位移曲线
（a）梁跨中竖向位；（b）柱顶水平位移

6.4 设计方法总结

铝合金门式刚架结构采用的设计荷载包括永久荷载、竖向可变荷载、风荷载、温度作用及地震作用。风荷载的取值和计算方法可按照现行规范进行确定，当外形较为复杂时应采用风洞试验或数值模拟进行确定，同时应进行抗风稳定验算，其临界荷载系数应不小于 4.2。一般情况下，应按照两个水平方向和一个竖向方向分别考虑地震作用，阻尼比可取 0.03，当体型较为复杂时可采用时程分析进行补充验算。由于铝合金门式刚架采用全螺栓连接，因此可对温度作用效应进行折减，折减系数可取 0.55。

在竖向荷载标准值作用下，铝合金门式刚架梁跨中竖向位移（图 6-21（a））移限值应满足：

$$\frac{\Delta_L}{L} \leqslant \frac{1}{180} \tag{6-1}$$

在风荷载或多遇地震标准值作用下，铝合金门式刚架柱顶水平位（图

6-21（b））移限值应满足：

$$\frac{\Delta_H}{H} \leq \frac{1}{240} \tag{6-2}$$

(a)　　　　　　　　　　　　　　　　　　　(b)

图 6-21　铝合金门式刚架变形限值示意图
（a）梁跨中竖向变形；（b）柱顶水平位移

　　铝合金门式刚架梁柱节点采用 C 型连接件通过高强螺栓进行连接，高强螺栓的直径可采用 M16-M24。为保证整体结构的刚度，应采用固定约束的柱脚连接形式。C 型连接件进行材性选择时，应保证所选钢材型号强度不低于主体铝合金结构的强度。

7 铝合金门式刚架结构设计实例

7.1 工程概况

7.1.1 结构布置

　　某临时会展中心采用铝合金门式刚架篷房作为主会场，如图 7-1 所示。铝合金门刚篷房由铝合金主体结构、PVC 维护篷布及玻璃门墙组成。整体建筑外形呈椭圆状，由中间矩形区域和两端半圆区域构成。PVC 篷布与主体结构通过构件预留卡槽进行紧密连接，同时在缝隙处设置密封装置，从而保证结构的防水性能。入口处设置矩形玻璃门，玻璃门边框通过机械连接的形式与主体结构进行可靠连接。

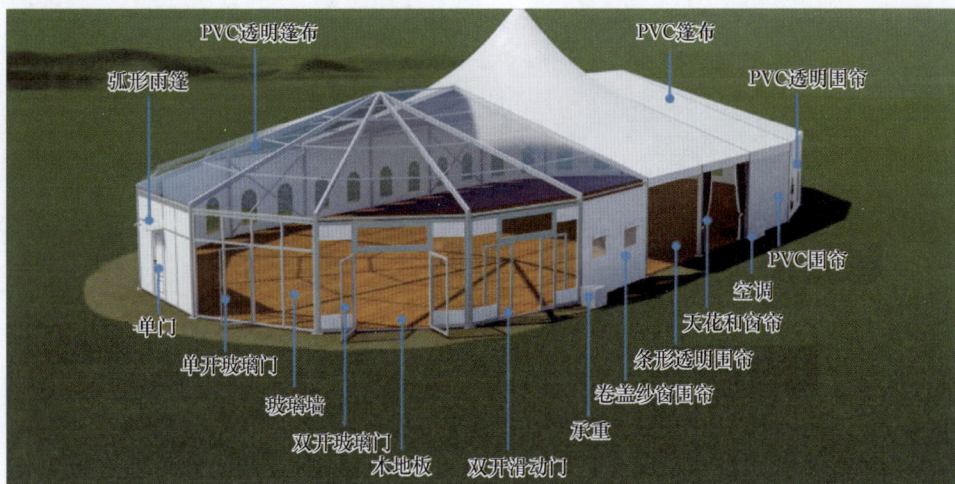

图 7-1 铝合金门式刚架建筑方案

　　主体采用铝合金门式刚架体系，如图 7-2 所示。中间矩形区域的长度为 10 m，两侧半圆区域直径为 15 m，柱高 3.9 m，顶部高度为 2.4 m。矩形区域柱截面尺寸为 H300 mm×130 mm×12 mm×12 mm，半圆区域柱截面尺寸为 H240 mm×130 mm×10 mm×10 mm，顶部梁截面尺寸为 H200 mm×130 mm×8 mm×8 mm。梁柱节点和梁梁节点均采用双 C 型钢连接件。

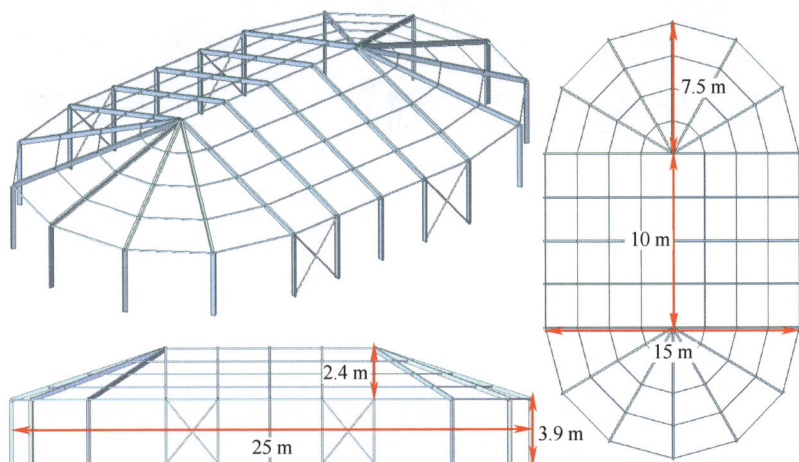

图 7-2　铝合金门式刚架结构方案

7.1.2　荷载工况

本项目共考虑恒荷载、雪荷载、X 向风荷载、Y 向风荷载、地震作用及升降温荷载。根据项目基本信息和相关规范，具体荷载取值如下：

（1）恒荷载：屋面板和墙板均取 0.2 kN/m²；

（2）活荷载：考虑到本项目的围护材料类型，活荷载非常小，故而本次荷载组合忽略活荷载的组合；

（3）雪荷载：本项目为轻型铝合金结构，对雪荷载敏感，故而选取重现期为 100 年的雪荷载取值，为 0.6 kN/m²；

（4）温度荷载：本项目初始温度设置为 15 ℃，最高温度为 35 ℃，最低温度为-10 ℃；

（5）地震作用：地震烈度 7 度 0.1g，场地类别Ⅱ类，地震分组第二组；

（6）风荷载标准值：按 0.6 kN 取值（重现期为 100 年），场地类别 B 类。

7.2　等效弹性分析

7.2.1　结构稳定分析

对于大跨空间结构而言，在结构设计初期，应通过振型和屈曲模态判断结构是否存在薄弱处，从而及时采取结构措施。本结构的振型分析结果如图 7-3 所示。由振型分析结果可知，本结构的前 4 阶振型均为中间矩形区域屋顶的上下振动，竖向柱未见明显的振动现象，整体结构振型符合大跨结构的振动特征。前 4

阶振动的周期为 0.097 s、0.091 s、0.085 s 及 0.083 s，结构周期较小，整体结构具有较大刚度。根据振型分析结果可知，本结构的结构布置较为合理，未见不合理振动现象。

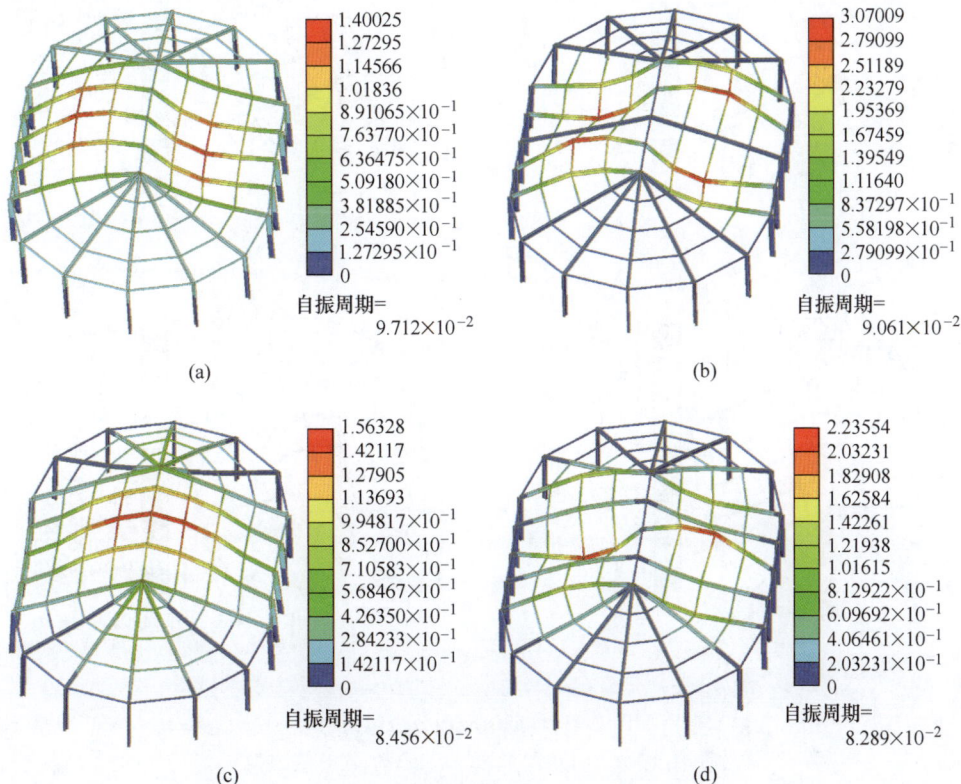

图 7-3 振振型分析结果

（a）第 1 阶；（b）第 2 阶；（c）第 3 阶；（d）第 4 阶

本结构在长期使用的过程中，最常见的荷载组合为恒荷载和雪荷载的组合。结构在恒荷载和雪荷载标准组合作用下的特征值屈曲分析结果如图 7-4 所示。结果显示，前 4 阶屈曲主要发生在两端半圆区域顶部，具体屈曲特征为顶部梁沿竖向屈曲变形。前 4 阶屈曲特征值分别为 4.37、4.41、5.73、5.66，均大于 4.2，即本结构在恒荷载和雪荷载的组合作用下具有足够的稳定承载性能。

7.2.2 结构刚度分析

铝合金门式刚架在正常使用阶段，其变形主要由恒荷载、风荷载和雪荷载产生。根据门式刚架的结构特征，需要关注铝合金门式刚架在荷载作用下的竖向位移和水平位移。

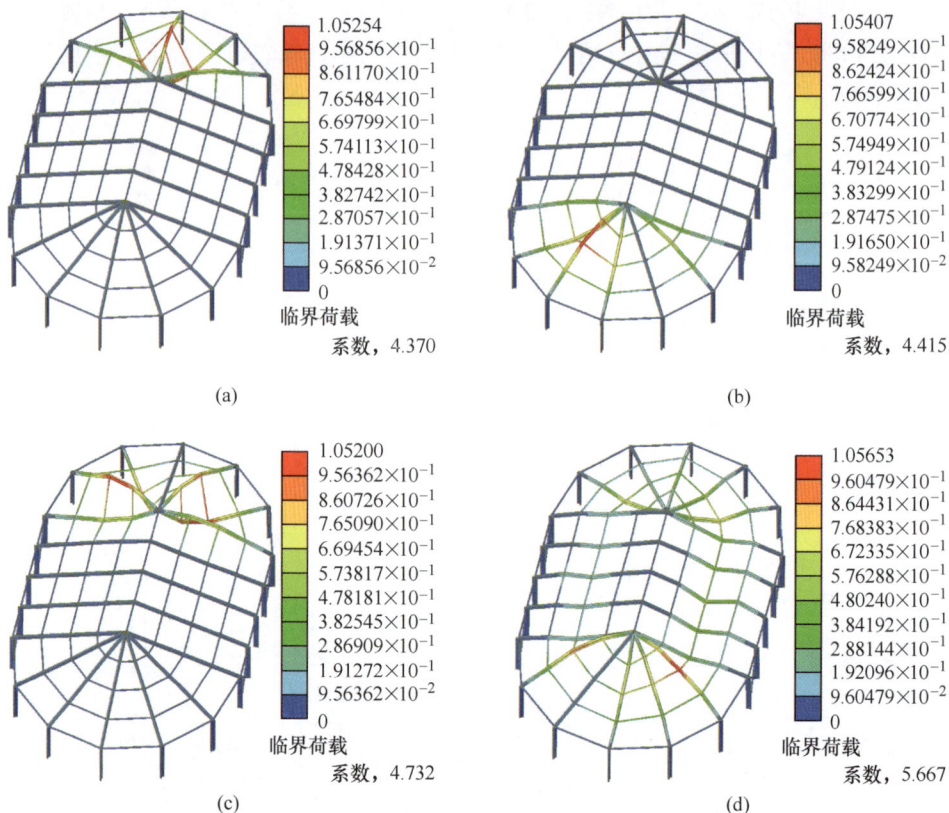

| 1.05254 |
| 9.56856×10⁻¹ |
| 8.61170×10⁻¹ |
| 7.65484×10⁻¹ |
| 6.69799×10⁻¹ |
| 5.74113×10⁻¹ |
| 4.78428×10⁻¹ |
| 3.82742×10⁻¹ |
| 2.87057×10⁻¹ |
| 1.91371×10⁻¹ |
| 9.56856×10⁻² |
| 0 |

临界荷载

系数，4.370

(a)

| 1.05407 |
| 9.58249×10⁻¹ |
| 8.62424×10⁻¹ |
| 7.66599×10⁻¹ |
| 6.70774×10⁻¹ |
| 5.74949×10⁻¹ |
| 4.79124×10⁻¹ |
| 3.83299×10⁻¹ |
| 2.87475×10⁻¹ |
| 1.91650×10⁻¹ |
| 9.58249×10⁻² |
| 0 |

临界荷载

系数，4.415

(b)

| 1.05200 |
| 9.56362×10⁻¹ |
| 8.60726×10⁻¹ |
| 7.65090×10⁻¹ |
| 6.69454×10⁻¹ |
| 5.73817×10⁻¹ |
| 4.78181×10⁻¹ |
| 3.82545×10⁻¹ |
| 2.86909×10⁻¹ |
| 1.91272×10⁻¹ |
| 9.56362×10⁻² |
| 0 |

临界荷载

系数，4.732

(c)

| 1.05653 |
| 9.60479×10⁻¹ |
| 8.64431×10⁻¹ |
| 7.68383×10⁻¹ |
| 6.72335×10⁻¹ |
| 5.76288×10⁻¹ |
| 4.80240×10⁻¹ |
| 3.84192×10⁻¹ |
| 2.88144×10⁻¹ |
| 1.92096×10⁻¹ |
| 9.60479×10⁻² |
| 0 |

临界荷载

系数，5.667

(d)

图 7-4　特征值屈曲分析结果

（a）第 1 阶；（b）第 2 阶；（c）第 3 阶；（d）第 4 阶

　　铝合金门式刚架在恒荷载、风荷载及雪荷载作用下的竖向变形如图 7-5 所示。恒荷载作用下竖向位移在矩形区域中心达到−8 mm（竖直向下），风荷载作

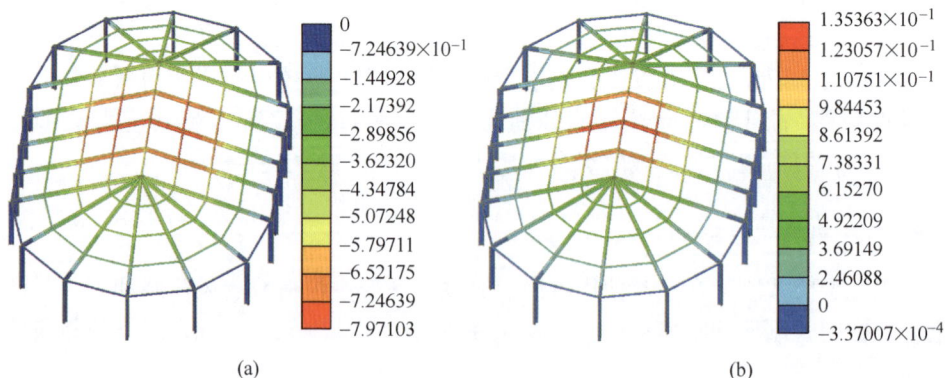

| 0 |
| −7.24639×10⁻¹ |
| −1.44928 |
| −2.17392 |
| −2.89856 |
| −3.62320 |
| −4.34784 |
| −5.07248 |
| −5.79711 |
| −6.52175 |
| −7.24639 |
| −7.97103 |

(a)

| 1.35363×10⁻¹ |
| 1.23057×10⁻¹ |
| 1.10751×10⁻¹ |
| 9.84453 |
| 8.61392 |
| 7.38331 |
| 6.15270 |
| 4.92209 |
| 3.69149 |
| 2.46088 |
| 0 |
| −3.37007×10⁻⁴ |

(b)

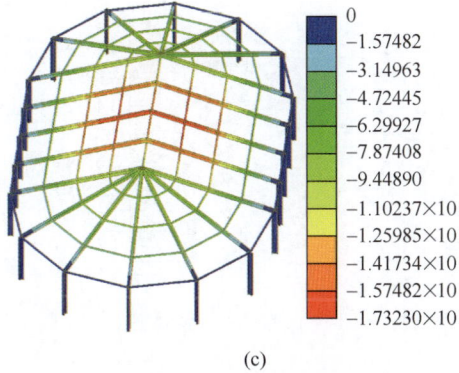

(c)

图 7-5　结构竖向变形

（a）恒荷载；（b）风荷载；（c）雪荷载

用下竖向位移在矩形区域中心达到 13.5 mm（竖直向上），雪荷载作用下竖向位移在矩形区域中心达到−17.3 mm（竖直向下）。恒荷载和雪荷载作用下均发生竖直向下的位移，风荷载作用下产生竖直向上的变形，因此只需关注恒荷载和雪荷载标准组合作用下的变形限值即可。本结构在恒荷载和雪荷载共同作用下的最大竖向变形为 26 mm，小于限值 83 mm（跨度/180）。

　　铝合金门式刚架在恒荷载、风荷载及雪荷载作用下的水平变形如图 7-6 所示。恒荷载作用下水平位移在矩形区域柱顶达到 2.2 mm，风荷载作用下柱顶水平达到 4.3 mm，雪荷载作用下柱顶水平位移在矩形区域中心达到 4.7 mm。恒荷载、风荷载及雪荷载作用下柱顶均发生了水平位移，因此需关注恒荷载、风荷载及雪荷载标准组合作用下的水平变形限值。本结构在恒荷载、风荷载及雪荷载共同作用下的最大柱顶水平变形为 11 mm，小于限值 16.25 mm（柱高/240）。

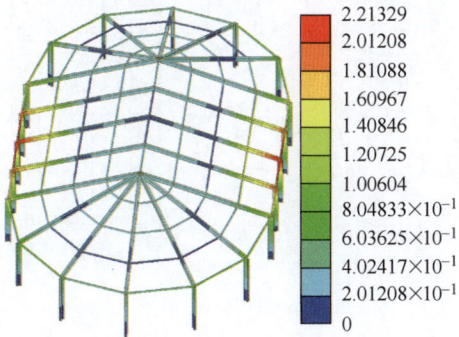

(a)

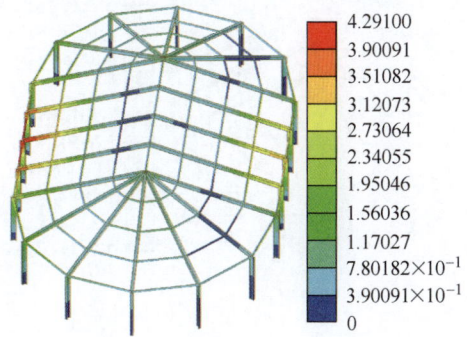

(b)

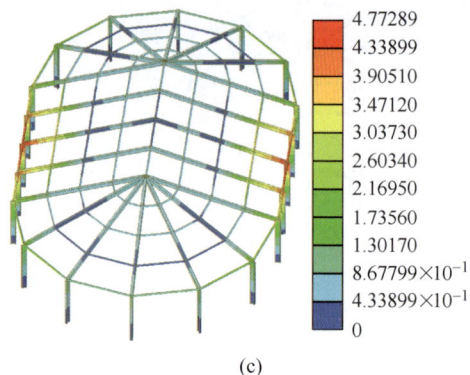

(c)

图 7-6　结构水平变形

（a）恒荷载；（b）风荷载；（c）雪荷载

7.2.3　结构强度分析

本结构在荷载基本组合作用下的强度分包络结果如图 7-7 所示。强度应力比（图 7-7（a））结果显示最大强度应力发生于中间矩形区域两侧梁端处，最大强度应力比为 0.7，顶部跨中梁的强度应力比为 0.4，柱的强度应力比为 0.5～0.6。稳定应力比（图 7-7（b））结果表明最大稳定应力发生于矩形区域两侧的柱构件，最大稳定应力比为 0.89，半圆形区域柱的稳定应力比为 0.6，顶部梁的稳定应力比为 0.4。通过上述分析可知，本结构的强度应力比和稳定应力比均小于 1.0，且具有一定安全余度，即结构的强度满足要求。

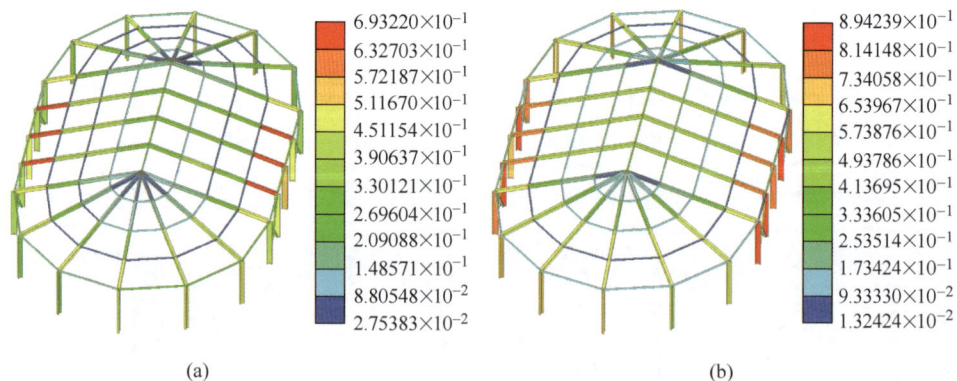

(a)　　　　　　　　(b)

图 7-7　结构强度分析结果

（a）强度应力比；（b）稳定应力比

7.3 抗风性能分析

7.3.1 风洞数值模拟

由于本结构的体型系数无法准确按照现行规范的相关规定进行精准取值，因此需要通过数值风洞模拟获取其风压分布情况。为此在 RWIND 中建立数值风洞模型，建筑模型采用足尺模型，即 1：1 模型。根据相关规范阻塞率宜小于 5%，不应超过 8%。通过计算得到风洞的尺寸为 $D_x=140$ m、$D_y=70$ m、$D_z=32$ m，如图 7-8（a）所示。网格划分时，建筑物表面附近的网格进行加密处理，从而保证计算结果的有效性，如图 7-8（b）所示。

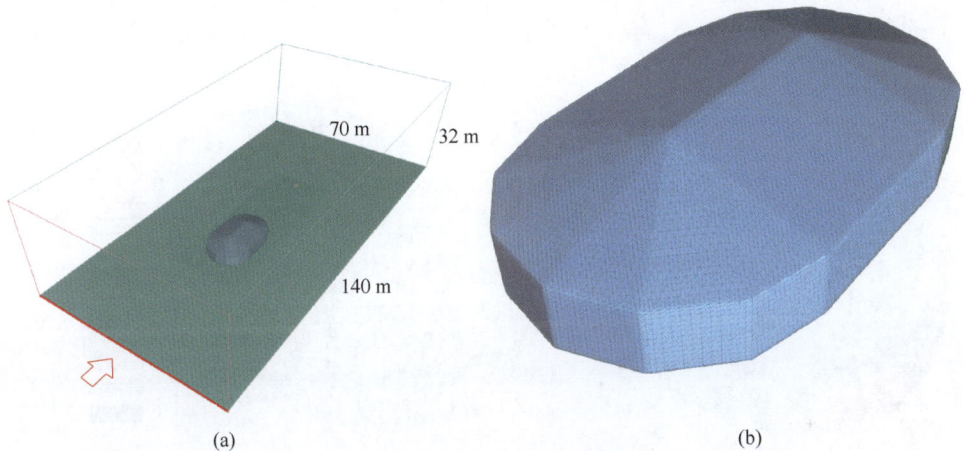

图 7-8　铝合金门式刚架风洞模型
（a）整体；（b）局部

根据规范计算平均风速剖面和湍流强度剖面，然后施加至数值风洞模型，形成图 7-9 所示的风速流线。风压时程荷载沿 X 向行进时，迎风面风速为 24 m/s，在屋顶和两侧风速达到 40 m/s，背风面为产生明显的风流旋涡，如图 7-9（a）所示。风压时程荷载沿 Y 向行进时，迎风面风速为 27 m/s，侧风面风速为 36 m/s，顶面屋脊处风速为 50 m/s，背风面形成了较为明显的风流旋涡。

本结构在 X 向时程风荷载作用下的风压分布如图 7-10（a）所示。迎风面中间区域基本风压为 0.6 kN/m²，迎风面两侧靠近边缘处基本风压逐渐变化为 0.3 kN/m²。侧风面基本风压为-0.2 kN/m²，局部棱边处达到-0.6 kN/m²。背风面中间区域基本风压为 0.2 kN/m²，两侧边缘处基本风压为-0.2 kN/m²，边缘棱角处基本风压为-0.4 kN/m²。顶部基本风压为-0.2 kN/m²，局部棱角部位达到-0.4 kN/m²。

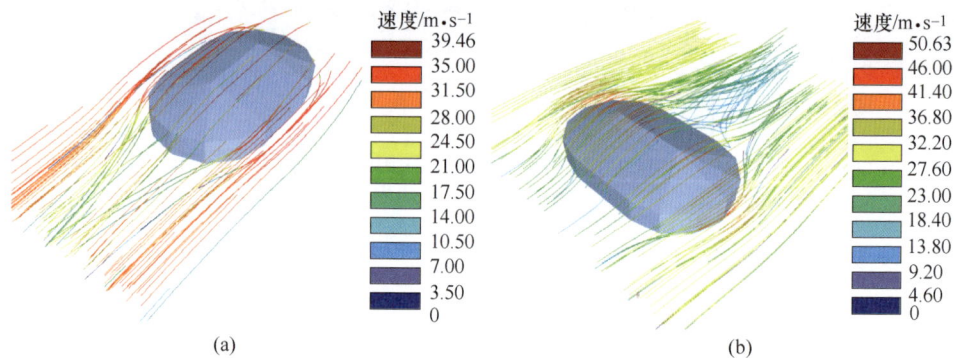

图 7-9　速度向量

（a）X 向；（b）Y 向

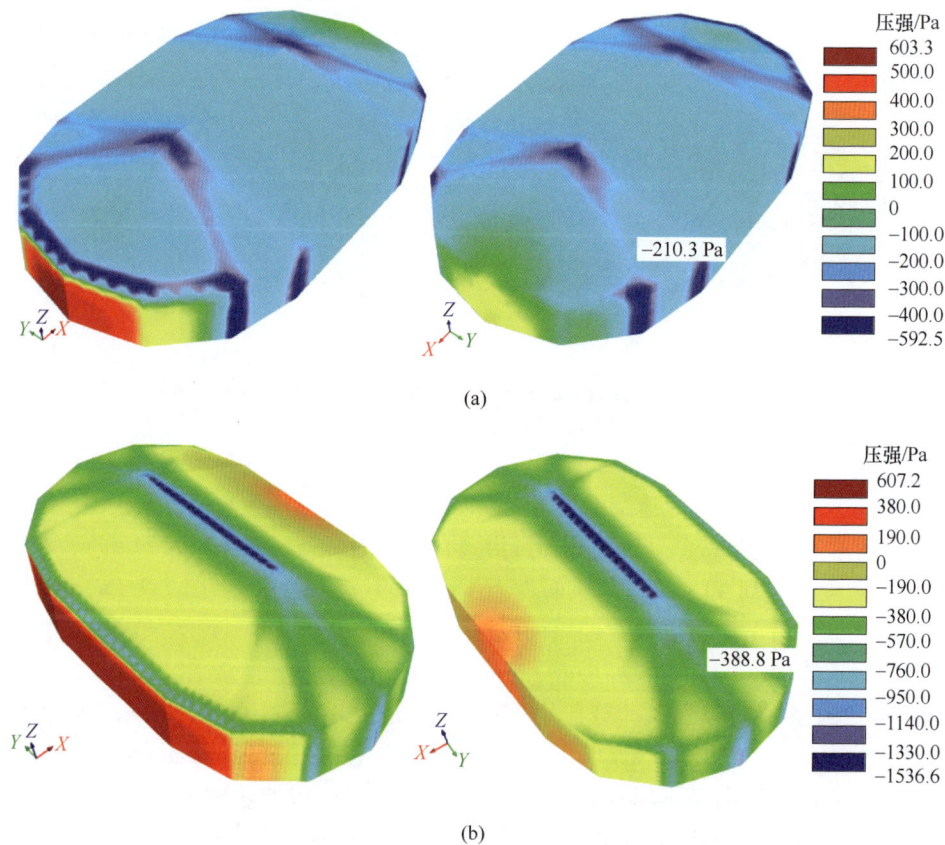

图 7-10　风压分布

（a）X 向；（b）Y 向

本结构在 Y 向时程风荷载作用下的风压分布如图 7-10（b）所示。迎风面基本风压为 0.6 kN/m²。侧风面基本风压为 -0.38 kN/m²，中间棱角区域基本风压为 -0.76 kN/m²。背风面基本风压为 -0.38 kN/m²，中间靠近柱顶处出现局部 0.19 kN/m²。顶部基本风压为 0.38 kN/m²，中间屋脊处为 0.57 kN/m²。

根据本结构在 X 向和 Y 向时程风荷载作用下的基本风压在多出棱角处出现突变现象，同时迎风面和背风面基本风压均出现了明显的梯度变化现象。在进行抗风稳定分析时应根据风洞数值模拟的结果进行基本风压的加载。

7.3.2　抗风稳定分析

根据数值风洞的分析结构，将 X 向和 Y 向的基本风压施加至 MIDAS GEN 模型每一个作用面上，进行稳定分析。其荷载工况组合情况为 1.0 恒+荷载系数×基本风压。

在 X 向数值风洞基本风压作用下，本结构的失稳模态如图 7-11 所示。X 向抗风失稳主要发生于两端半圆区域顶部梁处，矩形区域顶部梁和全部柱均为发生

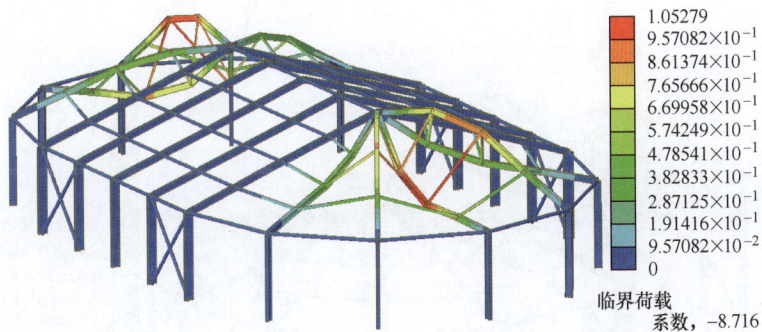

(a)

(b)

图 7-11　X 向抗风失稳模态

（a）类型一；（b）类型二

屈曲失稳，最低临界荷载系数为 8.7。显然，在 X 向数值风洞风压作用下的临界荷载系数大于 4.2，即本结构在承受 X 向风压作用时具有足够的稳定承载性能。

在 Y 向数值风洞基本风压作用下，本结构的失稳模态如图 7-12 所示。Y 向抗风失稳模态与 X 向相同，主要发生于两端半圆区域顶部梁处，矩形区域顶部梁和全部柱均为发生屈曲失稳，最低临界荷载系数为 25.8。本结构的 Y 向抗风稳定承载性能明显优于 X 向。

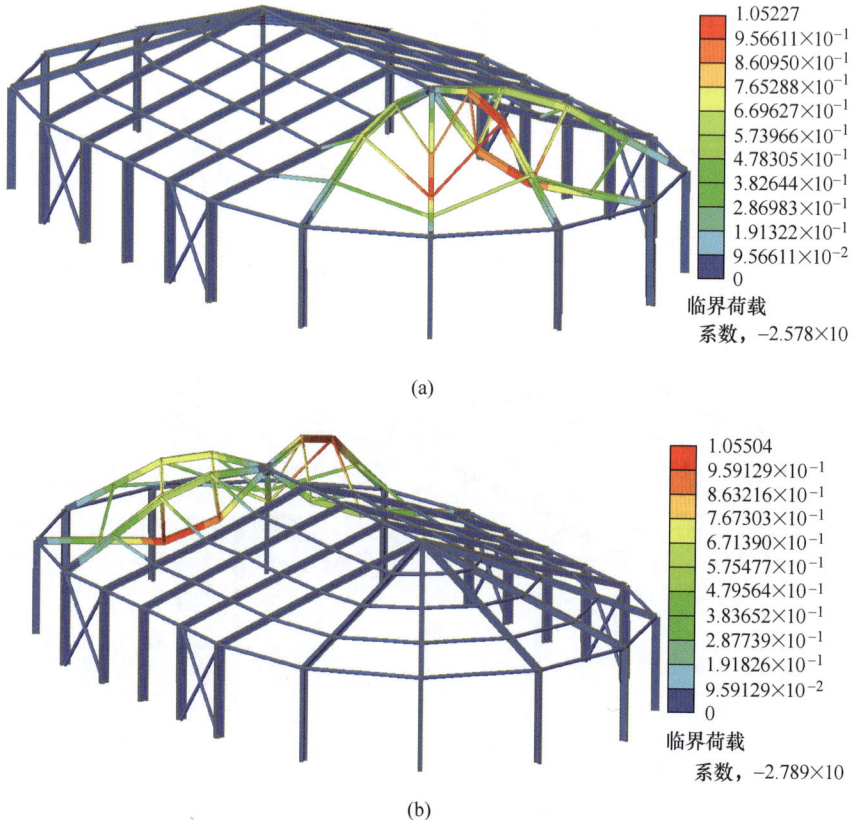

(a)

(b)

图 7-12　Y 向抗风失稳模态

（a）类型一；（b）类型二

7.4　节点有限元分析

7.4.1　有限元模型

提取典型的梁柱节点和梁梁节点，在 ABAQUS 中建立节点有限元分析模型，如图 7-13 所示。在节点有限元模型中，各部件均采用 8 节点 6 面体线性减缩积分单元（C3D8R 单元），各部件之间的接触采用罚接触，摩擦系数为 0.47。铝合金构件和螺栓均采用理想弹塑性模型，其参数取值按材料型号进行确认。节点的边界条件则根据其在整体结构中的受力特征和约束情况确认。

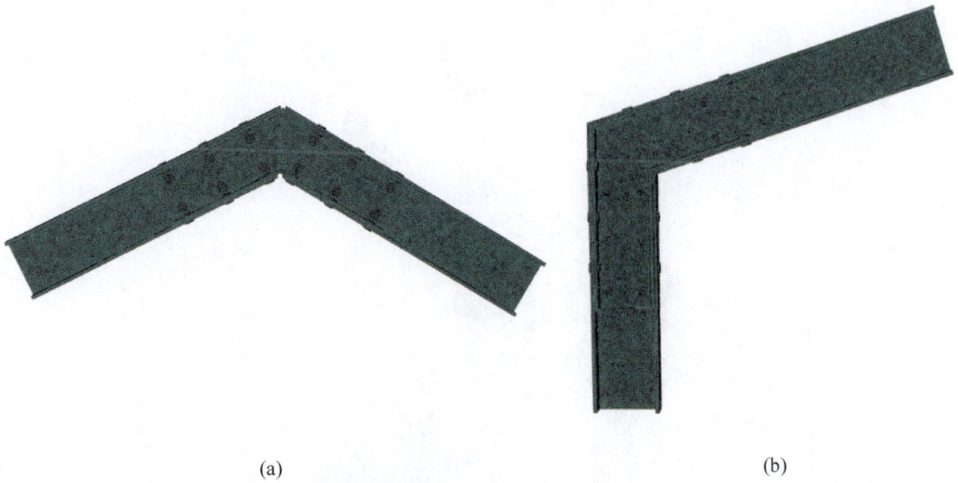

(a)　　　　　　　　　　　　　　(b)

图 7-13　节点有限元模型

（a）梁梁节点；（b）梁柱节点

7.4.2　分析结果

梁梁节点在荷载基本组合设计值产生的节点内力作用下，应力分布如图 7-14 所示。H 型铝合金梁的最大应力为 188 MPa，螺栓最大应力为 527 MPa，C 型连接件的最大应力为 140 MPa，均小于铝合金、钢材和螺栓的强度设计值。

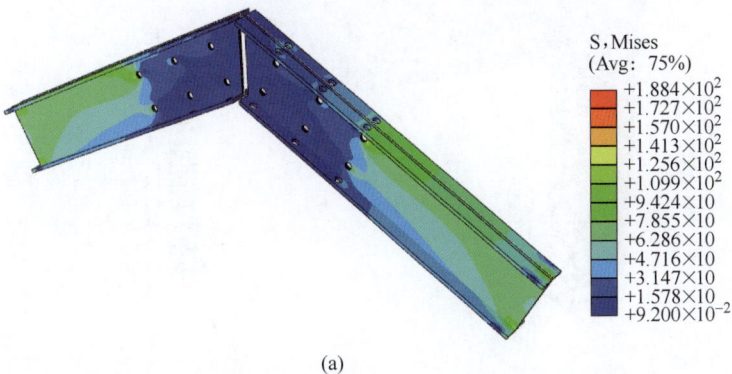

S，Mises
(Avg：75%)

+1.884×10²
+1.727×10²
+1.570×10²
+1.413×10²
+1.256×10²
+1.099×10²
+9.424×10
+7.855×10
+6.286×10
+4.716×10
+3.147×10
+1.578×10
+9.200×10⁻²

(a)

S，Mises
(Avg: 75%)

+5.266×10²
+4.827×10²
+4.389×10²
+3.951×10²
+3.513×10²
+3.075×10²
+2.637×10²
+2.198×10²
+1.760×10²
+1.322×10²
+8.838×10
+4.456×10
+7.382×10⁻¹

(b)

S，Mises
(Avg: 75%)

+1.402×10²
+1.286×10²
+1.169×10²
+1.053×10²
+9.367×10
+8.204×10
+7.040×10
+5.877×10
+4.713×10
+3.550×10
+2.386×10
+1.223×10
+5.944×10⁻¹

(c)

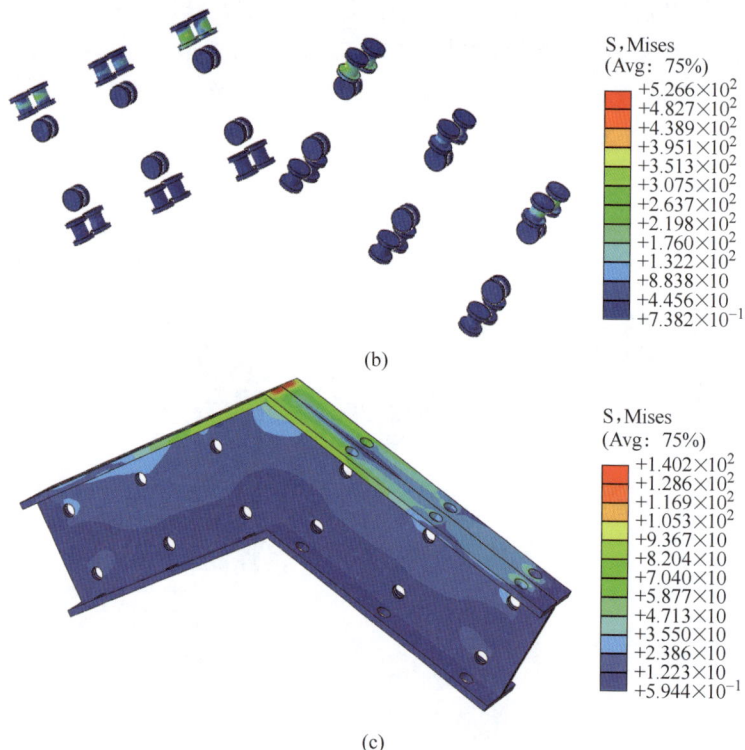

图 7-14　梁梁节点分析结果
(a) 铝合金构件；(b) 螺栓；(c) C 型连接件

梁柱节点在荷载基本组合设计值产生的节点内力作用下，应力分布如图 7-15 所示。H 型铝合金梁的最大应力为 210 MPa，螺栓最大应力为 375 MPa，C 型连接件的最大应力为 164 MPa，均小于铝合金、钢材和螺栓的强度设计值。

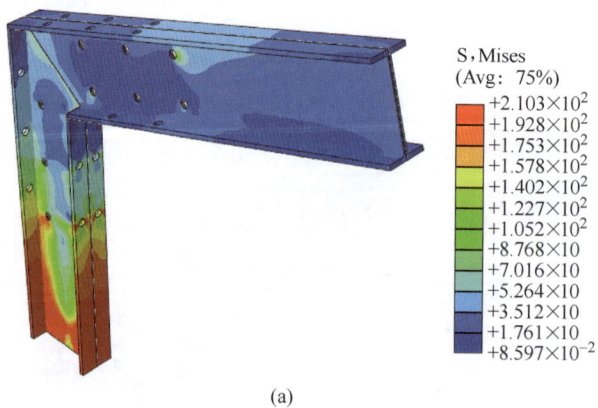

S，Mises
(Avg: 75%)

+2.103×10²
+1.928×10²
+1.753×10²
+1.578×10²
+1.402×10²
+1.227×10²
+1.052×10²
+8.768×10
+7.016×10
+5.264×10
+3.512×10
+1.761×10
+8.597×10⁻²

(a)

S，Mises
(Avg: 75%)
+3.750×10²
+3.438×10²
+3.126×10²
+2.814×10²
+2.502×10²
+2.190×10²
+1.878×10²
+1.566×10²
+1.254×10²
+9.422×10
+6.302×10
+3.182×10
+6.220×10⁻¹

(b)

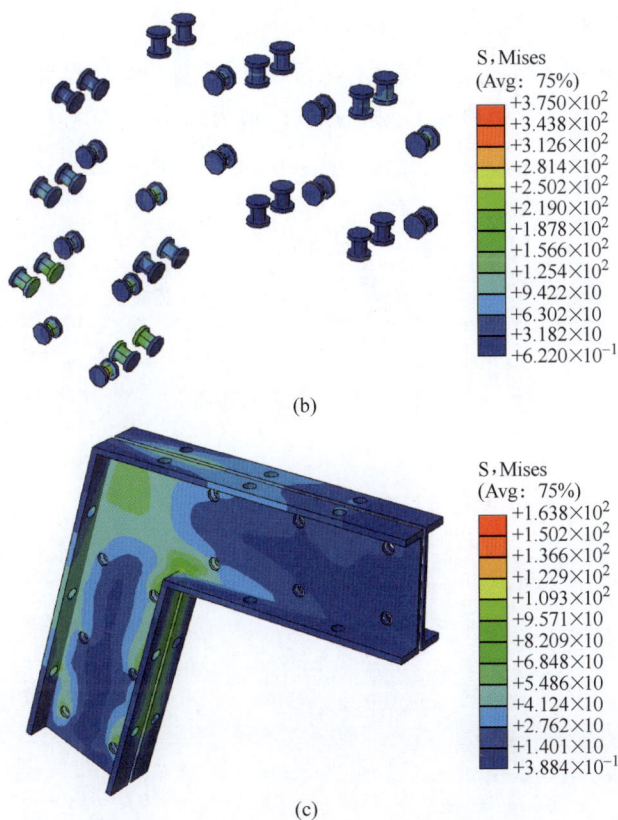

S，Mises
(Avg: 75%)
+1.638×10²
+1.502×10²
+1.366×10²
+1.229×10²
+1.093×10²
+9.571×10
+8.209×10
+6.848×10
+5.486×10
+4.124×10
+2.762×10
+1.401×10
+3.884×10⁻¹

(c)

图 7-15   梁柱节点分析结果
（a）铝合金构件；（b）螺栓；（c）C 型连接件

7.5   工程设计总结

某临时会展中心采用铝合金门式刚架篷房作为主会场的结构体系，针对该结构开展了详细的结构分析与设计，主要结论如下：

（1）对结构开展等效弹性分析，结果表明结构的自振振型和屈曲模态均未见不合理现象，结构最大竖向变形为 26 mm（限值 83 mm），最大柱顶水平变形为 11 mm（限值 16 mm），最大强度应力比为 0.7，最大稳定应力比为 0.89。

（2）通过数值风洞模拟获得了本结构的准确基本风压分布，并将该风压分布施加至结构分析模型进行稳定分析，分析结果表明结构在风荷载作用下的稳定荷载临界系数为 8.7，具有足够的抗风稳定性能。

（3）建立典型梁梁和梁柱节点有限元分析模型，施加设计内力，分析结果显示 H 型铝合金构件、螺栓和 C 型连接件的应力均小于材料强度设计值。

第 3 篇

铝合金桁架结构

Aluminum
Alloy Truss
Structure

8 铝合金桁架节点力学性能

8.1 抗剪连接研究

8.1.1 研究方案

铝合金桁架节点如图 8-1（a）所示，主要由弦杆、腹杆及节点板构成，其中弦杆和腹杆的翼缘平行竖向放置。节点板的形状由半圆形和矩形复合而成，其中矩形区域与弦杆连接，半圆形区域与腹杆连接，如图 8-1（b）所示。为保证铝合金桁架受力的合理性，弦杆在节点区域贯通连接，腹杆端头翼缘进行

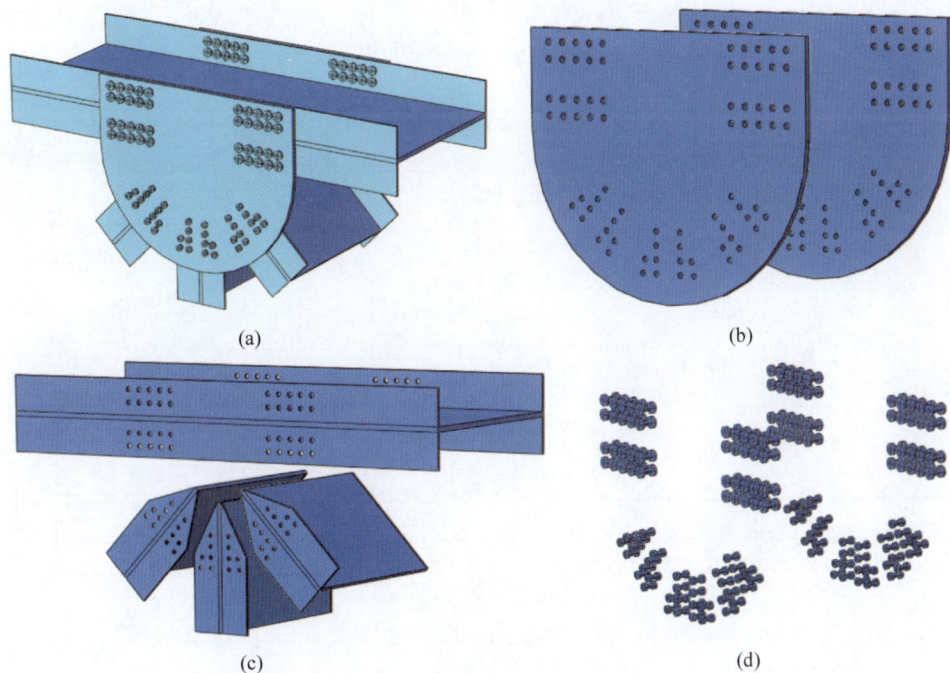

图 8-1 铝合金桁架节点示意图
（a）整体节点；（b）节点板；（c）杆件；（d）螺栓群

切割，从而避免端头伸入部分发生碰撞，弦杆和腹杆的翼缘预设螺栓孔，如图8-1（c）所示。节点板与弦杆和腹杆翼缘通过不锈钢螺栓进行紧密连接，螺栓分布如图8-1（d）所示，螺栓的直径和材性可根据节点受力确定。对于铝合金桁架节点而言，主要的传力途径为腹杆–节点板–弦杆，因此腹杆与节点板的抗剪连接是节点承载性能的关键。为此，将通过承载力试验对腹杆端头的抗剪连接进行探究。

为了研究铝合金桁架节点的抗剪连接接头，设计了几何尺寸如图8-2所示的抗剪节点试件。节点板的半径分为230 mm和280 mm，腹杆的翼缘宽度为150 mm，翼缘厚度为12 mm，节点板厚度分为6 mm和10 mm，螺栓直径为10 mm，螺栓孔径为10.5 mm，螺栓孔沿抗剪方向间距为25 mm，螺栓沿垂直抗剪方向的间距为52 mm。铝合金材性分为6063-T6和7075-T6。抗剪试验试件的信息详见表8-1，通过试验探究铝合金材性、连接长度及节点板厚度对节点抗剪连接的影响规律，为后续节点承载性能的研究提供基础支撑。

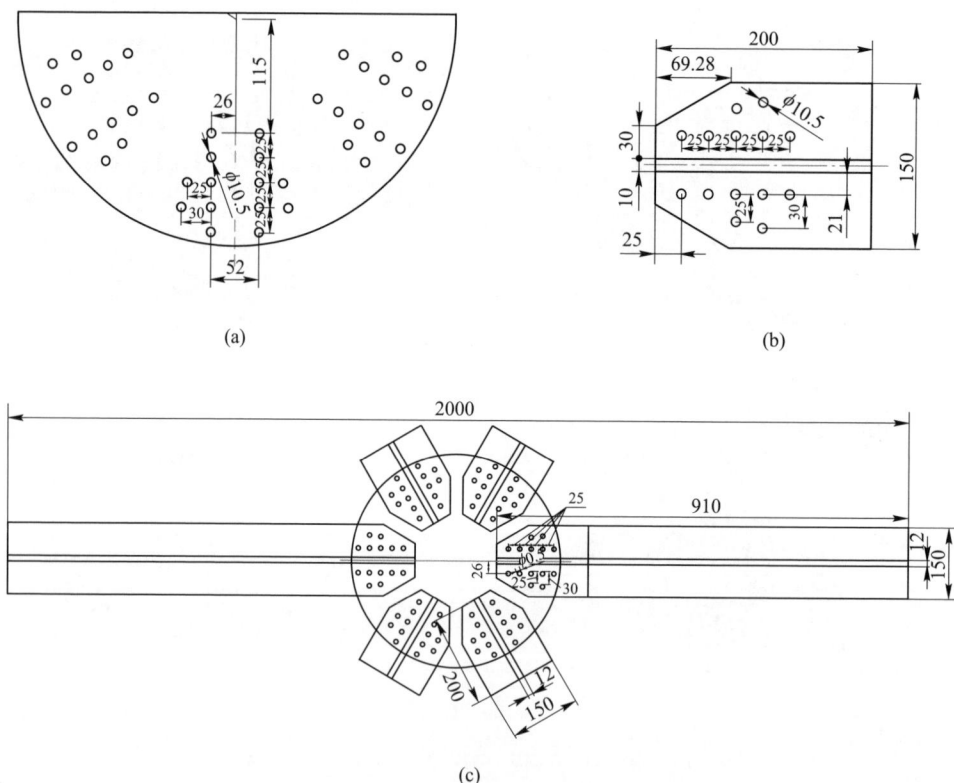

(a)

(b)

(c)

图 8-2　试验节点尺寸示意图

（a）节点板；（b）杆件端头；（c）整体试件

表 8-1 试件详情

编 号	铝合金材性	连接长度	节点板厚度/mm	试件长度/mm
HJSJ-1	6063-T6	145	10	2000
HJSJ-2	7075-T6	145	10	2000
HJSJ-3	7075-T6	195	10	2000
HJSJ-4	7075-T6	145	6	2000

8.1.2 加载方式

铝合金桁架节点的抗剪连接试验和数值模型加载方案如图 8-3 所示。根据抗剪连接的几何对称性，采取了图 8-3（a）所示的加载方案，通过试验测得的轴向荷载和位移均取 1/2 即为抗剪连接区域的剪力和剪切位移。根据抗剪连接区域的真实受力，建立了图 8-3（b）所示的数值模型加载方案，数值模型所得轴向荷载乘以 0.5 即可得到抗剪连接的剪力，数值模型所得轴向位移即为剪切变形。

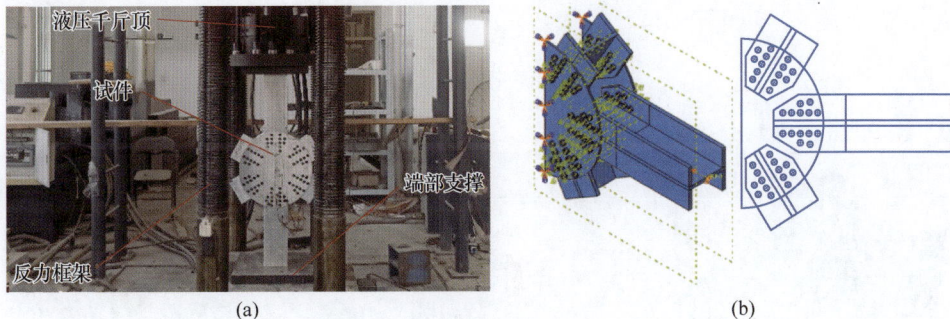

图 8-3 节点抗剪连接加载方案
（a）试验；（b）数值模型

8.1.3 破坏模式

各节点试件连接区域的抗剪破坏模式如图 8-4 所示。试件 HJS-1 的破坏模式为铝合金梁端头抗剪屈曲破坏，其余试件的破坏模式均为螺栓群剪切破坏。出现以上不同破坏模式的原因是当采用较低强度的铝合金时，杆件的抗剪强度低于螺栓群的抗剪承载力，当采用较高强度的铝合金时，杆件的抗剪强度高于螺栓群的抗剪承载力。

为验证试验和数值模型结果的有效性，建立与试验对应的数值分析模型，共获得了两种破坏模式，如图 8-5 所示。显然，数值模型所得破坏模式与试验一致。

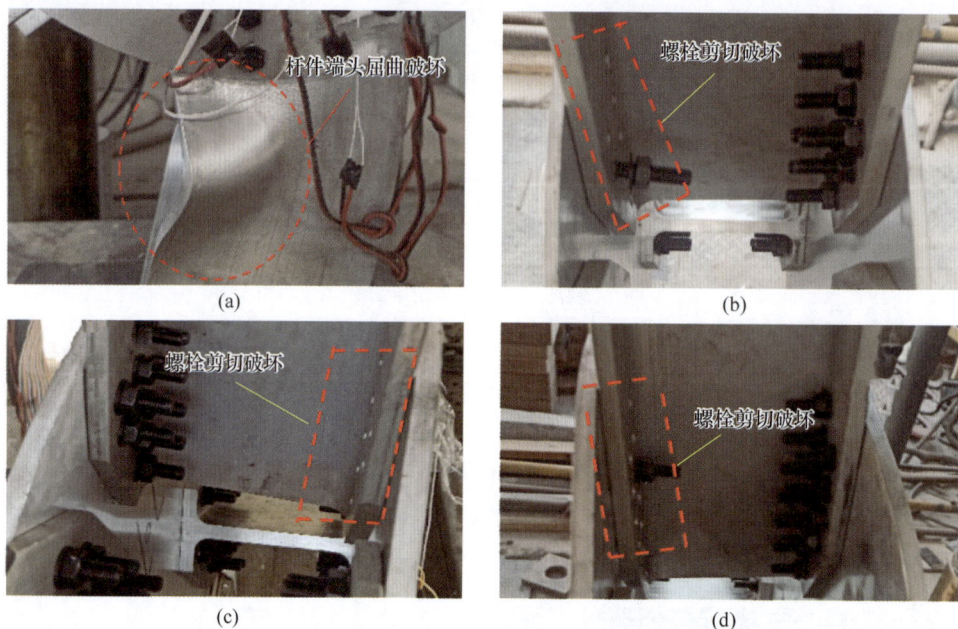

图 8-4 试验破坏模式

（a）HJSJ-1；（b）HJSJ-2；（c）HJSJ-3；（d）HJSJ-4

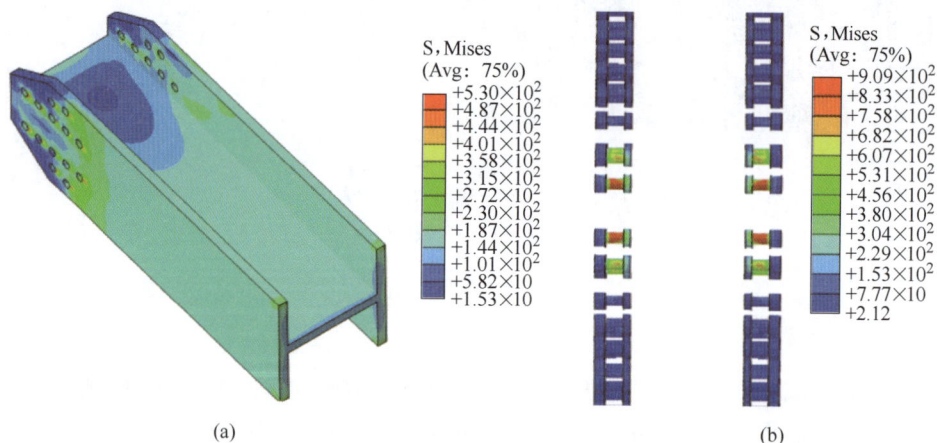

图 8-5 数值模型破坏模式

（a）梁端屈曲破坏；（b）螺栓剪切破坏

8.1.4 荷载－位移曲线

根据试验所得铝合金桁架节点的抗剪连接荷载－位移曲线如图 8-6（a）所

示。铝合金桁架节点连接区域的剪力剪切变形曲线分为4个阶段，分别为嵌固阶段、滑移阶段、承压阶段及实效阶段，与铝合金网壳板式节点一致。对比 HJSJ-1 和 HJSJ-2 可知，随着铝合金材料强度的增加，抗剪连接的承载力明显增大，而塑形变形显著减小。对比 HJSJ-2 和 HJSJ-3 可以发现，随着连接长度的增大（抗剪螺栓数量同时增加），铝合金桁架节点的抗剪连接承载力显著增大，极限变形变化幅度较小。通过分析 HJSJ-2 和 HJSJ-4 可以发现，随着连接板厚度的降低，铝合金桁架节点的抗剪连接剪切刚度显著降低，极限位移呈降低趋势。通过上述分析可以初步探明，铝合金材料强度、节点板几何尺寸及连接长度将直接影响铝合金桁架节点的抗剪连接性能，在后续的研究和工程设计中应充分考虑上述因素的影响。

为进一步互相验证试验和数值模型结果的准确性，将抗剪连接试件 HJSJ-2 和 HJSJ-3 的试验和数值模型所得的剪力-剪切位移曲线进行对比，对比结果如图 8-6 （b） 所示。

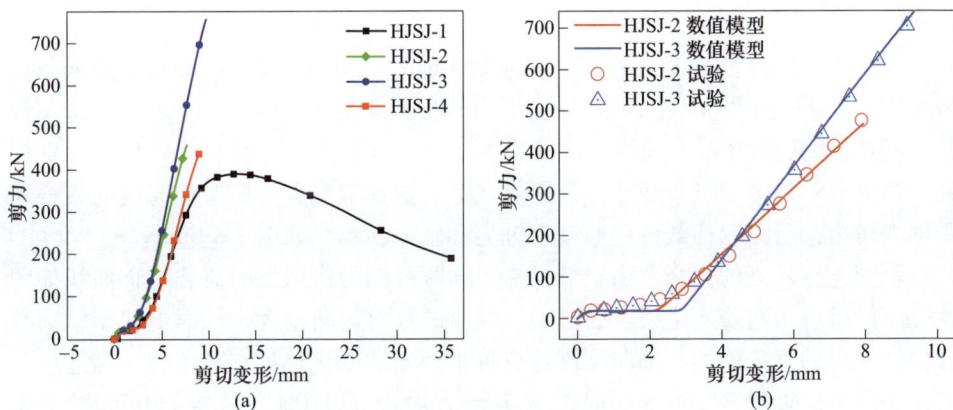

图 8-6　荷载-位移曲线
（a）试验结果；（b）试验与数值模型对比

8.2　桁架节点分析

8.2.1　节点模型

为了探明铝合金桁架节点在荷载作用下的受力机理，建立了如图 8-7 所示的数值分析模型。在铝合金桁架数值模型中，包含了 1 根 H 型铝合金弦杆、3 根 H 型铝合金腹杆、2 个铝合金节点板及若干不锈钢螺栓，各部件均采用实体单元进行模拟。根据节点在桁架结构中的受力特征，在弦杆两端截面设置固结约束，约束截面的平动和转动，如图 8-7 （a）所示。由于铝合金桁架节点的荷载传递主要通过抗剪螺栓群来实现，因此在网格划分时，螺栓及螺栓孔的网格密度取值较大，其余部分网格密度设置较小，如图 8-7（b）所示。

<table>
<tr><td>(a)</td><td>(b)</td></tr>
</table>

图 8-7　铝合金桁架节点数值模型
（a）边界条件；（b）网格划分

8.2.2　单项受力

建立了不同连接长度（取值分别为 200 mm、230 mm 及 260 mm）、不同节点板厚度（6 mm、12 mm 及 16 mm）、不同螺栓预紧力（10 kN、15 kN 及 20 kN）及不同螺栓间隙（0 mm、0.4 mm 及 0.8 mm）的铝合金桁架节点模型，分别探究这些因素对该类节点承载性能的影响规律。这些节点数值模型均为竖向腹杆承受轴向压力，所提取荷载位移曲线为轴力和轴向变形，如图 8-8 所示。

不同连接长度的铝合金桁架节点在竖向腹杆轴力作用下的荷载位移曲线如图 8-8（a）所示。随着连接长度的增大，螺栓的数量逐渐增大，从而引起了轴向承载力和变形的逐步增加，轴向刚度也出现了增大的变化趋势。具体地，当连接长度由 200 mm 增加至 230 mm 时，极限轴力增大了 110% 倍，极限位移增大了 20%。当连接长度由 230 mm 增加至 260 mm 时，极限轴力提高了 16%，极限位移提高了 24%。

不同节点板厚度的铝合金桁架节点在竖向腹杆轴力作用下的荷载-位移曲线如图 8-8（b）所示。当节点板厚度由 6 mm 增加至 12 mm 时，极限轴力增大了 2.3 倍，极限变形降低了 58%。当节点板厚度由 12 mm 增加至 16 mm 时，极限轴力基本不变，极限位移降低了 44%。显然，随着节点板厚度的增大，铝合金桁架节点腹杆的极限轴压力先增大后趋于不变，极限变形逐渐减小，轴向刚度逐渐增大。

不同螺栓预紧力时铝合金桁架节点的竖腹杆在轴力作用下的荷载-位移曲线对比结果如图 8-8（c）所示。随着螺栓预紧力的增大，轴力和轴向变形曲线的螺栓滑移阶段的起始轴力显著提高，但滑移距离保持一致，对其余阶段均无影响。

不同螺栓间隙时铝合金桁架节点的竖腹杆在轴力作用下的荷载-位移曲线对

比结果如图 8-8（d）所示。随着螺栓预紧力的增大，轴力和轴向变形曲线的螺栓滑移距离显著增大，但开始滑移的轴力保持一致，对其余阶段均无影响。

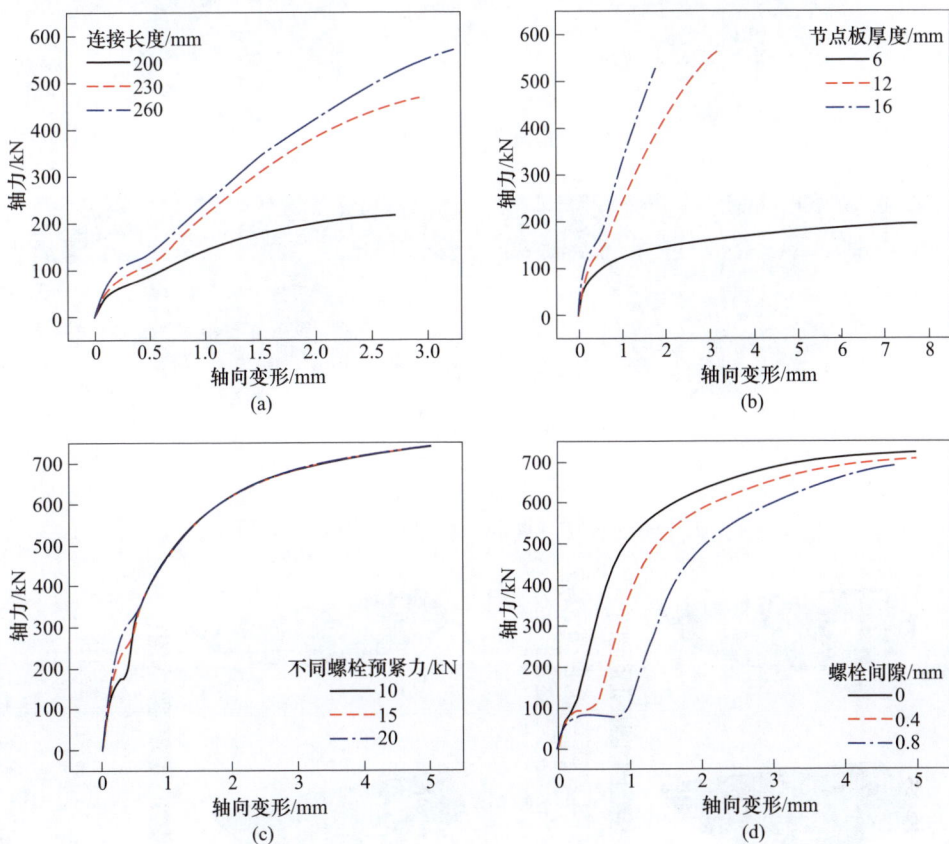

图 8-8　铝合金桁架节点数值模型

8.2.3　复合受力

　　铝合金桁架节点在桁架结构体系中受力较为复杂，通常会承受多个腹杆传来的荷载。为了充分探究铝合金桁架节点的复合受力状态，需要对其复合受力进行数值分析，建立了如图 8-9 所示的复合受力模型。

　　不同受力情况下铝合金桁架节点的节点板应力分布状态如图 8-10 所示。当竖向腹杆承受拉力时，节点板的应力分布沿竖腹杆中心线对称分布，最大应力值为 83 MPa，如图 8-10（a）所示。当单侧斜腹杆承受拉力时，节点板的应力主要分布在斜腹杆轴线附近，最大应力为 68 MPa，如图 8-10（b）所示。当节点两侧腹杆分别承受压力和拉力时，节点板的应力主要集中于两侧腹杆轴线及两侧轴线中间部位，最大应力为 141 MPa，如图 8-10（c）所示。当铝合金桁架节点同时

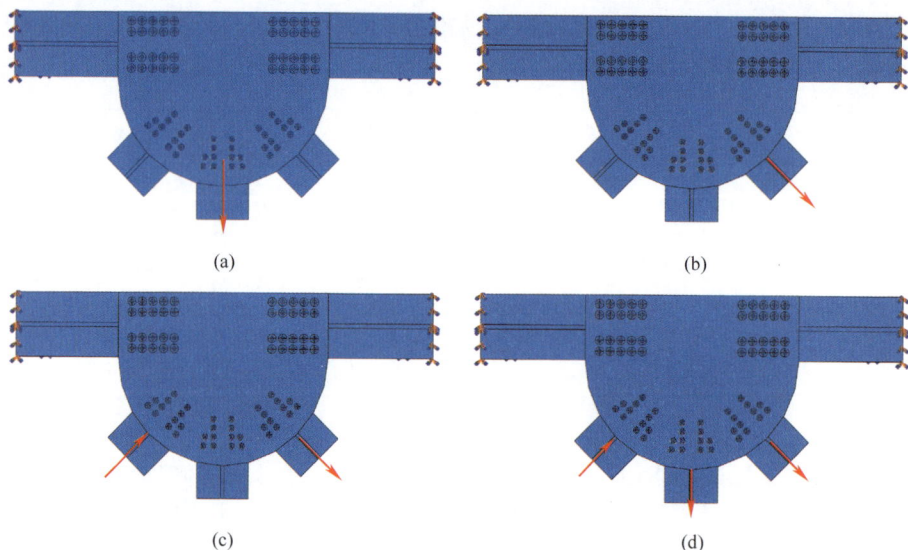

图 8-9　节点复合受力工况

（a）工况一；（b）工况二；（c）工况三；（d）工况四

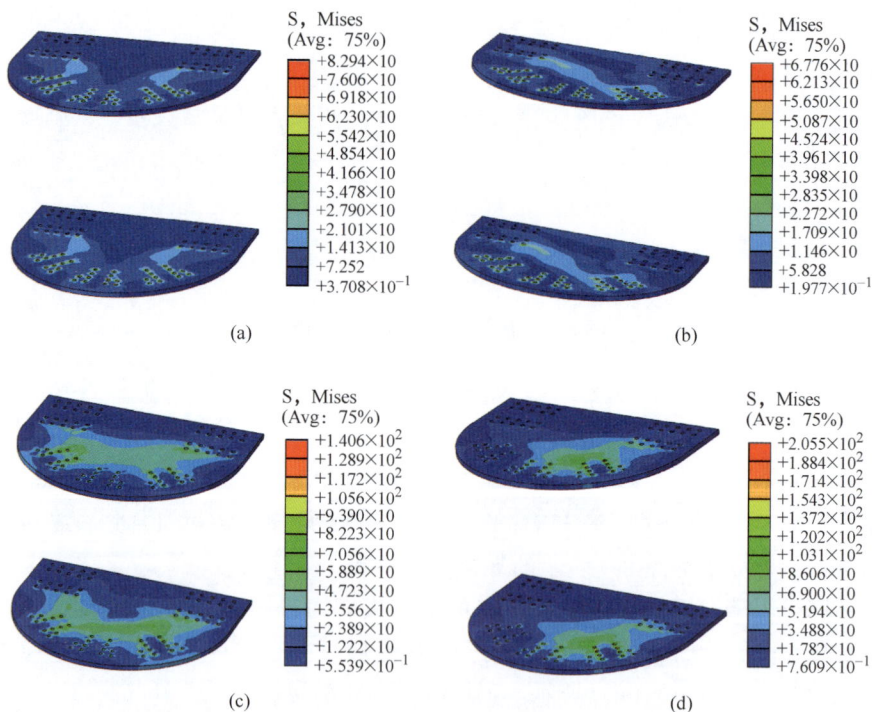

图 8-10　节点板受力情况

（a）工况一；（b）工况二；（c）工况三；（d）工况四

承受两侧斜腹杆和竖向腹杆传来的轴力时，其应力分布主要集中于合力方向范围内，最大应力为 206 MPa，如图 8-10（d）所示。

不同受力情况下铝合金桁架节点的弦杆应力分布状态如图 8-11 所示。当竖向腹杆承受拉力时，弦杆的应力分布沿竖腹杆中心线对称分布，最大应力为 52 MPa，如图 8-11（a）所示。当单侧斜腹杆承受拉力时，弦杆的应力主要分布在斜腹杆轴线上螺栓孔附近，最大应力为 42 MPa，如图 8-11（b）所示。当节点两侧腹杆分别承受压力和拉力时，弦杆的应力主要集中于两侧腹杆轴线附近螺栓孔周围，最大应力为 110 MPa，如图 8-11（c）所示。当铝合金桁架节点同时承受两侧斜腹杆和竖向腹杆传来的轴力时，弦杆应力分布主要集中于合力方向范围内，最大应力为 104 MPa，如图 8-11（d）所示。

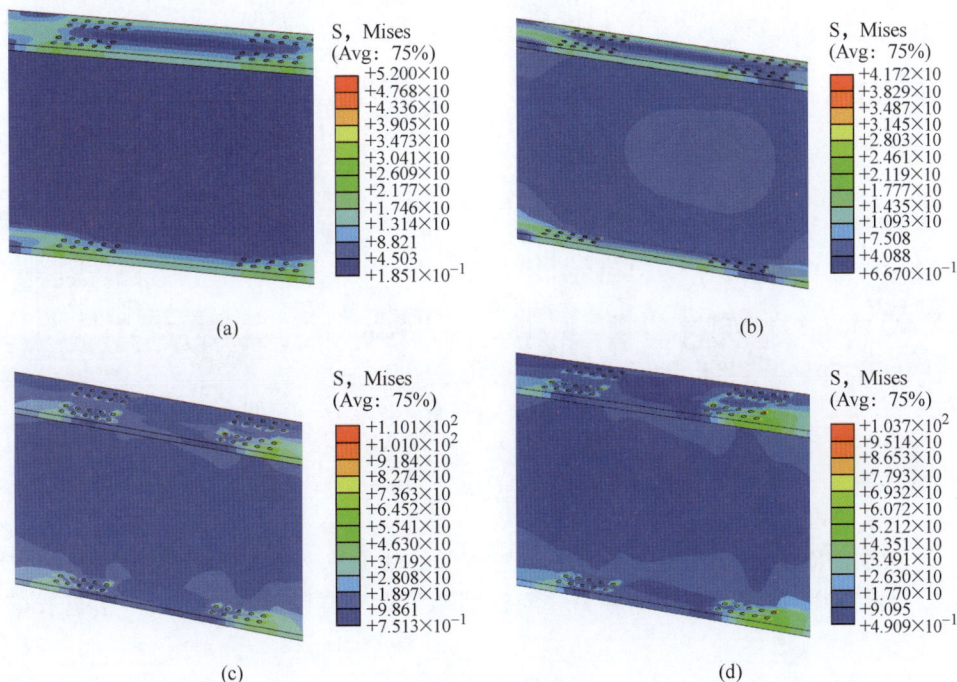

图 8-11　弦杆受力情况
（a）工况一；（b）工况二；（c）工况三；（d）工况四

不同受力情况下铝合金桁架节点的弦杆应力分布状态如图 8-12 所示。当竖向腹杆承受拉力时，弦杆螺栓的应力基本呈均匀，最大应力为 202 MPa，如图 8-12（a）所示。当单侧斜腹杆承受拉力时，弦杆螺栓的应力主要分布在斜腹杆轴线附近螺栓群，最大应力为 173 MPa，如图 8-12（b）所示。当节点两侧腹杆分别承受压力和拉力时，弦杆螺栓的应力主要集中于两侧腹杆轴线附近螺栓群处，最大应力为 528 MPa，如图 8-12（c）所示。当铝合金桁架节点同时承受两侧斜腹杆和竖向腹杆传来的轴力时，弦杆螺栓应力分布主要集中于合力方向螺栓群范围内，最大应力为 595 MPa，如图 8-12（d）所示。

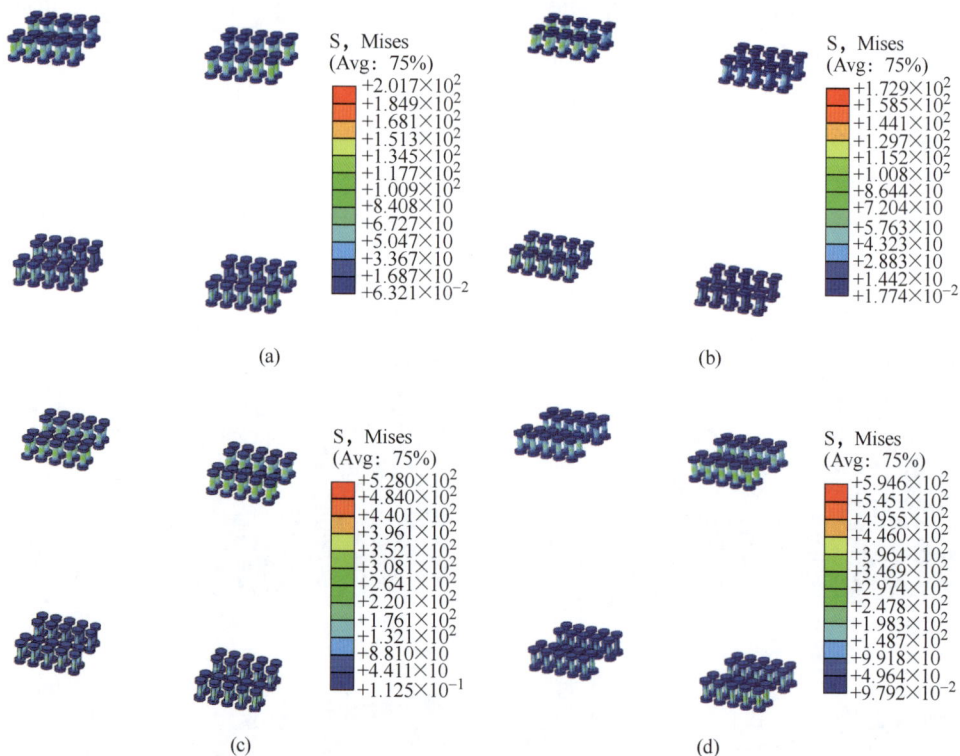

图 8-12　螺栓受力情况

（a）工况一；（b）工况二；（c）工况三；（d）工况四

　　根据前面的分析可知，铝合金桁架节点的传力途径主要沿着腹杆轴线的方向，如图 8-13 所示。腹杆的轴力先通过其端头螺栓群以剪力的形式传递至节点

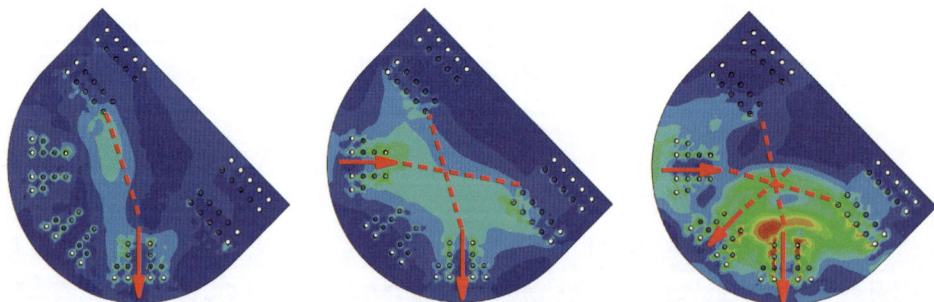

图 8-13　铝合金桁架节点传力途径示意图

板，然后节点板将剪力沿腹杆轴线的方向传递至与弦杆连接的螺栓群，通过螺栓群将剪力传递至弦杆翼缘，最终完成腹杆轴力向弦杆传递的过程。后面节点抗剪连接设计时应根据其传力途径展开。

8.3 桁架节点计算

8.3.1 螺栓计算

根据 8.2 节的分析探明了铝合金桁架节点的传力途径，其中铝合金桁架腹杆的传力机理如图 8-14 所示，全部轴力由腹杆端头螺栓群的抗剪进行传递，腹杆端头螺栓的数量为：

$$n = \frac{N}{2\min\left[df_c \cdot \min(t,t_f), \dfrac{\pi}{4}d^2 f_v\right]} \tag{8-1}$$

式中，n 为腹杆端头螺栓数量；N 为桁架腹杆所受轴力设计值；d 为螺栓直径；t 为盖板厚度；t_f 为翼缘厚度；f_c 为铝合金抗压强度；f_v 为螺栓抗剪强度。

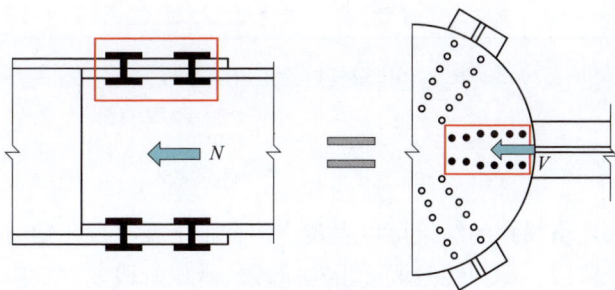

图 8-14 腹杆螺栓抗剪示意图

根据 8.2 节的相关分析可知，腹杆的轴力最终传递至腹杆轴线路径上与弦杆相连的螺栓群，如图 8-15 所示。每根腹杆的轴力由传力途径上的螺栓群分别传递，弦杆上的螺栓数量为：

$$m_1 = \frac{N_1}{2\min\left[d_e f_c \cdot \min(t,t_f), \dfrac{\pi}{4}d_e^2 f_v\right]} \tag{8-2}$$

$$m_2 = \frac{N_2}{2\min\left[d_e f_c \cdot \min(t,t_f), \dfrac{\pi}{4}d_e^2 f_v\right]} \tag{8-3}$$

$$m_3 = \frac{N_3}{2\,\min\left[d_e f_c \cdot \min(t, t_f), \dfrac{\pi}{4} d_e^2 f_v\right]} \tag{8-4}$$

$$m = m_1 + m_2 + m_3 \geqslant \frac{|N_1| + |N_2| + |N_3|}{2\,\min\left[d_e f_c \cdot \min(t, t_f), \dfrac{\pi}{4} d_e^2 f_v\right]} \tag{8-5}$$

式中，m 为弦杆端头螺栓数量；d_e 为螺栓直径。

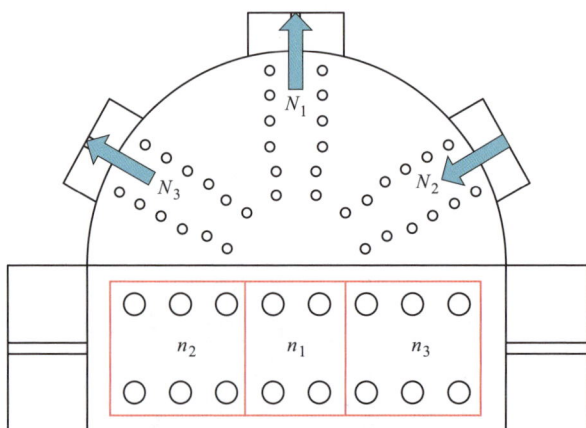

图 8-15　弦杆螺栓抗剪示意图

8.3.2　刚度模型

根据试验和数值模拟的结果可以发现，铝合金桁架节点在轴力作用下的变形过程可分为 4 个阶段，即弹性阶段、滑移阶段、承压阶段及失效阶段。因此，可采用多折线简化模型（图 8-16）来描述铝合金桁架节点在轴力作用下的变形机理。简化模型的计算公式如下：

$$N = \begin{cases} K_e \Delta & 0 \leqslant \Delta \leqslant \Delta_e \\ K_s \Delta + K_e \Delta_e & \Delta_e \leqslant \Delta \leqslant \Delta_s \\ K_d \Delta + K_s(\Delta_s - \Delta_e) + K_e \Delta_e & \Delta_s \leqslant \Delta \leqslant \Delta_d \\ K_d(\Delta_d - \Delta_s) + K_s(\Delta_s - \Delta_e) + K_e \Delta_e & \Delta \geqslant \Delta_d \end{cases} \tag{8-6}$$

式中，N 为轴力；Δ 为轴向变形；Δ_e 为螺栓开始滑移时的轴向变形；Δ_s 为滑移结束时的轴向变形；Δ_d 为孔壁承压阶段的轴向变形。

螺栓开始滑移时，各螺栓的剪力均达到最大静摩擦力，因此 N_s 可通过下式计算：

$$N_s = \mu n P_0 \tag{8-7}$$

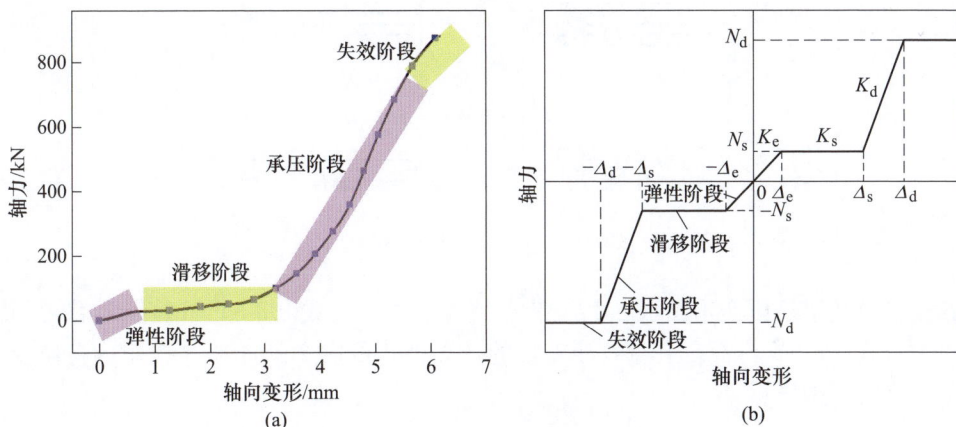

图 8-16 桁架节点轴向刚度特征

（a）实际曲线；（b）简化曲线

在弹性阶段，板式节点在轴力作用下的变形机理如图 8-17 所示。轴向变形可分为节点中心域变形与连接域变形。

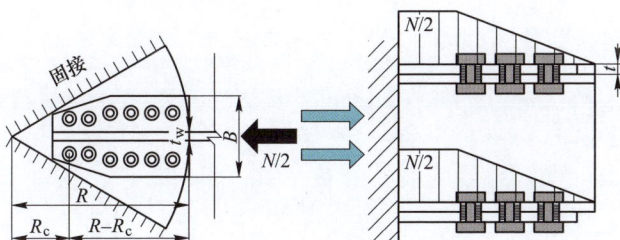

图 8-17 弹性阶段变形机理

螺栓滑移阶段的变形机理如图 8-18 所示。当轴力产生的剪力等于最大静摩擦力时，螺栓开始滑移直至抵紧孔壁。滑移轴向变形 Δ_s 的计算公式为：

$$\Delta_s = \Delta_e + (d_0 - d) \tag{8-8}$$

当板式节点达到极限轴力时，各螺栓均已达到极限剪力。极限轴力的计算公式为：

$$N_d = n V_n \tag{8-9}$$

$$V_n = \min\left[d f_c \cdot \min(t, t_f), \frac{\pi}{4} d^2 f_v \right] \tag{8-10}$$

式中，V_n 为螺栓抗剪承载力；d 为螺栓直径；t 为盖板厚度；t_f 为翼缘厚度；f_c 为铝合金抗压强度；f_v 为螺栓抗剪强度。

孔壁承压阶段，铝合金桁架节点的轴向变形由节点中心域及连接域变形、滑

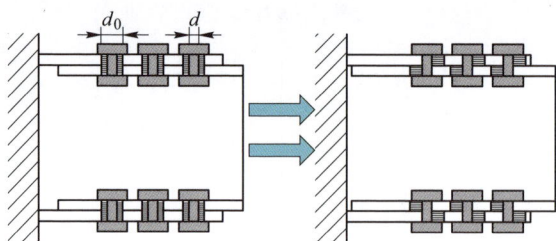

图 8-18　滑移阶段变形机理

移变形及孔壁挤压变形组成。其中节点域变形可由公式（8-8）计算，滑移变形可由公式（8-9）计算。孔壁挤压变形的计算公式可由文献［10］提出的挤压变形刚度进行推导：

$$\Delta_d = \frac{N_d}{N_s}\Delta_e + (d - d_0) + \frac{N_d}{n}\left(\frac{1}{K_{hf}} + \frac{1}{K_{hp}}\right) \tag{8-11}$$

式中，K_{hf} 为杆件翼缘的孔壁承压变形刚度；K_{hp} 为盖板的孔壁承压变形刚度。

9 铝合金桁架结构承载性能

9.1 桁架结构体系

9.1.1 结构布置

目前，铝合金桁架多被用于人行天桥，如图 9-1（a）所示。杆件的截面形式为矩形管，节点采用装配式螺栓连接，如图 9-1（b）所示。铝合金桁架结构的基本单元为平面桁架，如图 9-1（c）所示。当铝合金平面桁架采用 H 型截面构件时，可采用图 9-1（d）所示的节点形式。第 8 章已经对铝合金桁架节点（图 9-1（d））

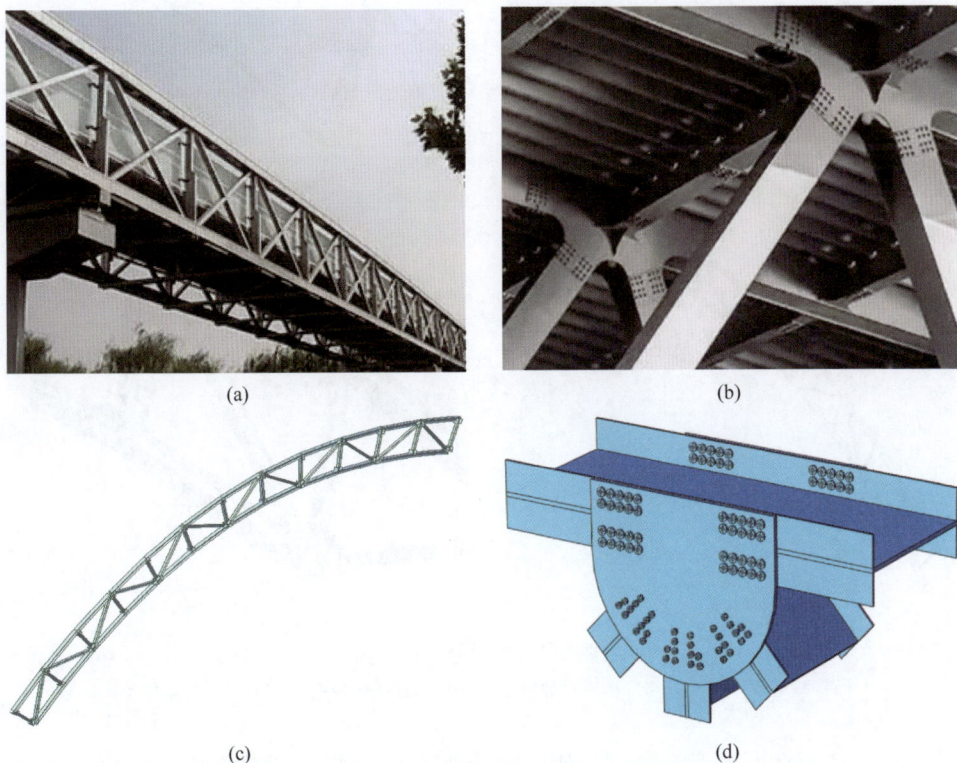

(a)

(b)

(c)

(d)

图 9-1 铝合金桁架结构体系

（a）铝合金桁架天桥；（b）桁架天桥节点；（c）新型铝合金桁架；（d）新型桁架节点

展开了较为详细的力学性能分析。本章主要对由 H 型杆件拼接而成的铝合金桁架进行承载性能的分析。

9.1.2　截面方向

为了实现铝合金桁架节点的可靠连接，根据节点构造，需要将 H 型铝合金构件的翼缘沿桁架高度方向放置。该放置方向与传统 H 型构件在结构中的放置方向截然不同。为了分析该放置方向对铝合金桁架结构承载性能的影响，在 MIDAS GEN 中建立了不同放置方向的分析模型，如图 9-2 所示。节点域基于轴向刚度和变形等效的原则，实用等效梁单元进行模拟。

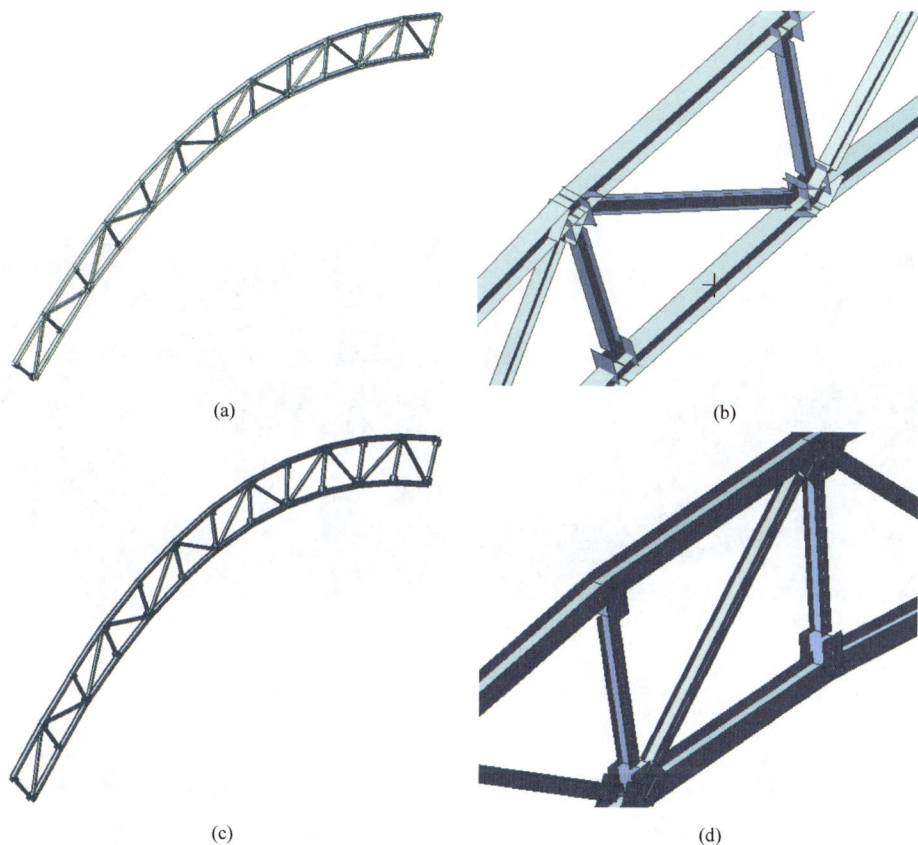

(a)

(b)

(c)

(d)

图 9-2　桁架分析模型

（a）横放整体模型；（b）横放局部模型；（c）竖放整体模型；（d）竖放局部模型

不同 H 型截面放置方向时的铝合金桁架在竖向集中荷载作用下的变形如图 9-3 所示。两种放置方式的竖向变形分别为 619 mm 和 600 mm，水平位移分别为 22 mm 和 23 mm，差值均在 3%以内。

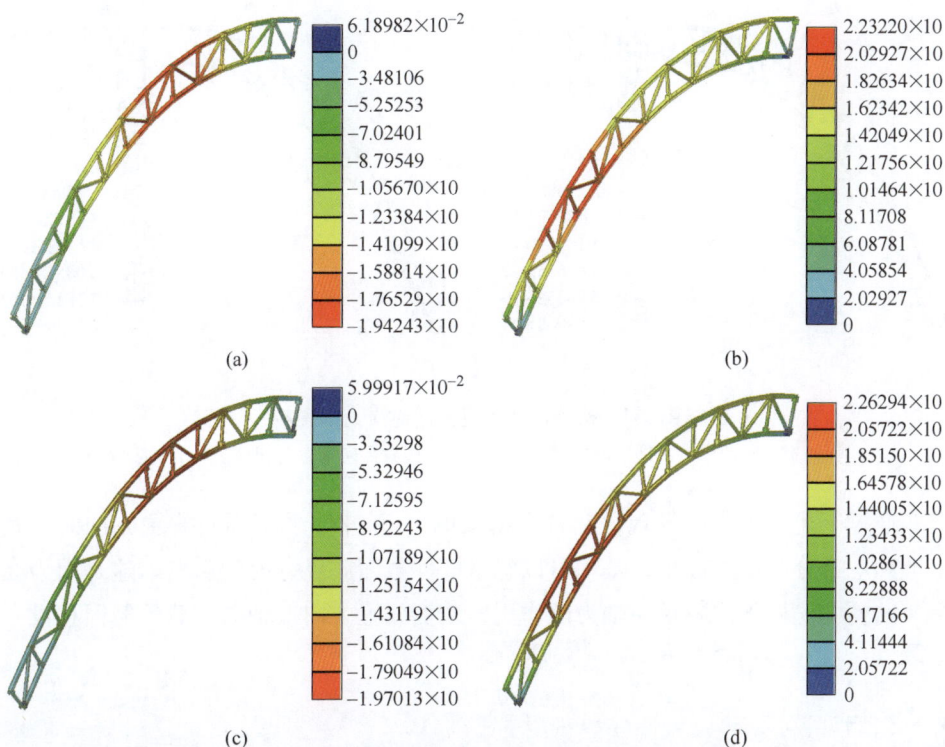

(a)

(b)

(c)

(d)

图 9-3　构件截面布置方向对变形的影响

（a）横放竖向变形；（b）横放水平变形；（c）竖放竖向变形；（d）竖放水平变形

　　不同 H 型截面放置方向时的铝合金桁架在竖向集中荷载作用下的应力如图 9-4 所示。两种放置方式的竖向应力分别为 38 MPa 和 41 MPa，水平应力分别为 64 MPa 和 66 MPa，差值均在 10% 以内。

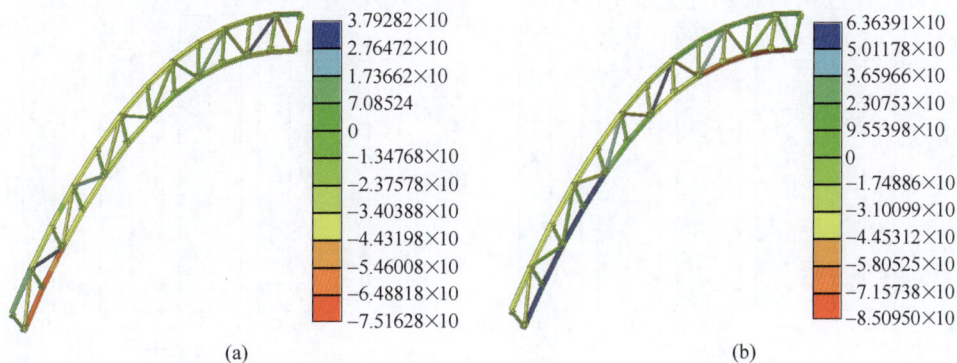

(a)

(b)

| 4.12813×10 |
| 3.04096×10 |
| 1.95380×10 |
| 8.66635 |
| 0 |
| −1.30769×10 |
| −2.39486×10 |
| −3.48202×10 |
| −4.56919×10 |
| −5.65635×10 |
| −6.74352×10 |
| −7.83068×10 |

(c)

| 6.60404×10 |
| 5.20522×10 |
| 3.80639×10 |
| 2.40757×10 |
| 1.00874×10 |
| 0 |
| −1.78890×10 |
| −3.18773×10 |
| −4.58655×10 |
| −5.98538×10 |
| −7.38420×10 |
| −8.78303×10 |

(d)

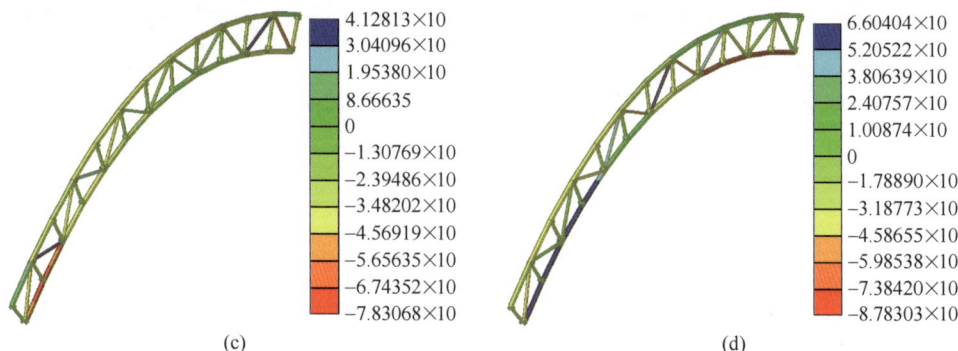

图 9-4　构件截面布置方向对应力的影响
（a）横放竖向应力；（b）横放水平应力；（c）竖放竖向应力；（d）竖放水平应力

　　通过上述分析可以发现，铝合金桁架的 H 型杆件采用不同放置方向时，其变形和应力分布误差极小，基本可以忽略杆件截面放置方向的影响。这是因为在桁架结构中，杆件主要承受轴力的作用，改变放置方向对轴向承载的截面积没有影响。

9.1.3　节点刚度

　　为了分析节点轴向刚度对铝合金桁架承载性能的影响规律，建立了不同节点刚度的分析模型，分析结果汇总于图 9-5。由该图可知，随着节点刚度的变化，铝合金桁架在竖向和水平节点集中力作用下，杆件位移、轴力、弯矩及应力基本保持不变。显然，节点轴向刚度对铝合金桁架承载性能的影响较小。

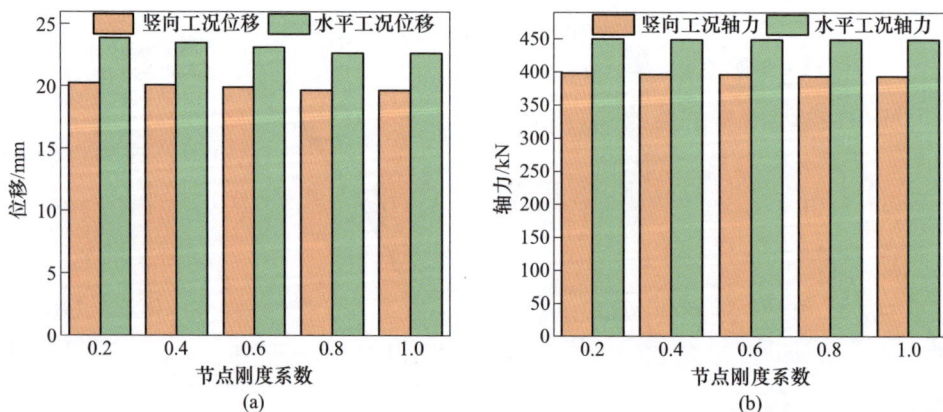

(a)

(b)

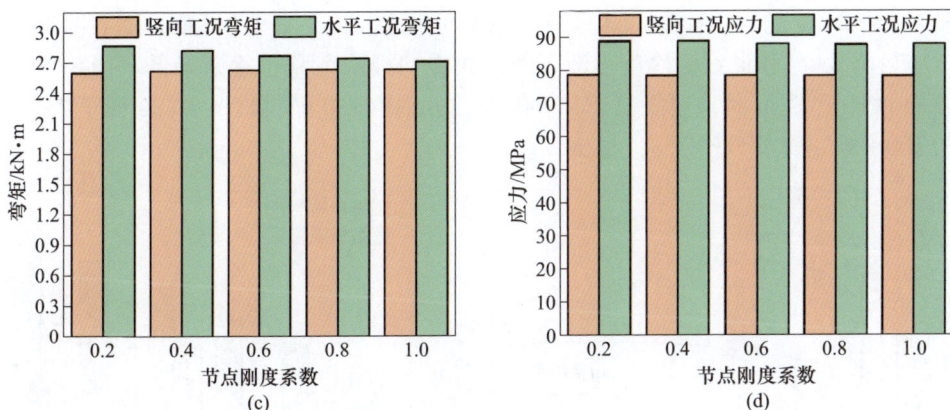

图 9-5　节点轴向刚度的影响

（a）位移；（b）轴力；（c）弯矩；（d）应力

9.2　等高度桁架分析

9.2.1　分析模型

为了分析不同几何参数时，铝合金平面桁架的承载性能，在 ABAQUS 中建立了如图 9-6 所示的等高度铝合金桁架分析模型。在分析模型中，H 型铝合金杆件和节点均采用梁单元进行模拟，采用 6061-T6 型号的铝合金材料。根据平面桁架在结构中常见的受力工况，桁架两端下弦边缘处节点设置铰接约束，上弦各节点施加竖向集中荷载。平面桁架的跨度为 20 m，高度为 1600 mm，弦杆的分段数为 12，弦杆截面尺寸为 H200 mm×200 mm×12 mm×12 mm，腹杆截面尺寸为 H200 mm×160 mm×8 mm×8 mm。

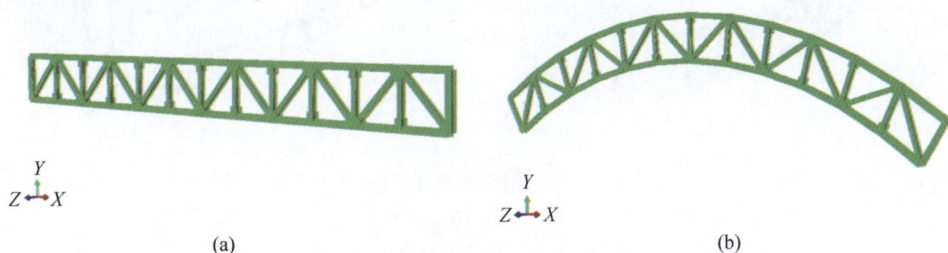

图 9-6　等高度铝合金桁架分析模型

（a）直线型；（b）曲线型

9.2.2　桁架跨度的影响

为分析跨度对铝合金桁架在竖向荷载作用下承载性能的影响规律，建立了跨度为 12~24 m 的分析模型，计算结构如图 9-7 所示。由图 9-7 可知，随着跨度的增加，荷载-位移曲线的刚度逐渐下降，屈服和极限荷载也逐渐降低。当跨度由 12 m 增加至 24 m 时，屈服荷载和极限荷载分别由 160 kN 和 200 kN 降低至 75 kN 和 100 kN，分别降低了 53% 和 50%。

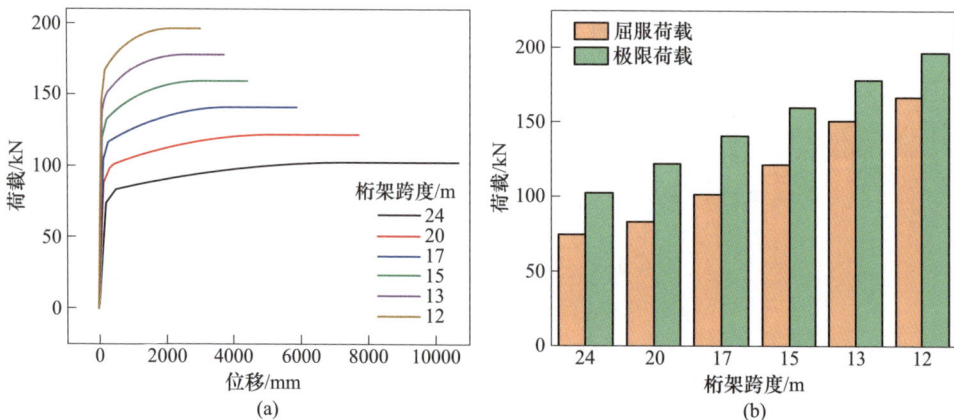

图 9-7　桁架跨度对桁架承载性能的影响

（a）荷载-位移曲线；（b）屈服和极限荷载

跨度为 12 m 和 24 m 时铝合金桁架在屈服时的变形如图 9-8 所示。跨度为 12 m 时屈服竖向位移为 139 mm，跨度为 24 m 时屈服竖向位移为 196 m。当跨度由 12 m 增加至 24 m 时，屈服位移增大了 40%。

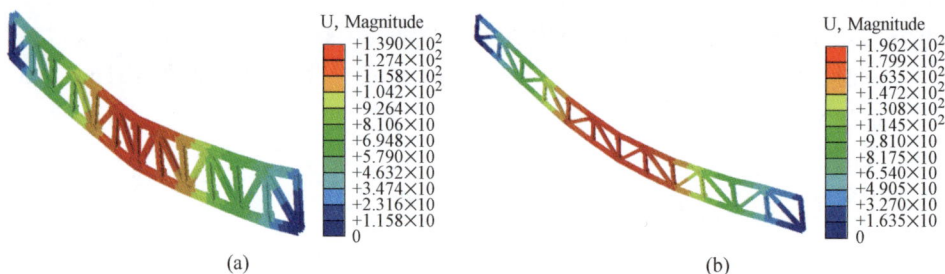

图 9-8　不同桁架跨度的屈服变形

（a）12 m；（b）24 m

9.2.3　起拱高度的影响

为分析起拱高度对铝合金桁架结构承载性能的影响，建立了起拱高度 0~3000 mm 的分析模型，提取不同起拱高度时桁架的荷载-位移曲线，结果如图 9-9 所示。由图 9-9（a）可以看出，铝合金桁架随着起拱高度的增加，桁架在竖向荷载作用下的刚度和强度均逐渐提高。由图 9-9（b）可以看出，随着起拱高度的增加，铝合金桁架在竖向荷载作用下的屈服和极限荷载呈线性增加。显然，起拱高度对铝合金桁架承载性能的影响极为明显，在实际工程中应在考虑建筑外形的要求后尽可能采用较大起拱高度的铝合金桁架结构。

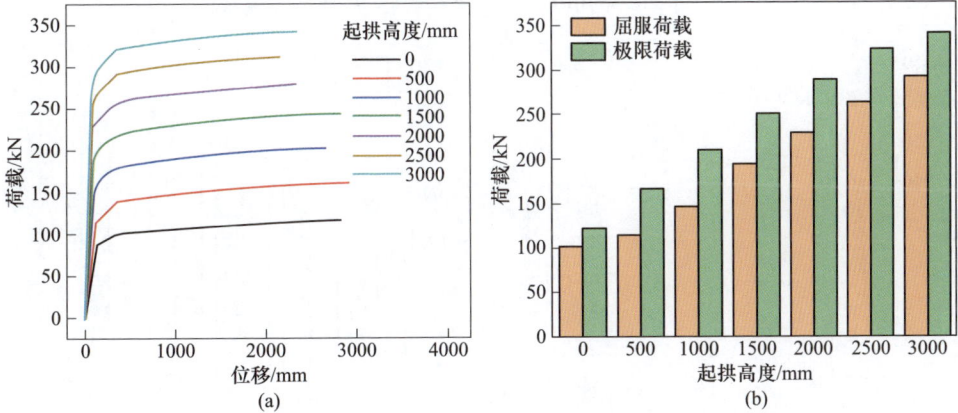

图 9-9　起拱高度对桁架承载性能的影响

（a）荷载–位移曲线；（b）屈服和极限荷载

不起拱和起拱高度为 3000 mm 时铝合金桁架结构在屈服时的变形分布如图 9-10 所示。当铝合金桁架未起拱时结构屈服时跨中的竖向位移高达 472 mm，当铝合金桁架起拱 3000 mm 时跨中竖向位移仅为起拱时的 1/4。铝合金桁架设置起拱可有效降低结构的竖向位移，因此在实际工程中可采用该措施实现结构变形的控制。

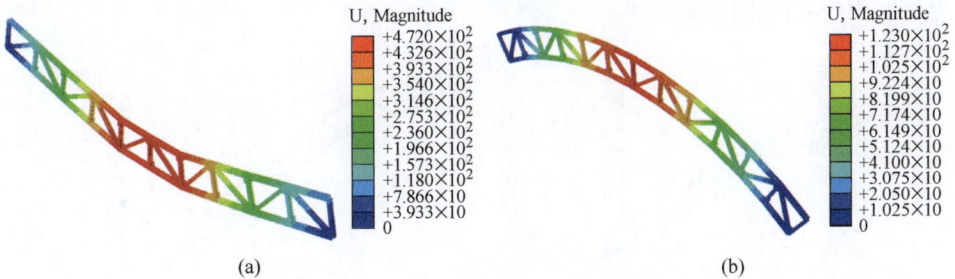

图 9-10　不同起拱高度的屈服变形

（a）0 mm；（b）3000 mm

9.2.4　起拱位置的影响

上一节对铝合金桁架起拱高度的影响进行了较为详细的分析，还需进一步探究起拱位置的影响，为此建立了不同起拱位置的分析模型，各模型的起拱高度均取 3000 mm。图 9-11 汇总了不同起拱位置时铝合金桁架结构在竖向荷载作用下的荷载-位移曲线及关键承载信息。由图 9-11 可知，随着起拱位置由支座向跨中变化，结构在竖向荷载作用下的刚度和强度均逐渐提高。具体地，当起拱位置由 1/12 跨变化至 6/12 跨时，结构的屈服荷载和极限荷载分别提高了 80% 和 60%。

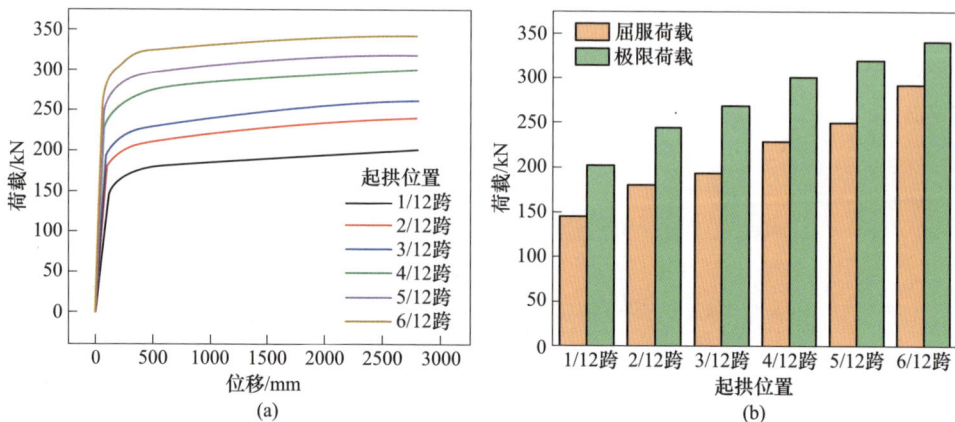

图 9-11　起拱位置对桁架承载性能的影响

（a）荷载-位移曲线；（b）屈服和极限荷载

　　2/12 跨度处起拱和跨中（6/12 处）起拱时，铝合金桁架在竖向荷载作用下屈服时的变形如图 9-12 所示。起拱位置在 1/12 跨度处时结构屈服时最大竖向位移为 130 mm，起拱位置在 6/12 跨度时结构屈服位移为 123 mm。显然，在不同位置设置起拱时，铝合金桁架在屈服时的竖向位移基本一致，即不同起拱位置不会对屈服位移产生影响。

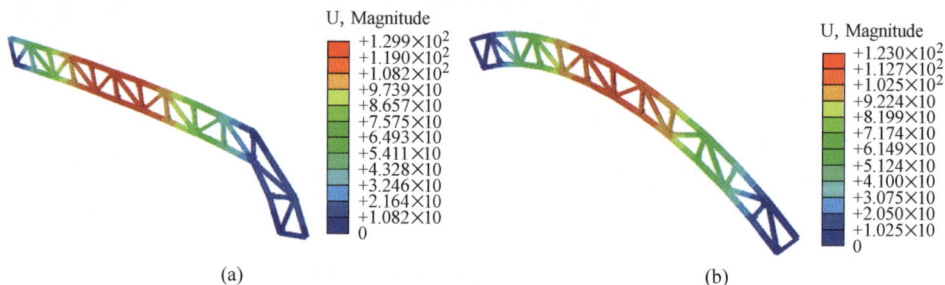

图 9-12　不同起拱位置的屈服变形

（a）2/12 跨；（b）6/12 跨

9.2.5　桁架高度的影响

　　为探究厚度对铝合金门式刚架承载性能的影响规律，建立了 1000~2000 mm

的数值分析模型，计算结果如图 9-13 所示。随着桁架高度的增加，铝合金桁架在竖向荷载作用下的弹性阶段刚度基本无变化，屈服和极限荷载逐渐增加。桁架高度由 1000 mm 增加至 2000 mm 时，屈服荷载和极限荷载分别由 260 kN 和 320 kN 增加至 300 kN 和 360 kN，增幅分别为 15% 和 12%。提高桁架高度可提高该结构的承载性能，但增幅相对较小。

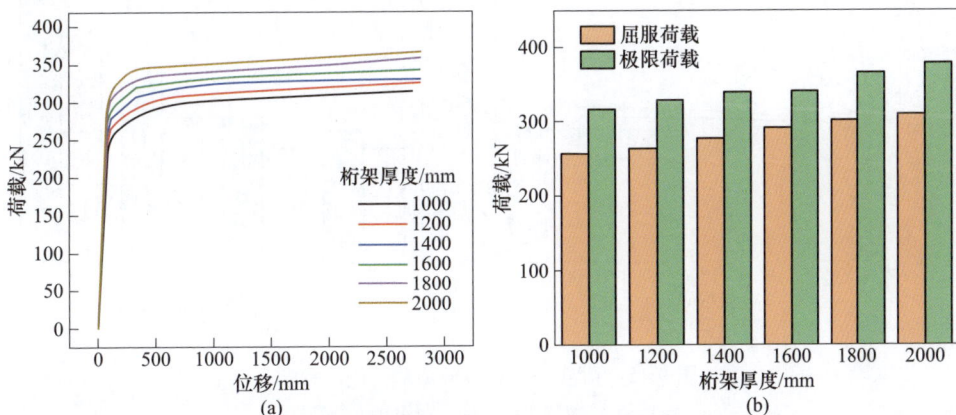

图 9-13　桁架高度对桁架承载性能的影响

（a）荷载−位移曲线；（b）屈服和极限荷载

桁架高度为 1000 mm 和 2000 mm 时，铝合金桁架在屈服时的变形如图 9-14 所示。桁架高度为 1000 mm 时桁架的屈服变形为 134 mm，桁架高度为 2000 mm 时桁架的屈服变形为 96 mm。当桁架高度由 1000 mm 增加至 2000 mm 时，结构的屈服变形降低了 29%。

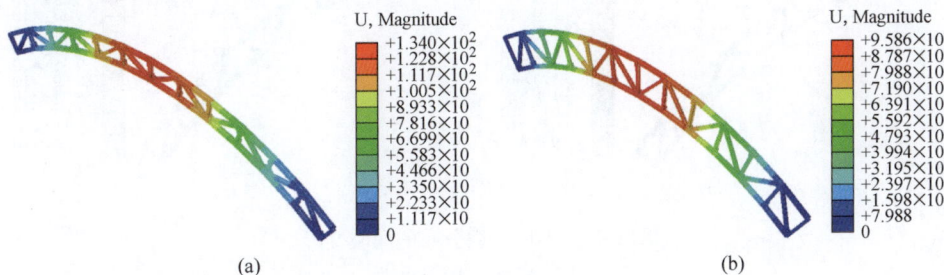

图 9-14　不同桁架高度的屈服变形

（a）1000 mm；（b）2000 mm

9.2.6　荷载分布的影响

在桁架结构正常使用过程中，其荷载分布往往出现多种情况。根据常见的荷载分布工况，建立了满跨分布、3/4 跨分布、1/2 跨分布及 1/4 跨分布模型，计算结果如图 9-15 所示。当竖向荷载满跨和 3/4 跨分布时，荷载位移曲线重合度较高，屈服和极限荷载分别为 290 kN 和 350 kN。当荷载 1/2 跨及 1/4 跨分布时，荷载-位移曲线发生较大变化，屈服和极限荷载较满跨分布得到了显著的提高。

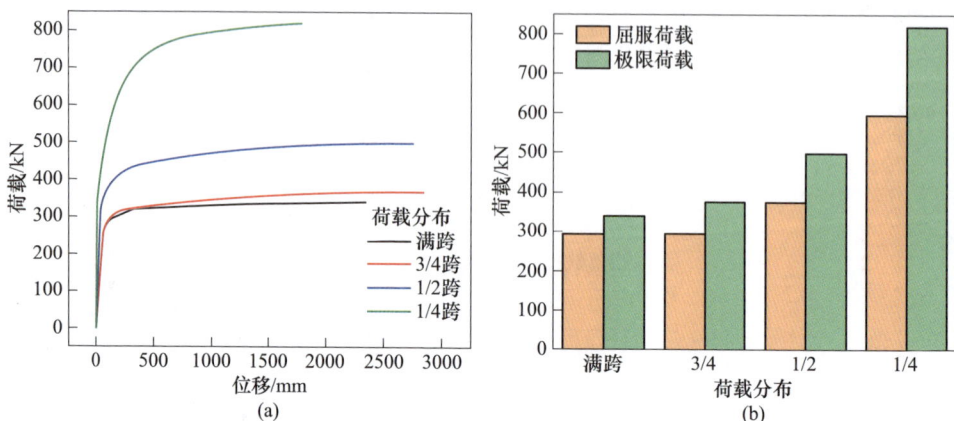

图 9-15　荷载分布对桁架承载性能的影响
（a）荷载-位移曲线；（b）屈服和极限荷载

　　竖向满跨分布和 1/4 跨分布时的屈服变形如图 9-16 所示。最大竖向变形主要分布与荷载作用区域的中间部位，满跨分布时屈服位移为 123 mm，1/4 跨分布时屈服位移为 187 mm。由上述分析可知，不同荷载分布时承载性能和屈服变形均存在较大的区别，在结构设计时应充分考虑荷载分布的影响。

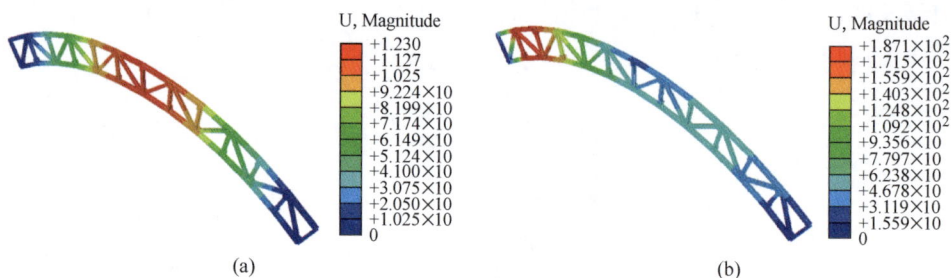

图 9-16　不同荷载分布的屈服变形
（a）满跨；（b）1/4 跨

9.3　变高度桁架分析

9.3.1　分析模型

　　根据建筑外形和结构受力需求，可采用变高度的铝合金桁架，如图 9-17 所示。由于跨中部位的弯矩较大，两端的剪力和轴力较大，因此最常见的变高度桁架采用自两端向跨中逐渐增大高度的变化形式，具体为上起拱桁架、下起拱桁架及三角形桁架。在分析模型中，H 型铝合金杆件和节点均采用梁单元进行模拟，采用 6061-T6 型号的铝合金材料，边界条件均采用两端铰接的形式，节点处作用竖直向下的集中力。桁架的跨度为 20 m，弦杆的分段数为 12，弦杆截面尺寸为 H200 mm×200 mm×12 mm×12 mm，腹杆截面尺寸为 H200 mm×160 mm×8 mm×8 mm。

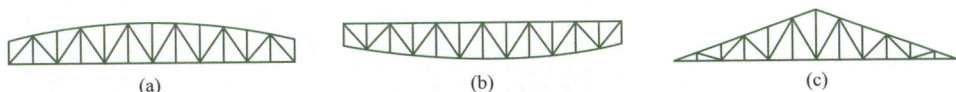

图 9-17　变高度铝合金桁架分析模型

（a）上起拱桁架；（b）下起拱桁架；（c）三角形桁架

9.3.2　上起拱桁架

为了分析上拱高度对上拱桁架承载性能的影响规律，建立了高度差（中间高度与两侧高度的差值）为 600~1200 mm 的数值分析模型，经过计算得到了荷载-位移曲线及关键荷载值，如图 9-18 所示。随着起拱高度的增大，荷载-位移曲线在弹性阶段初期基本重合，弹性阶段中后期逐渐出现差距，屈服和极限荷载逐渐增大。具体地，当上拱桁架高度差由 600 mm 增加至 1200 mm 时，屈服荷载和极限荷载分别由 120 kN 和 152 kN 增加至 150 kN 和 170 kN。

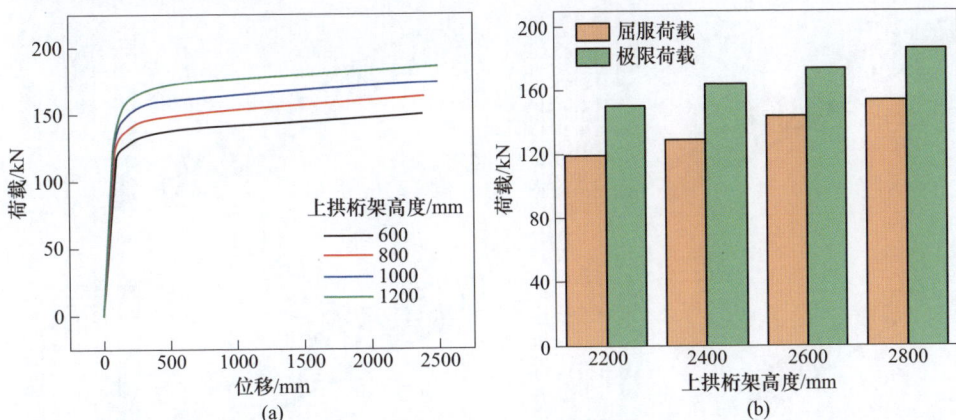

图 9-18　不同上拱高度的影响

（a）荷载-位移曲线；（b）屈服和极限荷载

不同高度差时上拱桁架的屈服变形如图 9-19 所示。上拱桁架的变形由跨中向两侧逐渐递减，高度差为 600 mm 时最大屈服竖向位移为 82 mm，高度差为

1200 mm 时最大屈服竖向位移为 189 mm，位移增大了 2.3 倍。显然，随着高度差的增大，上拱桁架的屈服变形显著增大，从而导致上拱桁架具有更高的延性。

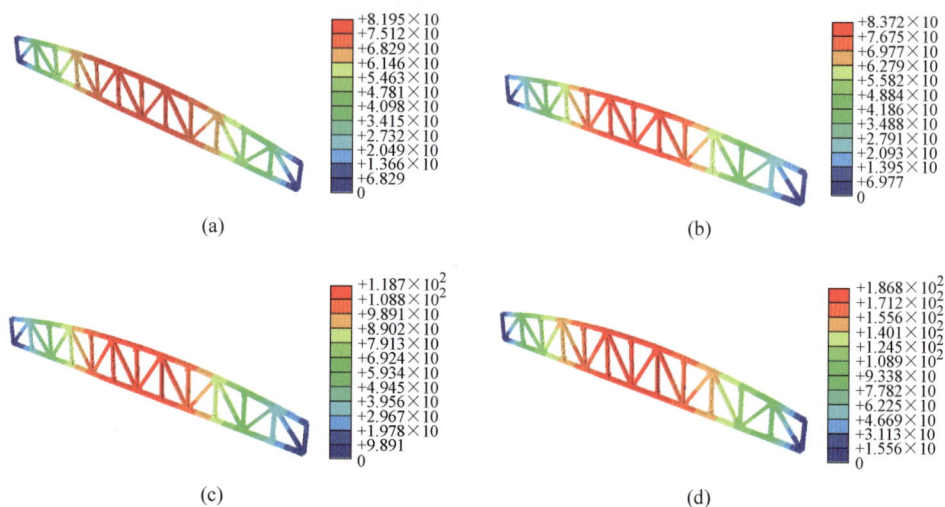

图 9-19　上拱桁架的屈服变形

（a）高度差 600 mm；（b）高度差 800 mm；（c）高度差 1000 mm；（d）高度差 1200 mm

　　不同高度差时上拱桁架的屈服应力分布如图 9-20 所示。由图 9-20 可知，不同高差时上拱桁架的应力分布规律基本一致，两端支座处斜腹杆应力最大，跨中上弦杆的应力较大。

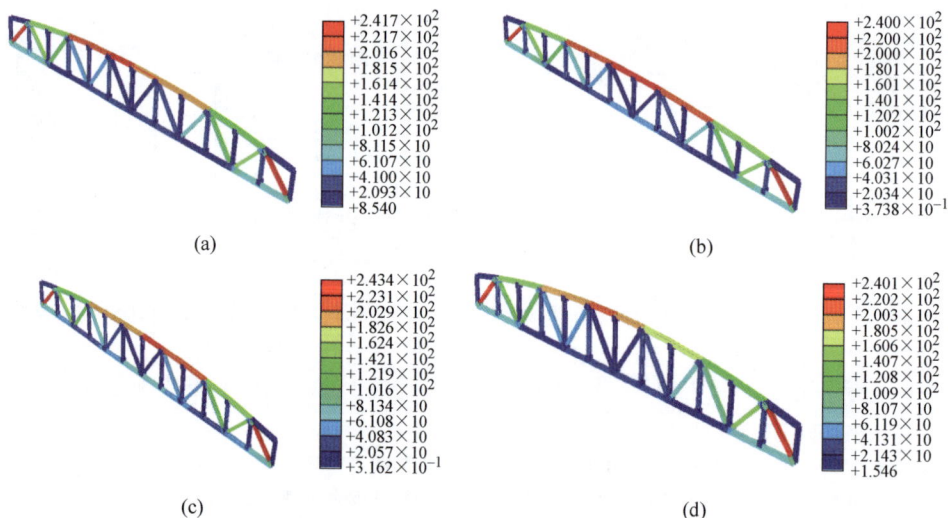

图 9-20　上拱桁架的屈服应力

（a）高度差 600 mm；（b）高度差 800 mm；（c）高度差 1000 mm；（d）高度差 1200 mm

9.3.3 下起拱桁架

为了分析下拱高度对上拱桁架承载性能的影响规律，建立了高度差（中间高度与两侧高度的差值）为 600~1200 mm 的数值分析模型，经过计算得到了荷载-位移曲线及关键荷载值，如图 9-21 所示。随着起拱高度的增大，荷载-位移曲线在弹性阶段初期基本重合，弹性阶段中后期逐渐出现差距，屈服和极限荷载逐渐增大。具体地，当下拱桁架高度差由 600 mm 增加至 1200 mm 时，屈服荷载和极限荷载分别由 120 kN 和 150 kN 增加至 150 kN 和 190 kN。

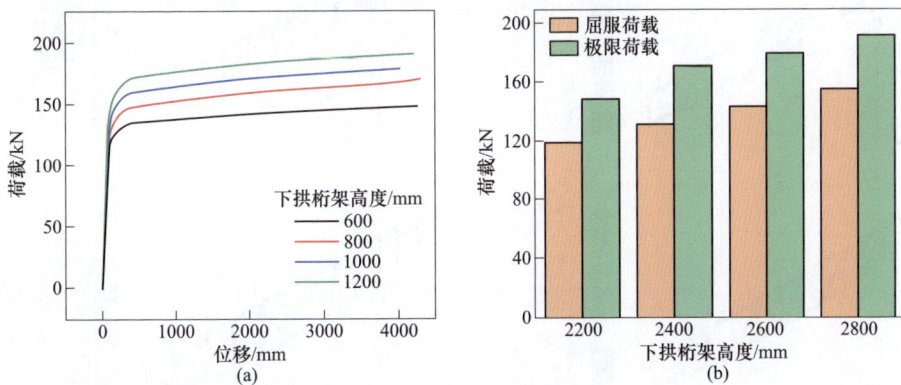

图 9-21 不同下拱高度的影响

（a）荷载-位移曲线；（b）屈服和极限荷载

不同高度差时下拱桁架的屈服变形如图 9-22 所示。下拱桁架的变形由跨中

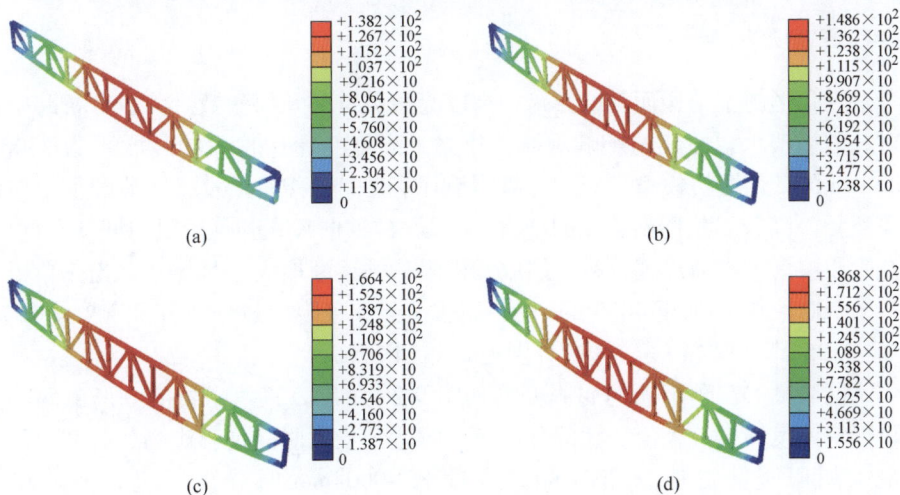

图 9-22 下拱桁架的屈服变形

（a）高度差 600 mm；（b）高度差 800 mm；（c）高度差 1000 mm；（d）高度差 1200 mm

向两侧逐渐递减，高度差为 600 mm 时最大屈服竖向位移为 138 mm，高度差为 1200 mm 时最大屈服竖向位移为 187 mm，位移增大了 1.4 倍。显然，随着高度差的增大，下拱桁架的屈服变形显著增大，从而导致下拱桁架具有更高的延性。

不同高度差时下拱桁架的屈服应力分布如图 9-23 所示。由图 9-23 可知，不同高差时下拱桁架的应力分布规律基本一致，两端支座处斜腹杆应力最大，跨中下弦杆的应力较大。

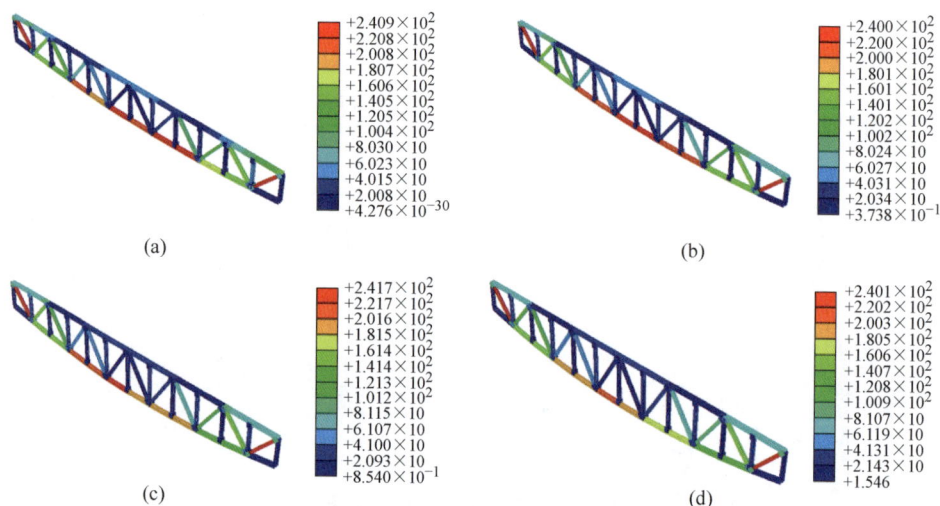

图 9-23　下拱桁架的屈服应力
（a）高度差 600 mm；（b）高度差 800 mm；（c）高度差 1000 mm；（d）高度差 1200 mm

9.3.4　三角形桁架

对三角形桁架结构而言，其跨中高度为最关键的几何参数。为了分析跨中高度对三角桁架承载性能的影响规律，建立了高度（跨中位置的高度）为 2000～4000 mm 的数值分析模型，经过计算得到了荷载-位移曲线及关键荷载值，如图 9-24 所示。随着三角桁架高度的增大，荷载-位移曲线在弹性阶段初期基本重合，弹性阶段中后期逐渐出现差距，屈服和极限荷载逐渐增大。具体地，当三角桁架高度由 2000 mm 增加至 4000 mm 时，屈服荷载和极限荷载分别由 68 kN 和 82 kN 增加至 125 kN 和 143 kN，增幅分别为 20% 和 14%。

不同高度时三角桁架的屈服变形如图 9-25 所示。三角桁架的变形由两端支座附近快速发展至最大值，大部分区域同时达到最大竖向位移。高度为 2000 mm 时最大屈服竖向位移为 202 mm，高度为 4000 mm 时最大屈服竖向位移为 268 mm，位移增大了 30%。显然，随着高度的增大，三角桁架的屈服变形显著增大，从而导致三角桁架具有更高的延性。

(a)

(b)

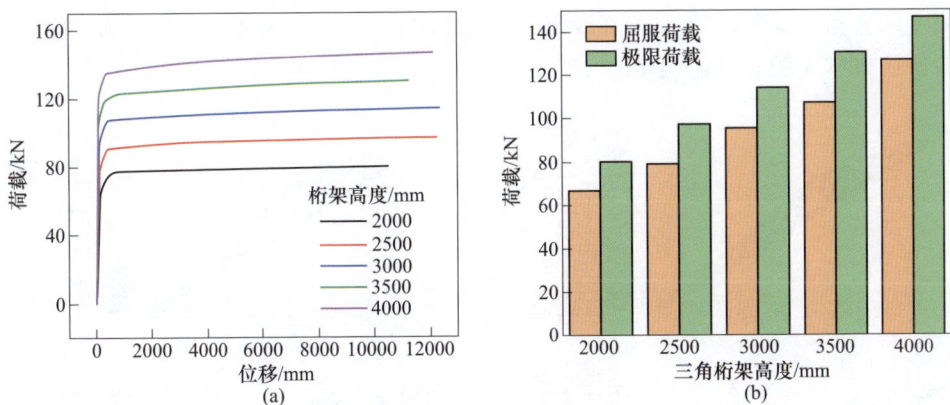

图 9-24 不同三角桁架高度的影响

（a）荷载-位移曲线；（b）极限荷载

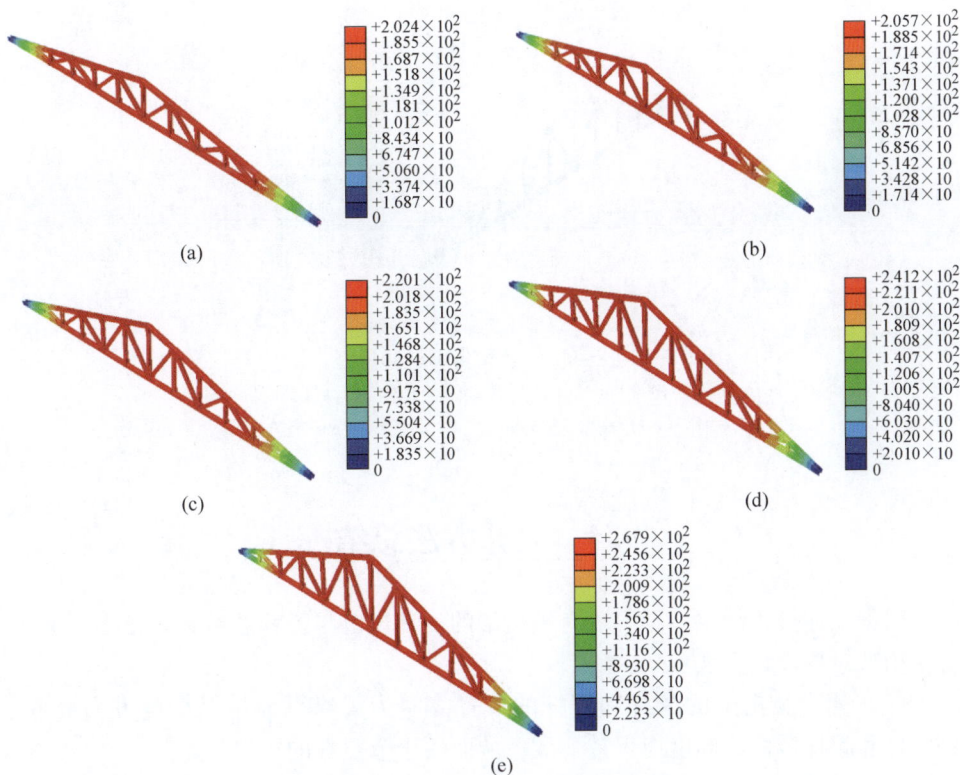

(a)

(b)

(c)

(d)

(e)

图 9-25 三角桁架的屈服变形

（a）高度 2000 mm；（b）高度 2500 mm；（c）高度 3000 mm；

（d）高度 3500 mm；（e）高度 4000 mm

不同高度时三角桁架的屈服应力分布如图 9-26 所示。由图 9-26 可知，不同高度时三角桁架的应力分布规律基本一致，上下弦杆件由支座处向跨中逐渐减少，腹杆则无明显变化规律。

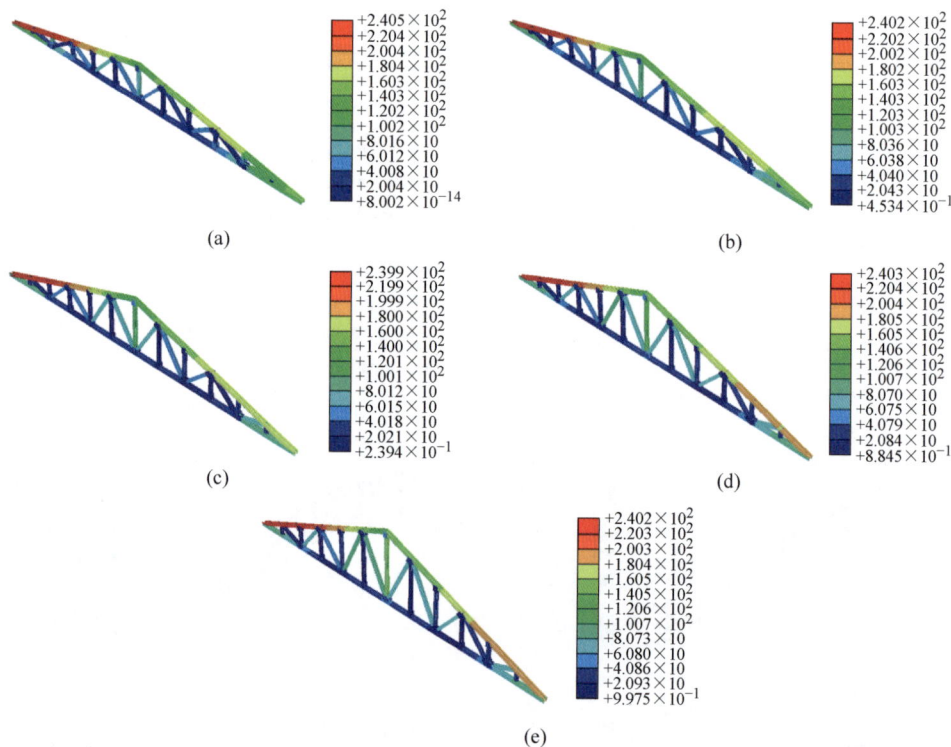

图 9-26　三角桁架的屈服应力
（a）高度 2000 mm；（b）高度 2500 mm；（c）高度 3000 mm；
（d）高度 3500 mm；（e）高度 4000 mm

9.4　设计方法总结

根据上述分析结果，结合现有钢桁架的设计规范与工程总结，总结出以下铝合金桁架结构设计方法：

（1）铝合金桁架的弦杆和腹杆的放置方向为翼缘平面桁架高度方向放置，且弦杆和腹杆截面的高度应保持一致，从而便于节点板的放置与连接。

（2）铝合金桁架的竖向变形应小于跨度的 1/250，悬挑时应小于悬挑长度的 1/125。为控制铝合金桁架的变形，可预先起拱，起拱值可取不大于跨度的 1/300。

（3）由于节点的变形特征对整体结构承载性能的影响较小，进行整体结构分析时可不考虑节点的影响。在考虑温度荷载作用时，可考虑节点螺栓间隙对温度应力释放的有利作用。

（4）根据建筑外观和结构布置特征，合理选择铝合金桁架的几何构造，并应对关键几何尺寸进行优化分析，从而实现最优设计。

10　铝合金桁架结构设计实例

10.1　工程概况

本项目为某维修库，其建筑外形呈柱面形状，柱面长度为 78 m，跨度为 40 m，矢高为 38 m，如图 10-1 所示。维修库仅在长度方向的两端开设进出口，便于维修设备的进出交通，侧面均采用围护膜进行密封包裹。本项目的主体结构为柱面骨架结构，两端进出口与主体结构不进行连接，因此在进行结构设计时只需将等效荷载施加至两端主结构杆件上即可，不需要考虑两端的进出口结构。

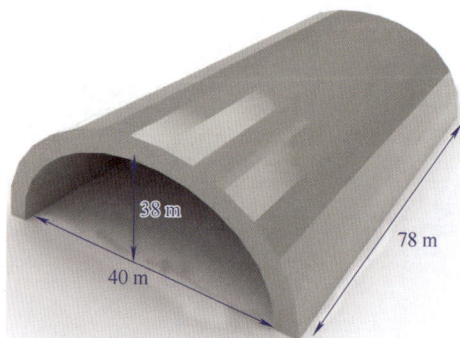

图 10-1　工程概况

根据维修库的建筑尺寸要求进行结构布置，由于本结构跨度较大，因此采用桁架的结构体系。同时为了保证结构的自重轻便于安装及优良的耐久性能，采用 6061-T6 型号铝合金作为结构的主型材。主桁架的间距为 6 m，住桁架高度为 3 m，主桁架的弦杆和腹杆分别为 H260 mm×260 mm×12 mm×12 mm 和 H260 mm×220 mm×10 mm×10 mm。次桁架的高度为 3 m，次桁架的弦杆和腹杆分别为 H180 mm×180 mm×8 mm×8 mm 和 H180 mm×140 mm×6 mm×6 mm。其中弦杆和腹杆的截面高度要保持一致，从而便于节点板的放置与连接。

10.2 静力稳定分析

10.2.1 分析模型

在 RFEM 中建立本结构的稳定分析模型，如图 10-2（a）所示。各构件均采用梁单元进行模拟，铝合金桁架的上下弦杆均与地面支座进行铰接连接。对于铝合金桁架而言，根据其结构布置特征，其主要用来承受平面内荷载，因此在进行铝合金桁架结构稳定分析时主要考虑来自围护结构的自重作用，线荷载取值为 1 kN/m，如图 10-2（b）所示。

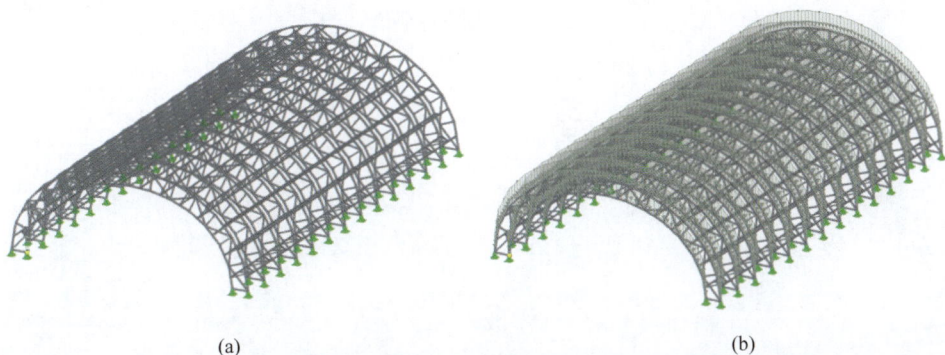

(a)   (b)

图 10-2　铝合金桁架稳定分析模型
（a）整体模型；（b）荷载工况

10.2.2 初始缺陷

对于大跨空间结构而言，在加工制作和安装的过程中难免会产生不可预估的结构初始缺陷。通常情况下可根据结构的特征值屈曲模态进行结构初始缺陷的分布，为此先对本结构开展特征值屈曲分析，屈曲特征值如图 10-3 所示，屈曲模态如图 10-4 所示。

本结构的前 4 阶屈曲特征值分贝为 13、23、33 及 42，后续 5~10 阶屈曲特征值均保持在 42~45 的范围内。因此需要特别关注前 4 阶屈曲模态。

本结构的前 4 阶屈曲模态如图 10-4 所示。第 1 阶屈曲模态为柱面桁架由上向下发散失稳，第 2 阶屈曲模态为柱面桁架沿短跨方向左右两侧屈曲，第 3 阶屈曲模态为柱面桁架由下向上集中式屈曲，第 4 阶为局部主桁架发生屈曲。

根据特征值屈曲分析的结果，取前 4 阶屈曲模态作为初始缺陷的分布形态，初始缺陷幅值取跨度的 1/300，将初始缺陷施加至整体桁架结构进行静力分析，

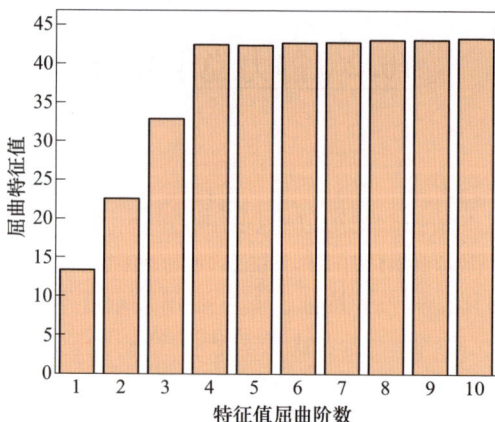

图 10-3　屈曲特征值

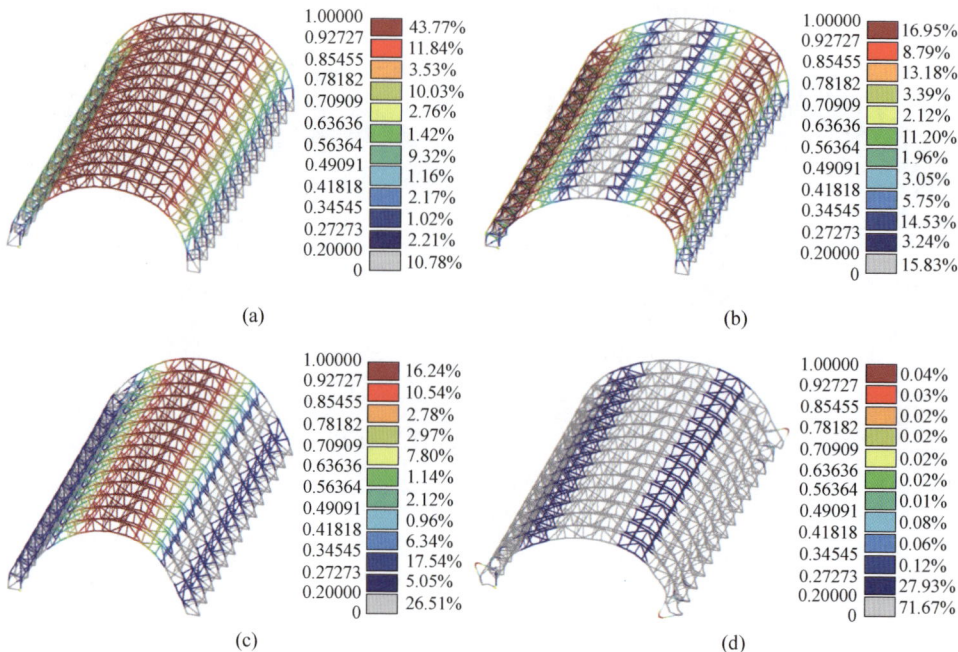

(a)

(b)

(c)

(d)

图 10-4　铝合金桁架屈曲模态
（a）1 阶；（b）2 阶；（c）3 阶；（d）4 阶

得到了结构的响应，如图 10-5 所示。由图 10-5 可知，当采用第 1 阶屈曲模态作为结构的初始缺陷分布时，结构的变形和应力响应最大，随着阶数的增加结构响应迅速减小。因此，在选取结构初始缺陷分布时，应采用最低阶屈曲模态。

根据现行规范，大跨空间钢结构的初始缺陷幅值一般取跨度的 1/300。为分析初始缺陷幅值对结构性能的影响，建立了不同幅值的分析模型，计算结果如

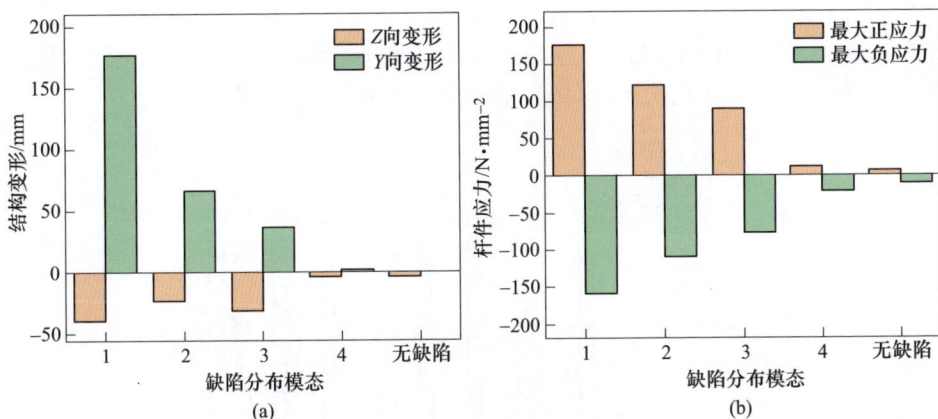

图 10-5　缺陷分布对结构响应的影响

（a）结构变形；（b）杆件应力

图 10-6 所示。随着初始缺陷幅值由 0 增加至跨度的 1/200，结构的变形和应力响应基本呈线性增大。当有可靠依据时，可根据加工和安装质量控制精度选取合理的初始缺陷幅值，当无依据时可参考大跨钢结构取跨度的 1/300 作为结构的初始缺陷幅值。

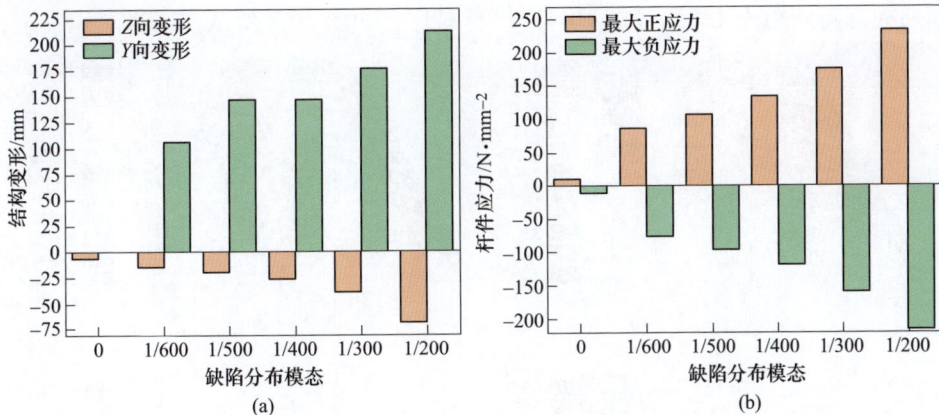

图 10-6　缺陷幅值对结构响应的影响

（a）结构变形；（b）杆件应力

10.2.3　次向桁架

本结构的主要传力构件为沿短跨方向的主铝合金桁架，次桁架作为侧向稳定支撑构件对主桁架的稳定性能进行加强。为了实现次桁架的经济性和合理性，对不同次桁架间距的桁架结构进行稳定分析，分析结果如图 10-7 所示。随着次桁架间距由 4.5 m 逐渐增加至 9.0 m 和 18.0 m，结构的失稳特征值显著降低，降低幅度高达

70%。这就说明次向桁架对结构的整体稳定至关重要，在结构方案布置时应合理布置次桁架的间距。当次桁架间距为 18.0 m 时，最小屈曲特征值为 3.8，接近规范限值 4.2，因此可考虑适当增大次向桁架的间距，从而实现结构的经济性。

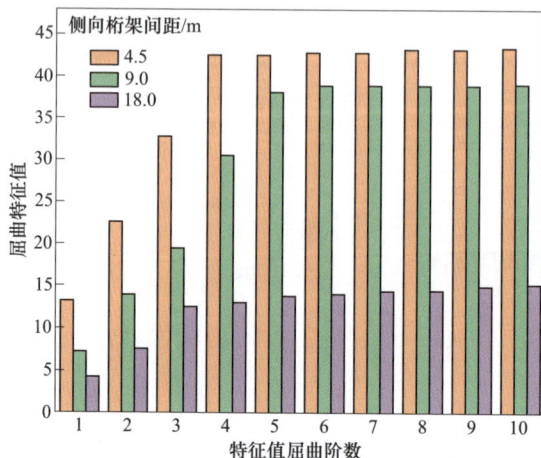

图 10-7　次向桁架间距对结构稳定性的影响

为进步探究不同次向桁架间距时结构的失稳特征，提取了间距为 18 m 时的屈曲模态与间距为 4.5 m（图 10-4）进行对比，如图 10-8 所示。通过对比发现，

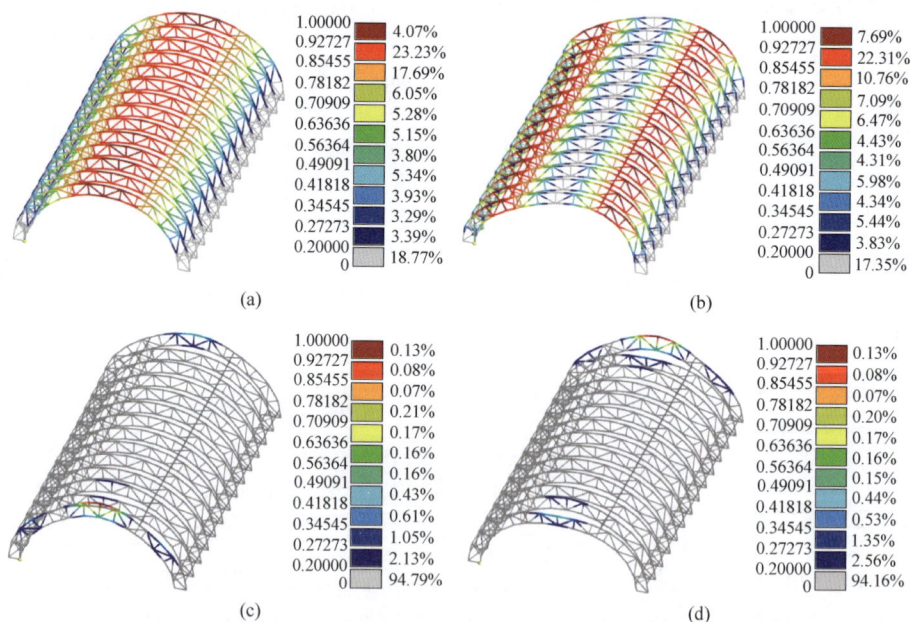

图 10-8　次向桁架间距 18.0 m 时的屈曲模态

（a）1 阶；（b）2 阶；（c）3 阶；（d）4 阶

两种间距的次向桁架结构前 2 阶屈曲模态较为相似，第 3 阶和第 4 阶屈曲模态极为不同，具体表现为当次向桁架间距较大时结构的第 3 阶屈曲即为局部失稳，结构整体的稳定性能显著降低。

10.3 抗震性能分析

10.3.1 分析模型

铝合金桁架结构抗震分析模型如图 10-9 所示，其结构尺寸和构件截面与稳定分析模型一致。结构的自重荷载代表值为恒荷载+0.5 活荷载，恒荷载为结构自重和维护膜结构的自重，活荷载取 0.05 kN/m²。

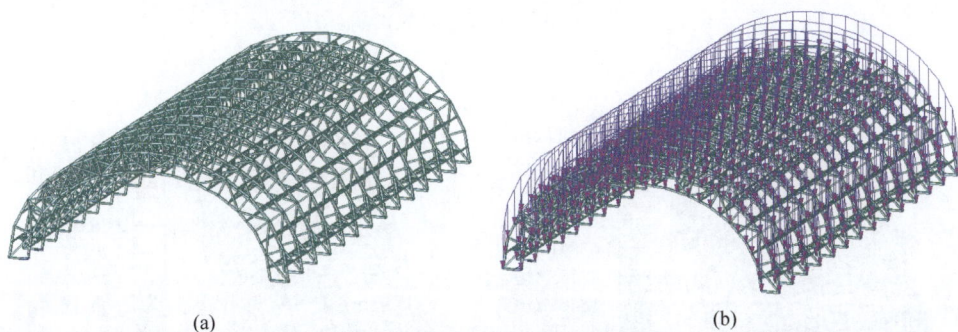

(a)　　　　　　　　　　　　　　　　(b)

图 10-9　铝合金桁架抗震分析模型

(a) 整体模型；(b) 荷载工况

10.3.2 地震维度

为确定不同方向角地震作用时，结构发生的地震响应，对结构施加了不同方位角的地震作用，分析结果如图 10-10 所示。由图可知，X 向和竖向地震作用产生的杆件应力和结构变形最小，Y 向产生的最大，杆件应力达到 26 N/mm²，结构最大变形为 68 mm。对本结构而言，X 向的地震基本可以忽略不计，需重点考虑 Y 向地震的作用。

10.3.3 次向桁架

通过前面的分析可知，次向桁架的分布间距对整体结构的稳定性影响较为明显。为了进步探究其对结构抗震性能的影响规律，建立了不同次向桁架间距的结构分析模型，并向各个模型施加 Y 向地震作用，提取结构的应力和变形响应。

不同次向桁架间距时，Y 向地震作用下的应力分布如图 10-11 所示。当次桁架间距为 4.5 m 时构件的最大应力为 26 N/mm²，当次桁架间距为 9.0 m 时构件的最

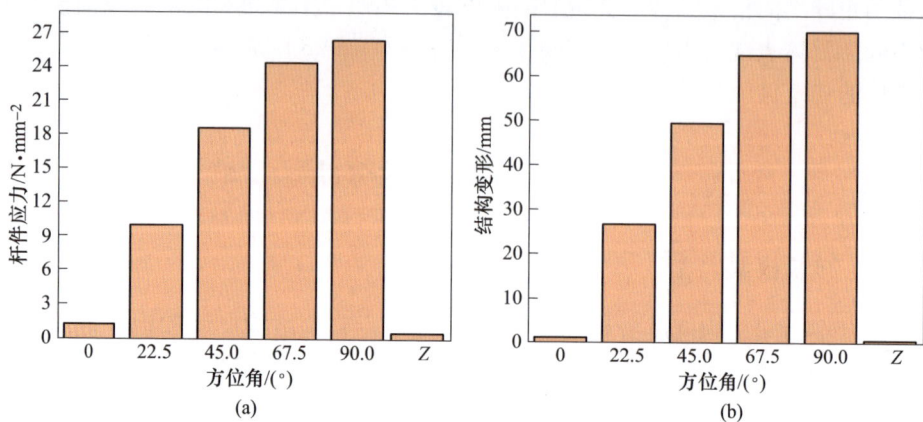

图 10-10　地震方向的影响

（a）杆件应力；（b）结构变形

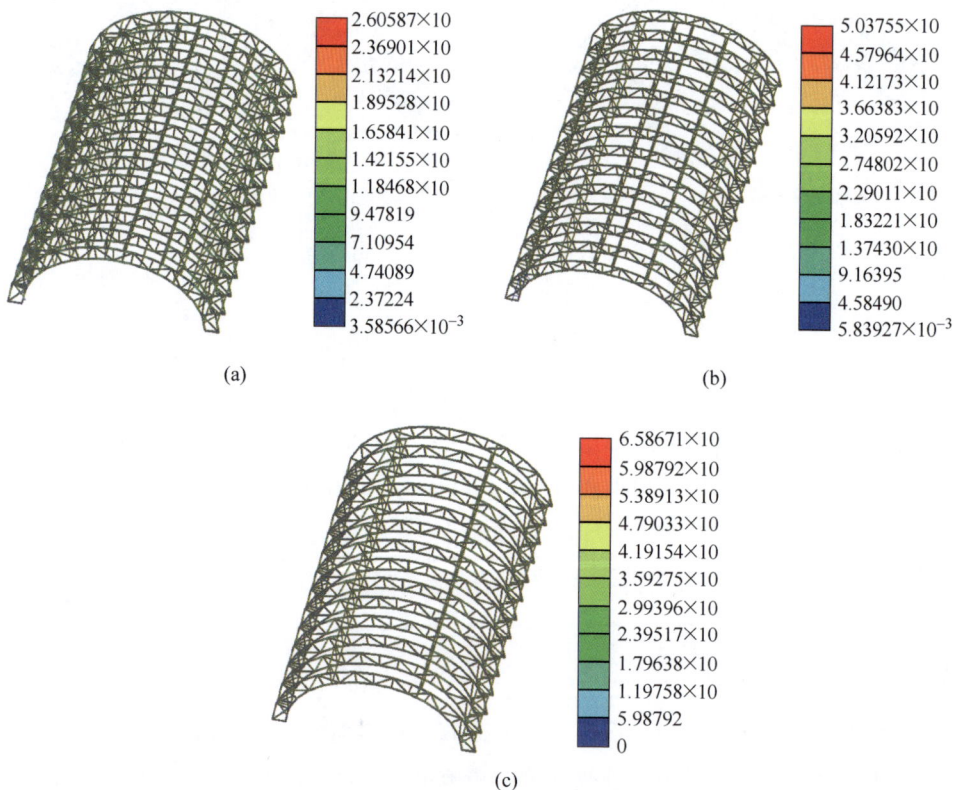

图 10-11　不同次桁架间距时地震应力

（a）间距 4.5 m；（b）间距 9.0 m；（c）间距 18.0 m

大应力为 50 N/mm², 当次桁架间距为 18.0 m 时构件的最大应力为 66 N/mm²。随着次桁架间距的增大, 结构在 Y 向地震作用下的应力翻倍增大, 即次向桁架对本结构 Y 向的抗震性能影响非常显著。

　　不同次向桁架间距时, Y 向地震作用下的变形分布如图 10-12 所示。当次桁架间距为 4.5 m 时构件的最大应力为 66 mm, 当次桁架间距为 9.0 m 时构件的最大应力为 102 mm, 当次桁架间距为 18.0 m 时构件的最大应力为 159 mm。次桁架的分布间距对本结构在 Y 向地震作用下的强度和刚度均有显著影响, 在确定最终结构设计方案时应合理选择次桁架的间距。

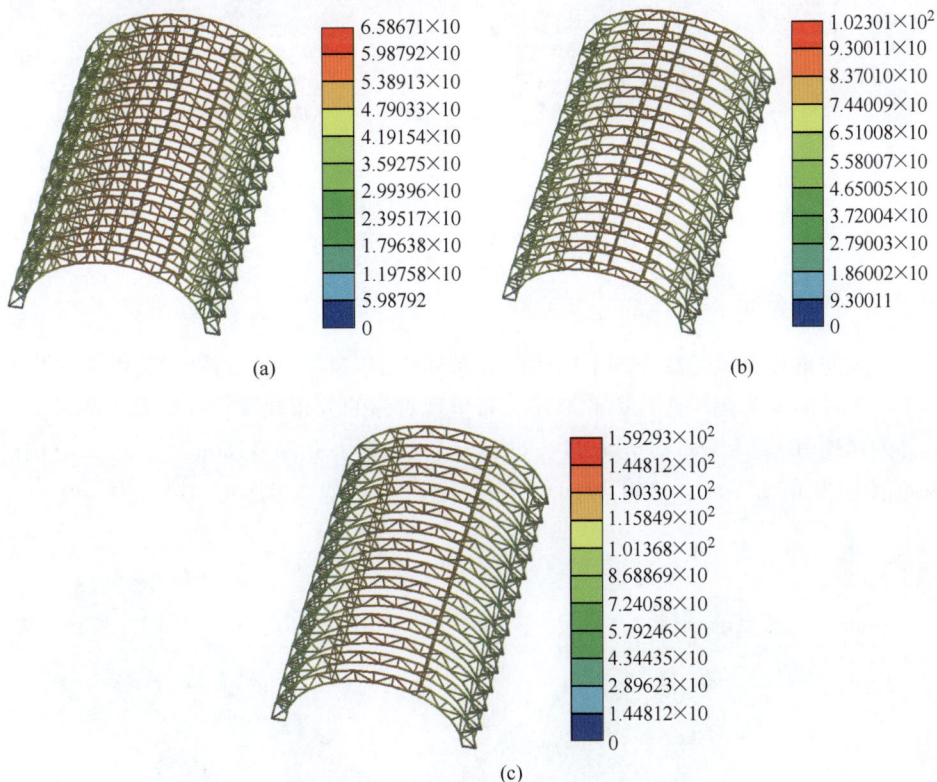

(a)

(b)

(c)

图 10-12   不同次桁架间距时地震变形
(a) 间距 4.5 m；(b) 间距 9.0 m；(c) 间距 18.0 m

10.4   抗风性能分析

10.4.1   风洞模型

　　为了获取本结构在时程风荷载作用下的风压分布规律, 在 ANSYS FLUENT

中建立了数值风洞模型，如图 10-13 所示。基本风压 $0.49\ kN/m^2$，根据相关规范设置风剖面的参数，风洞尺寸 390 m×500 m×260 m，网格数量为 641 万。

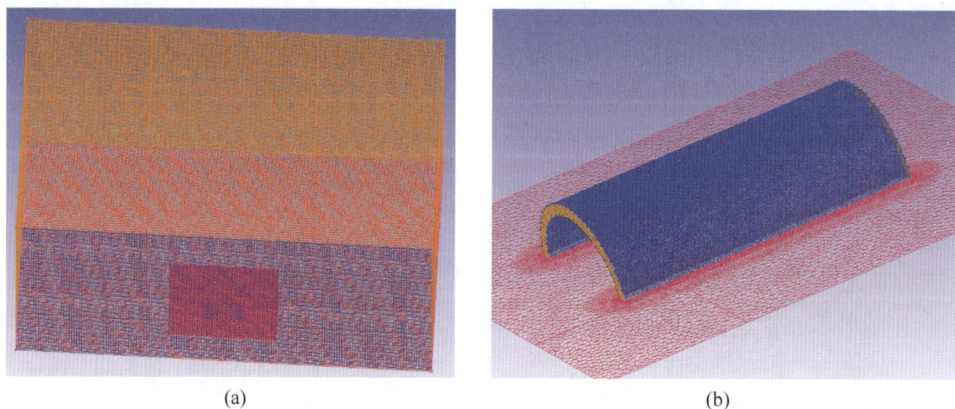

(a)　　　　　　　　　　　　　　(b)

图 10-13　数值风洞模型

（a）整体模型；（b）局部模型

10.4.2　风压分布

0°风向角时程风荷载作用下的风压分布如图 10-14 所示。当风荷载由 0°风向角吹来时，柱面均为侧风面，因此风压分布呈现对称的分布规律。柱面靠近来源方向端部的风压$-0.87\ kN/m^2$，沿长度方向紧接着衰减为$-0.48\ kN/m^2$，后续大范围的风压值为$-0.09\ kN/m^2$。在 0°风向角作用下，柱面的基本风压均为风吸力。

图 10-14　0°风向角风压分布

45°风向角时程风荷载作用下的风压分布如图 10-15 所示。迎风角处基本风压为$0.82\ kN/m^2$，迎风侧靠近地面处基本风压由$0.72\ kN/m^2$逐渐减少至$0.42\ kN/m^2$，顶部区域基本风压$-0.35\ kN/m^2$，背风面角部基本风压为$0.43\ kN/m^2$，背风面另一侧角部基本风压为$0.23\ kN/m^2$。在 45°风向角风荷载作用下，迎风面为风压力，顶面为风吸力，背风面为不均匀分布的风压力。

图 10-15 45°风向角风压分布

90°风向角时程风荷载作用下的风压分布如图 10-16 所示。风荷载沿垂直柱面长度的方向吹来，迎风面的风压为 0.59 kN/m²，迎风面与顶部过渡区域的基本风压为 0.24 kN/m²，顶部风压为 0.46～0.64 kN/m²，背风面的大范围基本风压为 0.32 kN/m²，背部局部风压为 -0.20 kN/m²。在 90°风向角风荷载作用下，迎风面承受梯度变化的风压力，顶部承受风拉力，背风面大氛围承受风压力而局部承受风拉力。

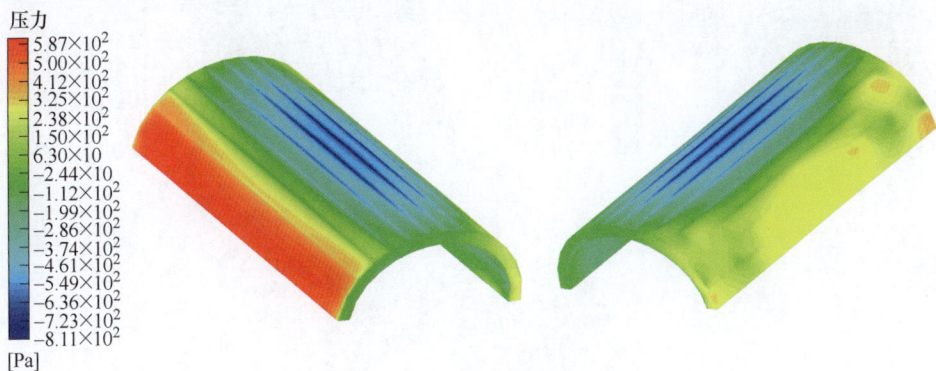

图 10-16 90°风向角风压分布

10.4.3 风压响应

根据风压分布的结果可知，本结构的风压分布与规范给出的风压分布存在不同之处。根据数值风洞获得的风压分布，向结构分析模型施加不同风向角的基本风压进行结构响应分析，基本风压换算成线荷载施加至主桁架的弦杆上，抗风分析模型如图 10-17 所示。

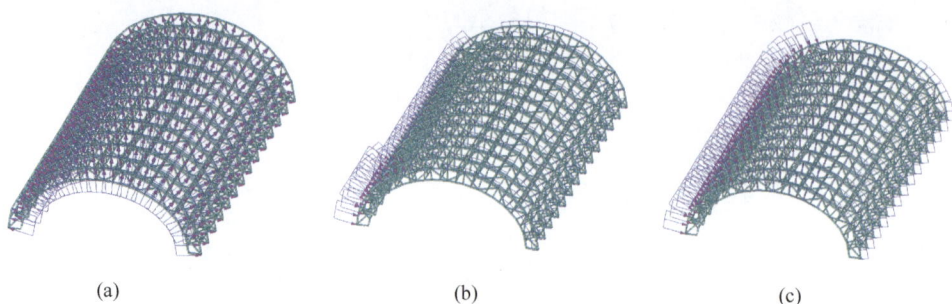

图 10-17　抗风分析模型

（a）0°风向角；（b）45°风向角；（c）90°风向角

　　本结构在不同风向角基本风压作用下的应力分布如图 10-18 所示。0°风向角时最大应力出现在顶部，45°和 90°风向角时结构构件的最大应力均出现在迎风处。0°风向角时结构构件的最大应力为 5.7 N/mm^2，45°风向角时结构构件的最大应力为 38 N/mm^2，90°风向角时结构构件的最大应力为 29 N/mm^2。

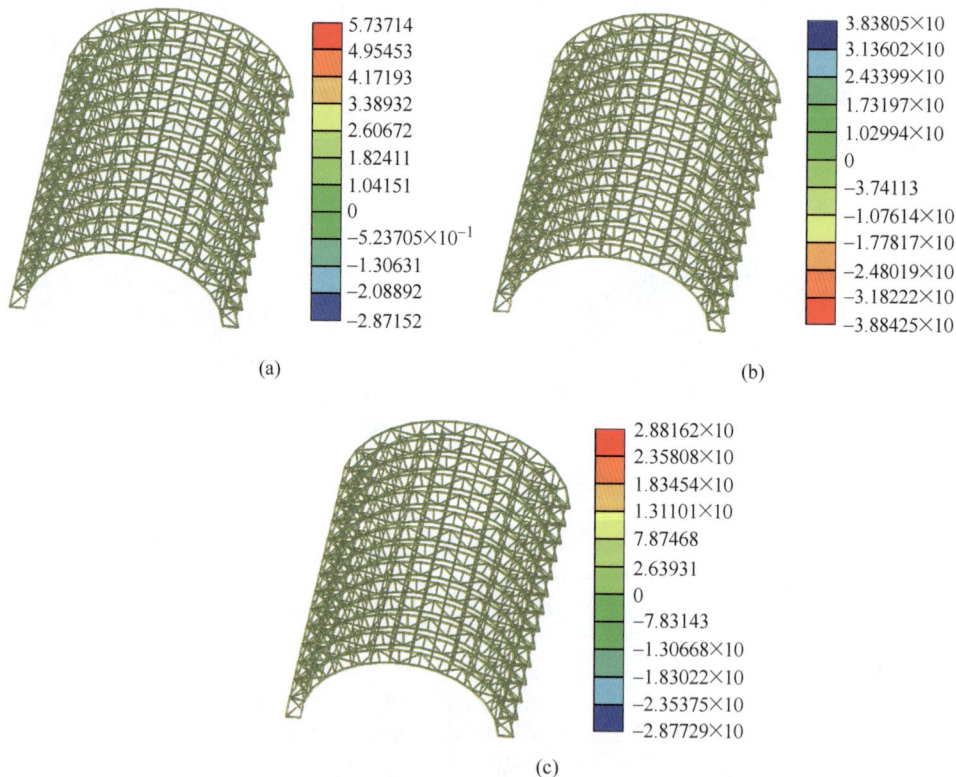

图 10-18　风压应力响应

（a）0°风向角；（b）45°风向角；（c）90°风向角

本结构在不同风向角基本风压作用下的变形分布如图 10-19 所示。0°风向角时最大位移发生在结构的顶部，45°和 90°风向角时最大变形出现在迎风面。0°风向角时结构构件的最大变形为 0.97 m，45°风向角时结构构件的最大变形为 9.8 mm，90°风向角时结构构件的最大变形为 7.1 mm。通过上述分析可知，最不利风向角为 45°，同时应考虑 90°风向角。

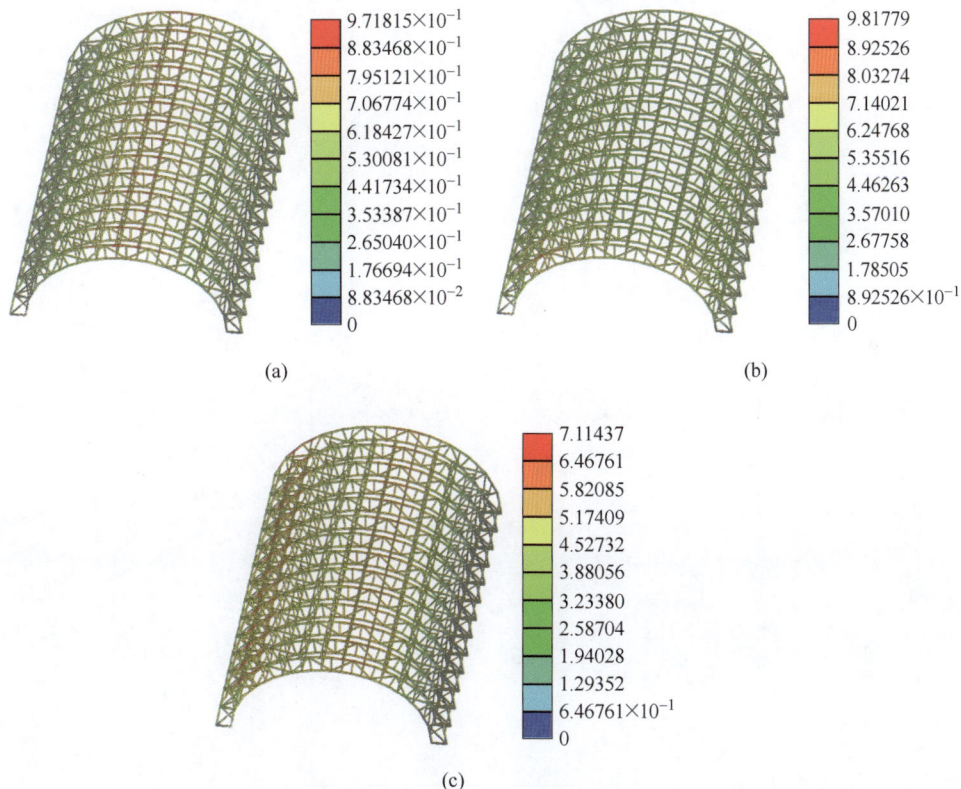

图 10-19　风压变形响应
（a）0°风向角；（b）45°风向角；（c）90°风向角

10.5　工程设计总结

某维修库建筑外形呈柱面形状，采用铝合金桁架为结构体系，对其开展了详细的静力稳定、抗震性能和抗风性能分析，主要结论如下：

（1）应取结构的最低阶屈曲模态作为初始缺陷的分布形式，可根据加工和安装质量控制精度选取合理的初始缺陷幅值，当无依据时可参考大跨钢结构取跨度的 1/300 作为结构的初始缺陷幅值。

（2）对本结构而言，X 向的地震基本可以忽略不计，需重点考虑 Y 向地震的作用，次向桁架分布间距对本结构 Y 向的抗震性能影响非常显著。

（3）通过数值风洞或者不同风向角的基本风压分布，将风压分布施加至结构分析模型，结构抗风响应表明最不利风向角为 45°，同时应考虑 90° 风向角。

第 4 篇

铝合金网架结构

Aluminum
Alloy Grid
Structure

11 铝合金网架节点力学性能

11.1 节点抗拉分析

11.1.1 节点构造

网架结构通常可分为螺栓球节点网架和焊接球节点网架，其中焊接球节点网架主要通过杆件与连接球焊接来形成整体网架结构，螺栓球节点网架则是通过预设螺栓孔的球体和杆件特殊构造端头通过螺栓进行装配式连接。由于铝合金结构在进行焊接时容易造成质量不可控的缺陷，且铝合金焊接成本较高，因此铝合金结构往往采用螺栓连接的形式。鉴于上述情况，参考已有钢网架结构的构造形式，铝合金网架也采用螺栓球节点，如图 11-1 所示。铝合金网架螺栓球节点主要由铝制封板、套筒球体及不锈钢螺栓组成，铝合金螺栓球节点主要通过不锈钢螺栓与螺栓球体和杆件端头之间的螺纹咬合力进行传递，压力则是由铝合金套筒与螺栓球和杆件端头之间挤压进行传递。

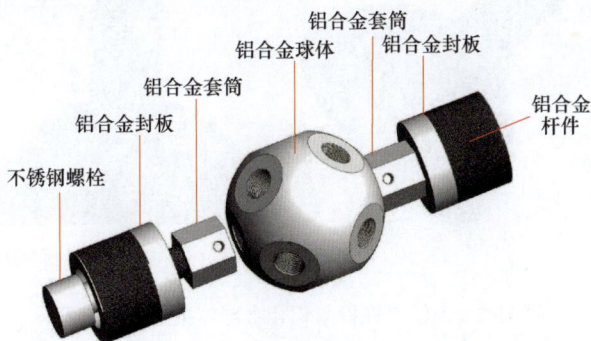

图 11-1 铝合金螺栓球节点构造示意图

为了分析铝合金网架螺栓球节点的抗拉性能，后续将对螺栓与螺栓球、螺栓与封板的抗拉数值分析。

11.1.2 螺栓与球体

在 ABAQUS 中建立螺栓与球体抗拉连接 1/2 分析模型，如图 11-2 所示。该分析模型主要包含 2 个部件，分别为不锈钢螺栓（图 11-2（a））和铝合金球体（图 11-2（b））。各部件均采用六面体网格进行划分，如图 11-2（c）所示。螺栓与螺栓球抗拉分析模型的荷载与边界条件如图 11-2（d）所示，在铝合金球体对称面设置固结约束，螺栓帽中心处施加轴向拉力。在螺栓与球体抗拉分析模型中，仅有螺栓与球体咬合螺纹处的接触关系设置，其法向采用硬接触，切向采用罚接触，如图 11-2（e）所示。铝合金球体和不锈钢螺栓的材性如表 11-1 所示。

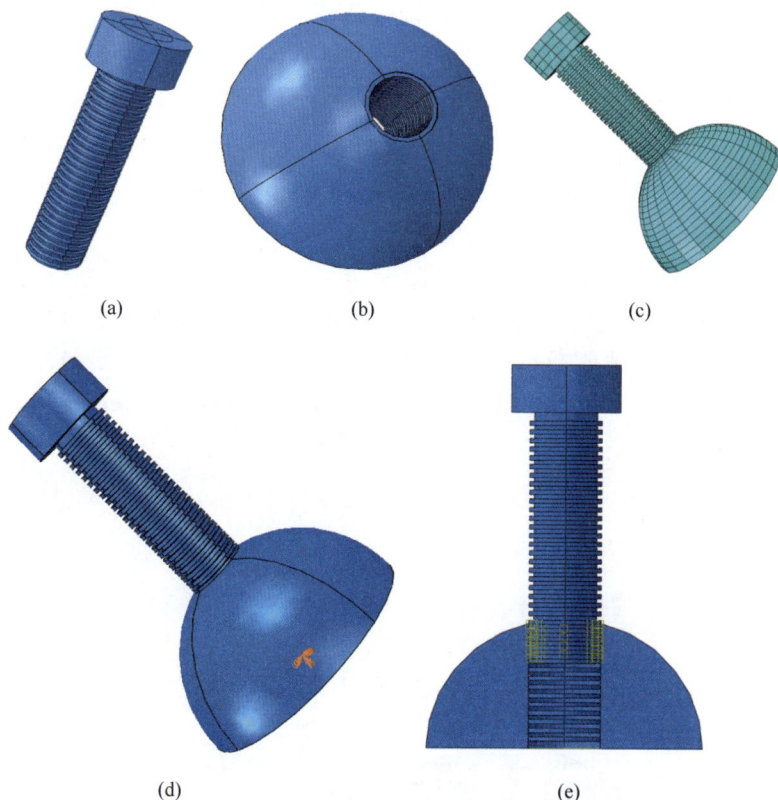

图 11-2　不锈钢螺栓与铝合金球体抗拉数值模型
（a）不锈钢螺栓；（b）铝合金球体；（c）网格划分；（d）边界荷载；（e）接触设置

表 11-1　材性试验结果

材料类别	屈服强度/MPa	抗拉强度/MPa	弹性模量/GPa
铝合金	255	390	70
不锈钢螺栓	450	900	200

对铝合金网架螺栓球节点而言，其不锈钢螺栓和铝合金球体的抗拉连接主要

与螺栓拧入球体深度有关。为了探究不同拧入深度对螺栓与球体抗拉性能的影响，建立了拧入深度 0.6d~1.8d 的数值分析模型，所得轴力-轴向变形的曲线如图 11-3 所示。轴力-轴向变形曲线主要分为 3 个阶段，分别为弹性阶段、屈服阶段和塑性阶段。随着拧入深度由 0.6d 增加至 1.2d，曲线在弹性阶段基本重合，屈服阶段的刚度逐渐增大，极限轴力和位移也逐渐增大。这是因为随着拧入深度的增大，螺栓与球体的咬合面积增大，从而引起抗拉性能的逐渐增大。当拧入深度由 1.2d 增加至 1.8d 时，曲线在 3 个阶段的刚度基本一致，仅极限位移逐渐增大。这是因为当拧入一定深度后，螺栓与球体的咬合力大于螺栓的抗拉承载力，此时主要由螺栓的强度控制极限轴力。

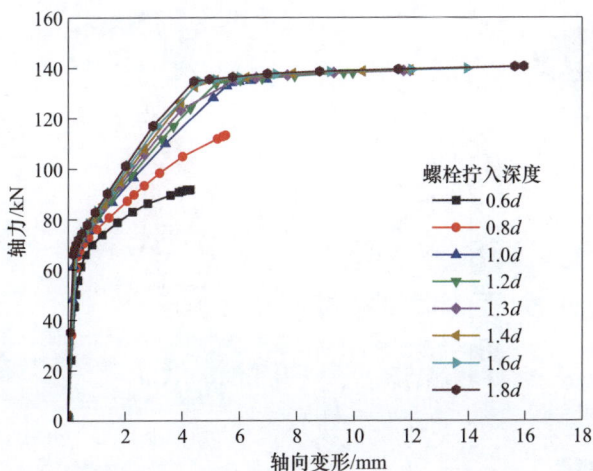

图 11-3　螺栓与球体抗拉荷载位移曲线

为进一步分析螺栓拧入深度对螺栓与球体抗拉性能的影响机理，提取不同拧入深度时数值分析模型的应力分布，如图 11-4 所示。由该图可知，随着螺栓拧入深度的增大，螺栓与球体咬合区域增大，从而使得螺栓传递的轴拉力越来越大，引起螺栓达到极限应力的面积增大，球体的最大应力减小但分布区域逐渐扩散。因此，铝合金网架的螺栓球节点应保证螺栓与球体之间有足够的拧入深度，从而保证轴向拉力的合理传递。

11.1.3　螺栓与封板

在 ABAQUS 中建立螺栓与封板抗拉连接数值模型，如图 11-5（a）所示。该分析模型主要包含 3 个部件，分别为不锈钢螺栓、封板及主杆件。各部件均采用六面体网格进行划分，如图 11-5（b）所示。螺栓与螺栓球抗拉分析模型的荷载与边界条件如图 11-5（c）所示，在铝合金主杆件断面设置固结约束，螺栓中心处施加轴向拉力。在螺栓与封板抗拉连接分析模型中，包含螺栓与封板之间接触

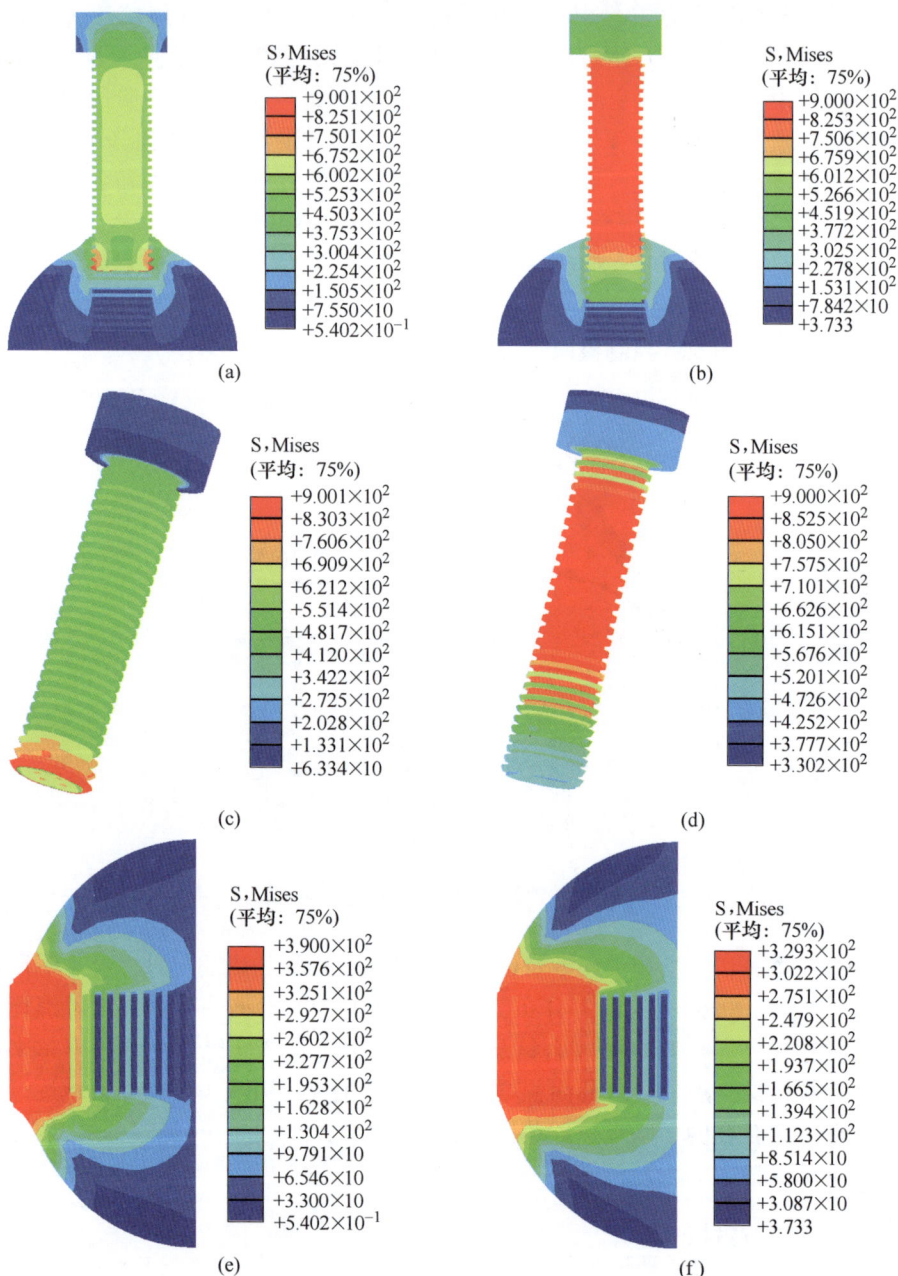

图 11-4　不同拧入长度应力分布

（a）0.6d 整体；（b）0.6d 螺栓；（c）0.6d 螺栓球；（d）1.2d 整体；（e）1.2d 螺栓；（f）1.2d 螺栓球

和封板与杆件之间接触，其法向采用硬接触，切向采用罚接触，如图 11-5（d）所示。铝合金球体和不锈钢螺栓的材性如表 11-1 所示。

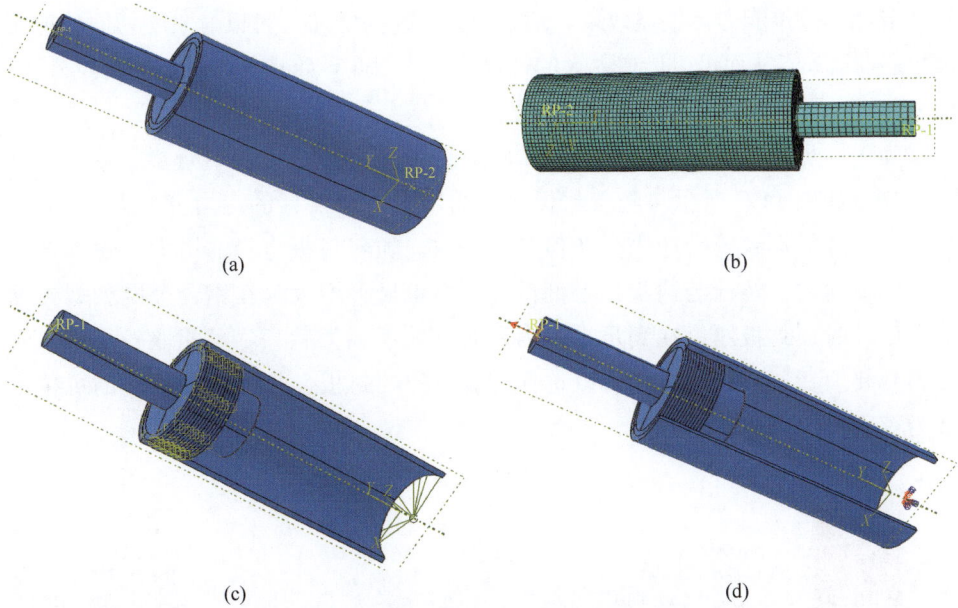

(a)

(b)

(c)

(d)

图 11-5 不锈钢螺栓与铝合金封板数值模型

（a）整体模型；（b）网格划分；（c）边界荷载；（d）接触设置

为了研究封板直径和厚度对铝合金网架螺栓球节点抗拉性能的影响规律，建立了不同封板直径和厚度的螺栓与封板抗拉模型，所得荷载-位移曲线如图 11-6 所示。随着封板厚度的增加，螺栓与封板在拉力作用下的荷载-位移曲线完全重

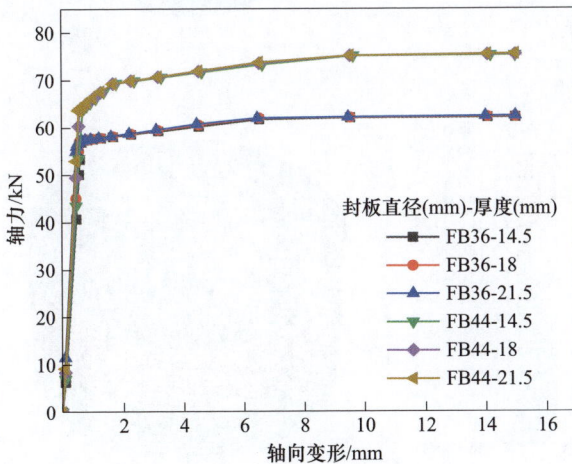

图 11-6 螺栓与封板抗拉荷载-位移曲线

合，这是因为当封板沿厚度方向提供的抗剪承载力大于拉力时，改变封板厚度对提高节点的抗拉能力无增益效果。随着封板直径的增加，封板沿厚度切面的剪切面积逐渐增大，从而可以传递更大的螺栓拉力，因此导致螺栓与封板的抗拉荷载-位移曲线在屈服和塑性阶段的明显增大。

为进一步分析螺栓与封板抗拉时的荷载传递机理，提取不同参数的应力分布结果，如图 11-7 所示。随着封板厚度的增大，螺栓杆的应力分布基本一致，封板与杆件的螺纹咬合应力分布值基本一致。随着封板直径的增大，螺栓杆的应力明显增大，螺栓与封板接触部位的应力也显著增大。在铝合金网架螺栓球节点设计时，封板厚度在满足沿轴力方向抗剪承载力后，尽可能取较小值，避免不必要浪费。不同的管径可以选择配套直径的封板，从而满足不同的抗拉承载力需求。

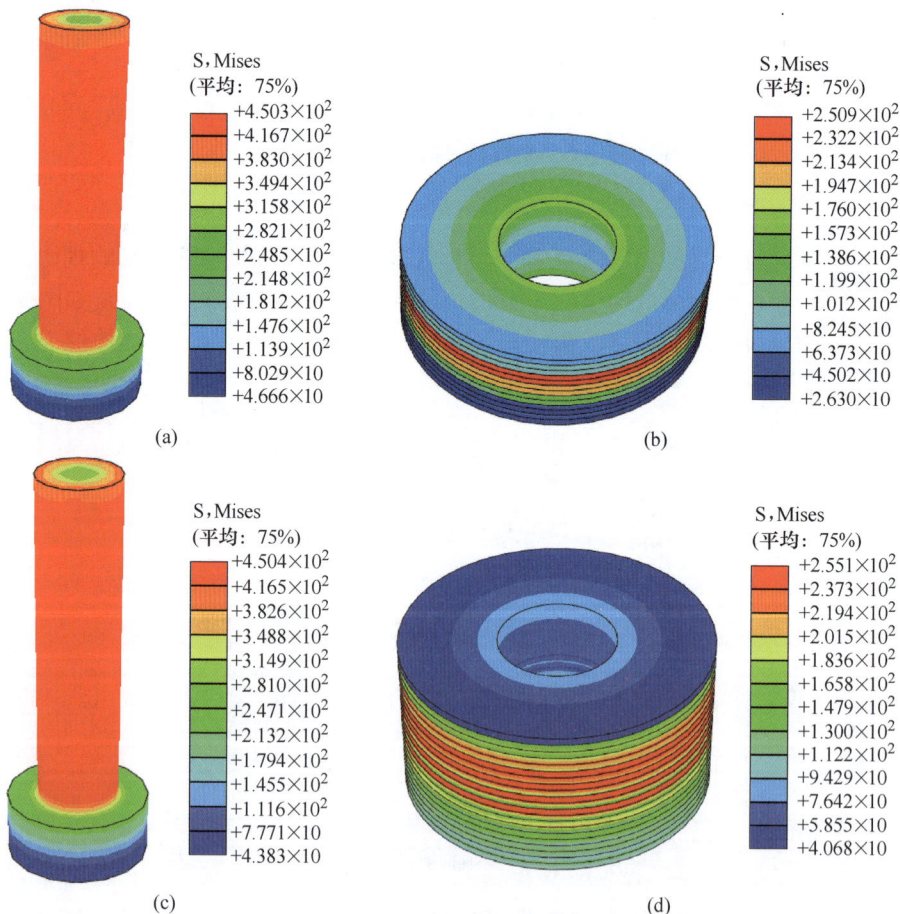

(a)

(b)

(c)

(d)

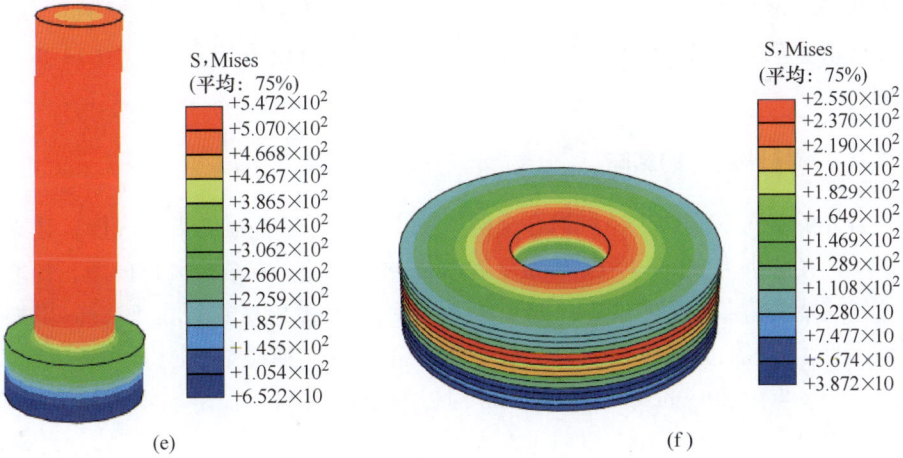

图 11-7　不同拧入长度应力分布

（a）FC36-14.5 螺栓；（b）FC36-14.5 封板；（c）FC36-21.5 螺栓；
（d）FC36-21.5 封板；（e）FB44-14.5 螺栓；（f）FB44-14.5 封板

11.2　节点刚度特征

11.2.1　数值模型

为了分析铝合金网架螺栓球节点在轴力作用下节点域的变形机理和刚度特征，建立了铝合金螺栓球节点刚度分析模型，该模型主要由 1/2 铝合金球体、不锈钢螺栓及铝合金杆件端头组成，如图 11-8（a）所示。各部件采用六面体进行

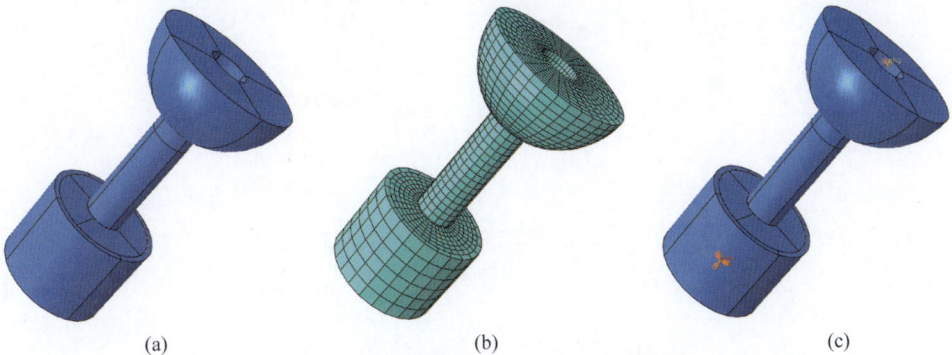

图 11-8　铝合金网架螺栓球节点数值模型

（a）整体模型；（b）网格划分；（c）边界荷载

网格划分，其中螺栓采用密度最大的网格进行划分，球体网格尺寸次之，杆件端头网格密度最大，如图 11-8（b）所示。在杆件断面处设置固结约束，球体断面处设置除轴向变形以外的平动位移并施加轴向变形荷载，如图 11-8（c）所示。

11.2.2　螺栓球直径的影响

为分析不同螺栓球直径对铝合金网架节点轴向变形特征的影响规律，建立了螺栓球直径分别为 50 mm、60 mm 及 70 mm 的螺栓球节点数值分析模型，提取不同模型的轴向荷载-位移曲线，如图 11-9 所示。当螺栓球直径由 50 mm 增加至 60 mm 时，屈服轴力和极限轴力增加了 50% 和 58%，弹性节点刚度提高了 40%。当螺栓球节点由 60 mm 增加至 70 mm 时，屈服轴力和弹性阶段刚度基本不变，极限轴力提高了 14%。

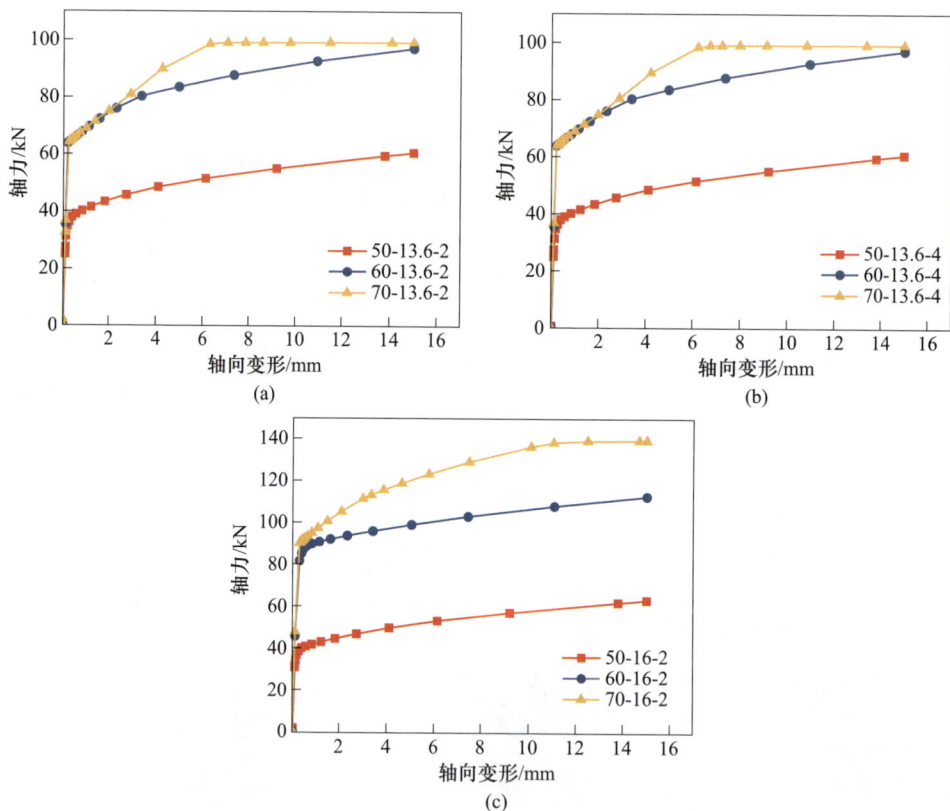

(a)

(b)

(c)

图 11-9　不同螺栓球直径荷载-位移曲线

（a）螺栓直径 13.6 mm+杆件壁厚 2 mm；（b）螺栓直径 13.6 mm+杆件壁厚 4 mm；

（c）螺栓直径 16 mm+杆件壁厚 2 mm

不同螺栓球直径的铝合金网架节点在极限状态时的应力分布如图 11-10 所示。当螺栓球直径为 50 mm 时，螺栓与螺栓球接触处最大应力达到 690 MPa，螺栓球区域大范围应力为 170~230 MPa。当螺栓球的直径为 60 mm 时，螺栓通长的应力达到 700 MPa，螺栓球大范围区域应力为 175~240 MPa。当螺栓球直径为 70 mm，螺栓通长的应力达到 700 MPa，螺栓球小范围区域应力为 175~240 MPa。通过上述分析可知，随着螺栓球直径的增大，螺栓与螺栓球咬合面积增大，从而可以改善螺栓的受力，但当螺栓球直径超过控制界限时，对节点轴向性能的改善作用不再显著。

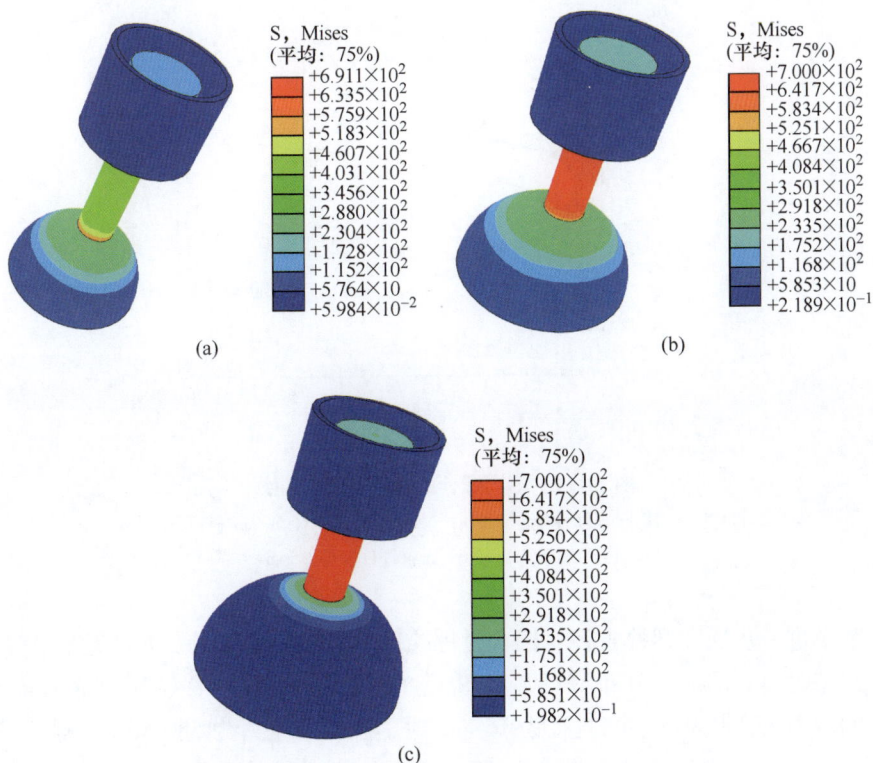

图 11-10　不同螺栓球直径的变形分布
（a）螺栓球直径 50 mm；（b）螺栓球直径 60 mm；（c）螺栓球直径 70 mm

11.2.3　螺栓直径的影响

采用不同螺栓直径时，铝合金螺栓球节点的轴向荷载-位移曲线如图 11-11 所示。随着螺栓直径的增大，铝合金螺栓球节点在轴力作用下的屈服荷载和极限荷载逐渐增大，屈服位移和极限位移基本不变。

(a)

(b)

(c)

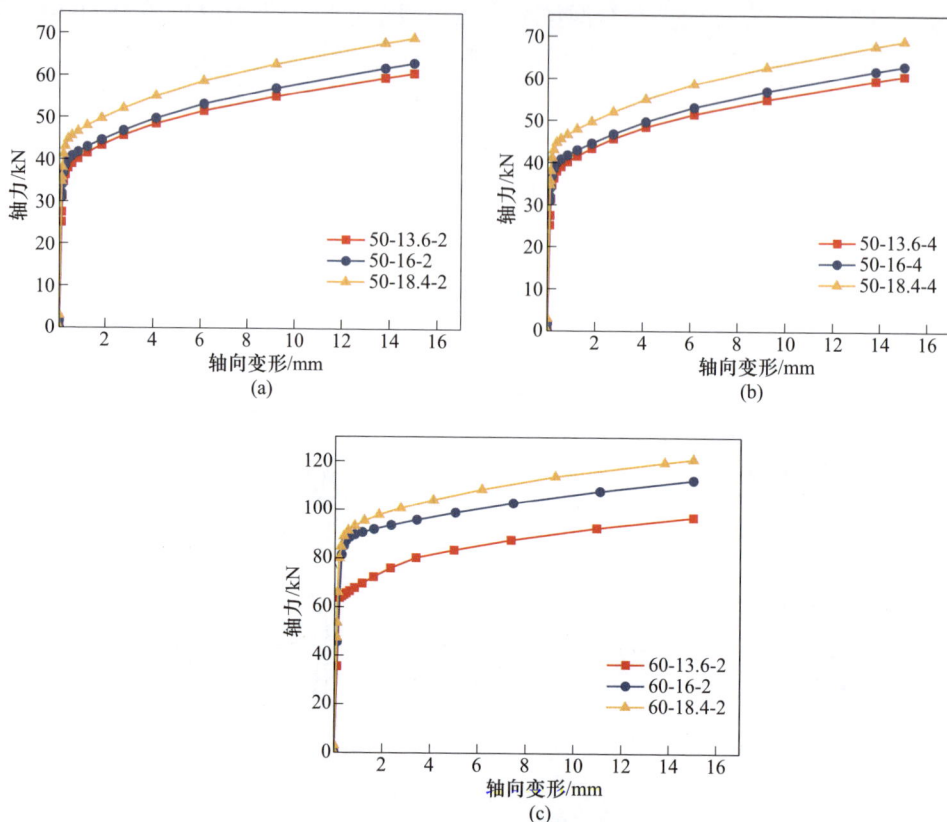

图 11-11　不同螺栓直径荷载位移曲线

（a）螺栓球直径 50 mm+杆件壁厚 2 mm；（b）螺栓球直径 50 mm+杆件壁厚 4 mm；

（c）螺栓球直径 60 mm+杆件壁厚 2 mm

　　为了进一步探究螺栓直径对铝合金螺栓球节点轴向刚度的影响机理，提取了极限状态时节点的应力分布状态，如图 11-12 所示。当螺栓直径为 13.6 mm 时，螺栓的应力为 700 MPa。当直径为 16 mm 时，螺栓的应力为 580 MPa。螺栓直径为 18.4 mm 时，螺栓的应力为 525 MPa。显然，随着螺栓直径的增大，可以有效改善螺栓的受力状态。

11.2.4　杆件壁厚的影响

　　为了分析杆件壁厚对铝合金螺栓球节点轴向刚度特征的影响规律，建立了杆件壁厚分别为 2 mm、4 mm 及 6 mm 的数值分析模型，所得不同杆件壁厚的轴向荷载-位移曲线如图 11-13 所示。当采用不同杆件壁厚时，轴向荷载-位移曲线完全重合，即该因素对节点的轴向刚度无影响。

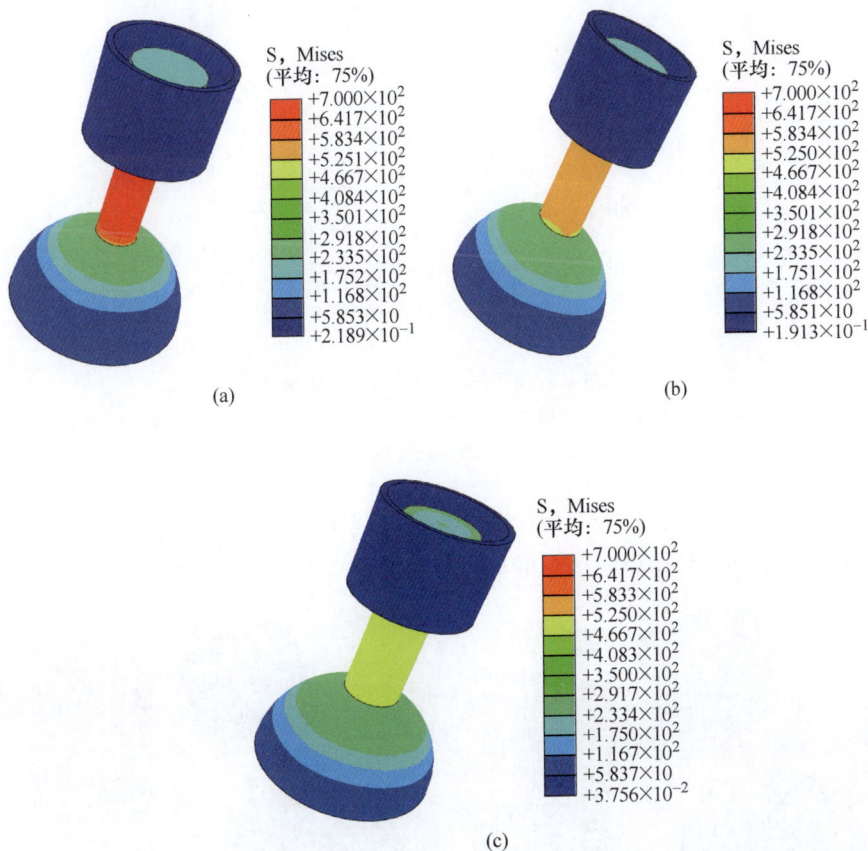

图 11-12 不同螺栓直径的变形分布

（a）螺栓直径 13.6 mm；（b）螺栓直径 16 mm；（c）螺栓直径 18.4 mm

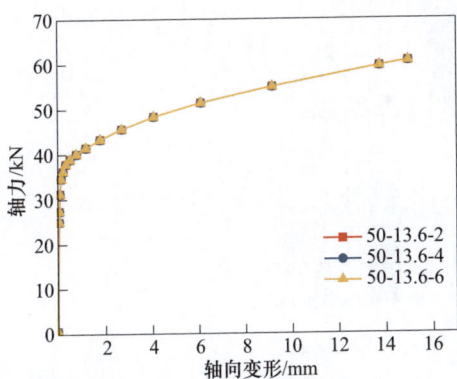

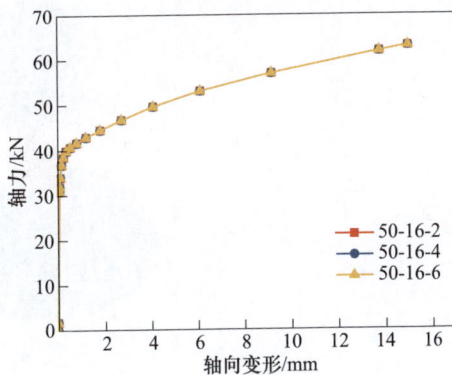

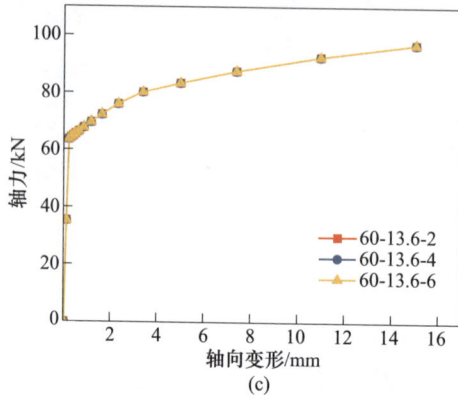

(c)

图 11-13　不同杆件壁厚荷载位移曲线

（a）螺栓球直径 50 mm+螺栓直径 13.6 mm；（b）螺栓球直径 50 mm+螺栓直径 16 mm；
（c）螺栓球直径 60 mm+螺栓直径 13.6 mm

　　不同杆件壁厚时，铝合金螺栓球节点失效时的应力分布如图 11-14 所示。由该图可知，不同杆件壁厚时节点的应力分布完全一致。

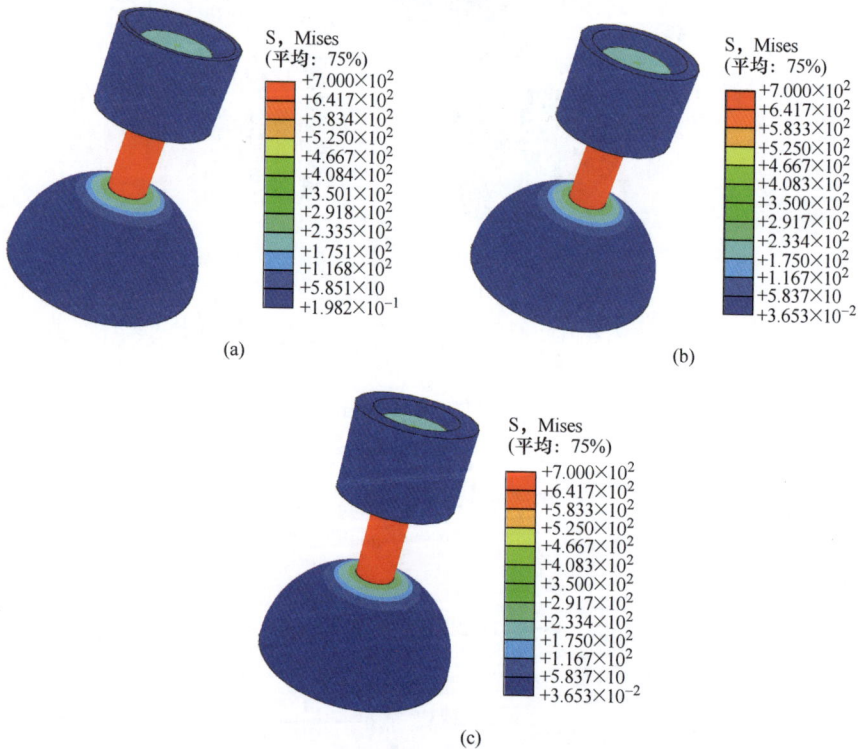

图 11-14　不同杆件壁厚的变形分布

（a）杆件壁厚 2 mm；（b）杆件壁厚 4 mm；（c）杆件壁厚 6 mm

11.3　承载力计算方法

11.3.1　螺栓抗拔承载力

根据数值分析结果可知，铝合金螺栓球不锈钢螺栓的抗拔破坏形式可能是球内螺纹抗剪破坏和不锈钢螺栓抗拉断裂两种破坏形式，如图 11-15 所示。

(a)　　　　　　　　　　　　　　　　(b)

图 11-15　螺栓抗拔的破坏形式

（a）螺纹抗剪破坏；（b）螺栓断裂破坏

两种破化形式对应的抗拉承载力即为铝合金螺栓球节点不锈钢螺栓抗拉承载力，其对应的设计计算公式为：

$$F = \alpha[\tau]\pi Db\chi \tag{11-1}$$

$$F = f_t^b A_{eff} \tag{11-2}$$

式中，α 为剪切面面积减小系数，取 0.55；D 为不锈钢螺栓公称直径；b 为螺纹根部宽度；$[\tau]$ 为铝合金螺栓球抗剪强度设计值；f_t^b 为不锈钢螺栓抗拉强度设计值；A_{eff} 为为不锈钢螺栓有效截面面积。

11.3.2　封板抗拉承载力

根据数值分析结果可知，铝合金螺栓球节点的封板抗拉破坏形式分为封板环压部位剪切破坏和封板与铝管交界处拉裂两种破坏形式，如图 11-16 所示。

两种破坏形式对应的封板抗拉承载力计算公式为：

$$F = f_t A_{Et} + f_v A_v \tag{11-3}$$

$$F = f_t A_t \tag{11-4}$$

式中，f_t 为铝合金管件的抗拉强度设计值；A_{Et} 为铝管环压截面面积；f_v 为铝合金管件的抗剪强度设计值；A_v 为受剪破坏的剪切面面积。

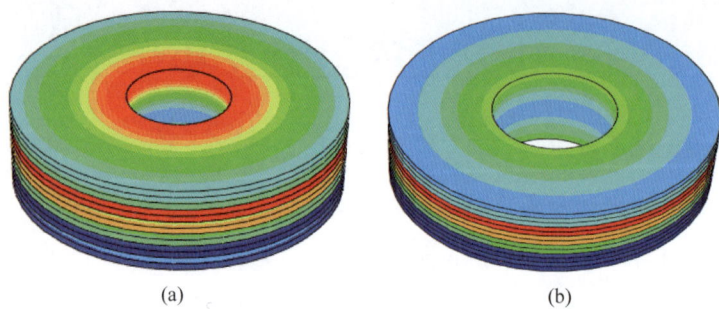

(a)　　　　　　　　　　　　　(b)

图 11-16　封板抗拉的破坏形式

（a）封板环压部位剪切破坏；（b）封板与铝管交界处拉裂

12 铝合金网架结构设计实例

12.1 设 计 方 法

铝合金网架在进行结构设计时，可参考钢网架的设计方法，主要如下：

（1）铝合金网架的厚度不宜小于 1/30，当小于 1/30 时应根据单层网壳结构的原理进行整体稳定性验算。

（2）对于体型复杂的铝合金网架结构，应通过风洞试验或数值模拟获取风压作用，宜将多个方向的风荷载与其他荷载分别进行组合，应进行抗风稳定验算，临界荷载系数可根据结构体系进行合理取值。

（3）在进行整体结构分析时，铝合金网架结构的节点可假定为铰接节点。

（4）铝合金网架在恒荷载和活荷载标准组合作用下的最大挠度不应大于短跨跨度的 1/250。

12.2 工 程 概 况

本项目为某临时运动会的场馆之一（图 12-1），按临时建筑，取设计使用年限为 25 年。由于铝合金网架具有轻质高强、装配率高、拆卸方便且美观等天然优势，因此被用作了本结构屋盖结构体系。由于后期的使用功能要求，本结构内部无法设置更多竖向支撑构件，平面尺寸为 100 m×5 m，同时由于视野要求，柱

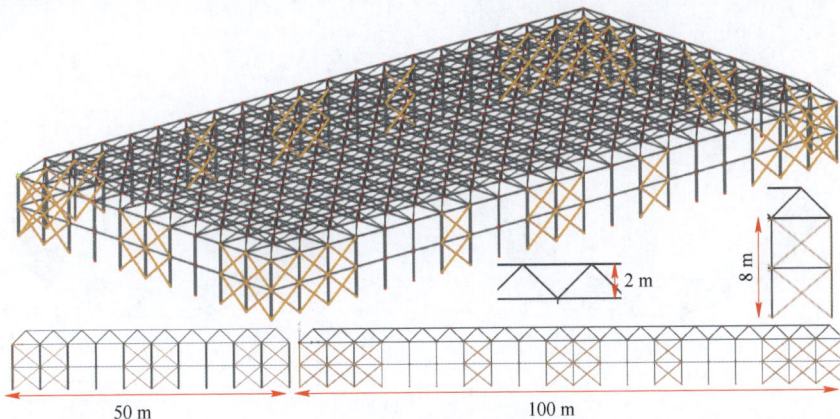

图 12-1 结构布置

高约为两层建筑物高度，柱高为 8 m。根据开门尺寸要求和结构布置经验，柱间距采用 5 m。

　　本结构所采用的构件截面尺寸如图 12-2 所示。柱子采用 B350 mm×125 mm×10 mm，环梁采用 B80 mm×60 mm×5 mm，网架弦杆采用 P200 mm×14 mm，腹杆采用 P150 mm×10 mm。柱、斜撑及环梁采用 Q355 型号的钢材，网架弦杆和腹杆均采用 6061-T6 型号的铝合金。竖向构件采用 Q355 钢材可以保证结构具有更大的强度和刚度，屋面网架采用铝合金结构具有轻质高强且美观的优势。矩形截面的柱和环梁根据其受力方向进行截面方向的合理放置，从而充分利用截面的承载

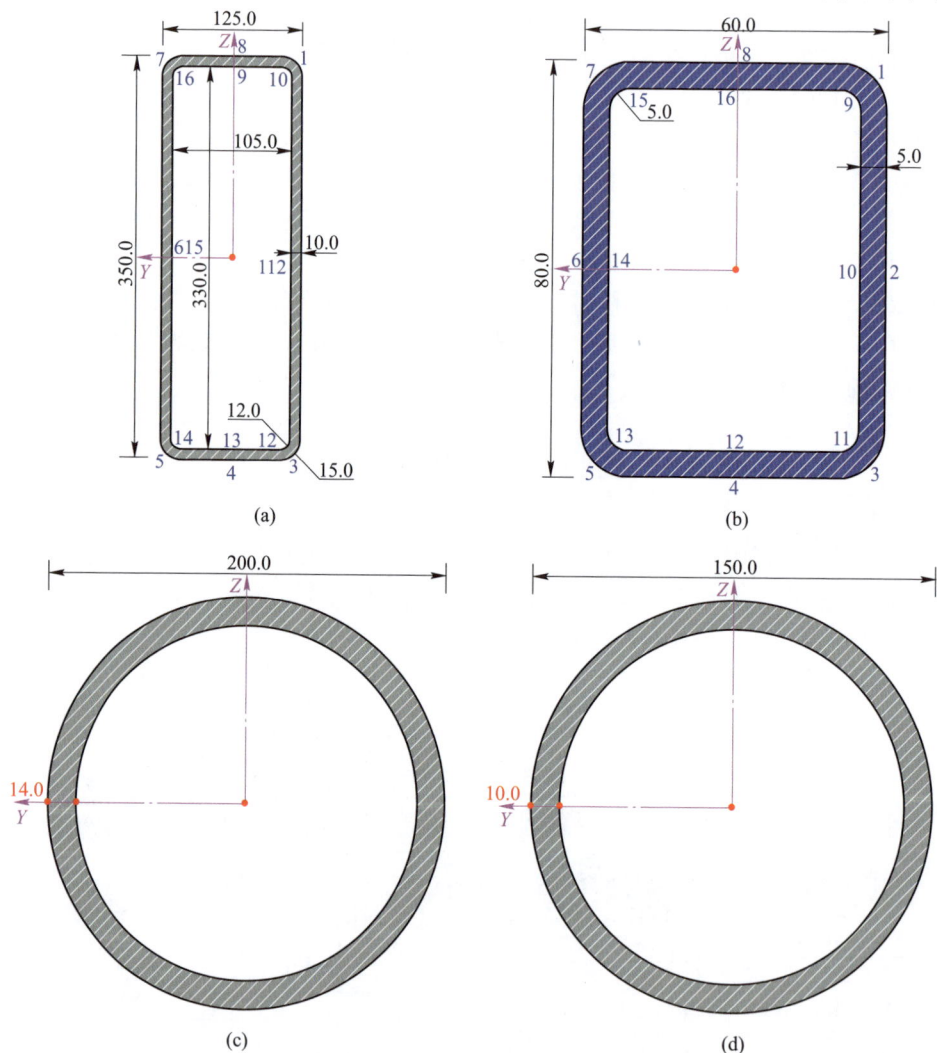

图 12-2　构件截面
（a）柱截面；（b）环梁；（c）弦杆；（d）腹杆

性能。屋面网架的弦杆采用直径和厚度较大的圆铝管，腹杆则采用相对较小直径和厚的圆铝管，铝合金螺栓球的构造尺寸根据 11.3 节的计算方法进行确定。网架高度取短跨跨度的 1/250，即为 2 m。网架弦杆的长度取柱间距的 1/2，即为2.5 m。

12.3   分 析 模 型

12.3.1   几何模型

在 RFEM 中建立铝合金网架结构模型，如图 12-3 所示，各构件均采用梁单元进行模拟，柱脚采用铰接约束，腹杆两端释放转动约束，斜撑两端释放转动约束。这是因为网架腹杆和竖向斜撑在结构受力的过程中往往只能传递轴力，因此采用了释放转动约束的方式来释放弯矩的传递。环梁与柱的连接采用刚接的形式，可为 8 m 高的柱提供足够的侧向约束，形成整体刚度较大的外框架结构体系，从而为上部大跨度网架屋面提供可靠的竖向支撑体系。

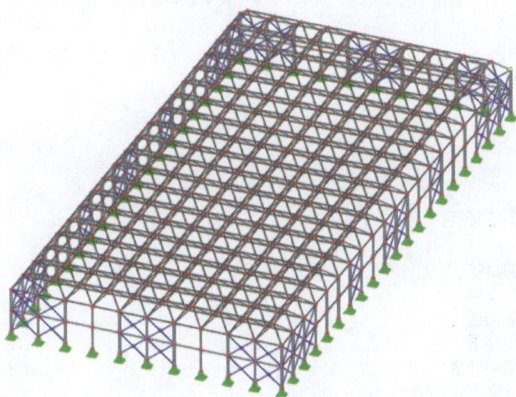

图 12-3   RFEM 模型

12.3.2   材料特性

本结构主要由 Q355 钢构件组成的竖向结构体系和 6061-T6 铝合金构件组成的网架结构体系组成，材料模型如图 12-4 所示。由图 12-4 可知，Q355 钢材的强度和刚度均优于 6061-T6 铝合金，既可保证竖向构件的承载性能，又可为上部结构提供可靠支撑，保证结构设计的合理性。

12.3.3   荷载工况

本结构的围护结构采用膜结构，因此结构的恒荷载主要为膜材的自重，取值

基本属性			
弹性模量	E	70000.0	N/mm²
剪切模量	G	27000.0	N/mm²
泊松比	ν	0.300	--
体积密度	ρ	2700.00	kg/m³
容重	γ	27.00	kN/m³
热膨胀系数	α	0.000023	1/°C

强度			
厚度范围的数目	n	1	--

厚度范围编号 1			
最小厚度	t_min	0.6	mm
最大厚度	t_max	5.0	mm
名义屈服强度	f_{0.2}	240.000	N/mm²
抗拉强度	f_u	290.000	N/mm²
抗拉, 抗压和抗弯强度设计值	f	200.000	N/mm²
抗剪强度	f_v	115.000	N/mm²
焊件热影响区抗拉、抗压和抗弯强…	f_{u,haz}	100.000	N/mm²
焊件热影响区抗剪强度设计值	f_{v,haz}	60.000	N/mm²

(a)

基本属性			
弹性模量	E	206000.0	N/mm²
剪切模量	G	79000.0	N/mm²
泊松比	ν	0.304	--
体积密度	ρ	7850.00	kg/m³
容重	γ	78.50	kN/m³
热膨胀系数	α	0.000012	1/°C

强度			
厚度范围的数目	n	5	--

厚度范围编号 1			
最大厚度	t_max	16.0	mm
屈服强度	f_y	355.000	N/mm²
极限强度	f_u	470.000	N/mm²
强度设计值	f	305.000	N/mm²
抗剪强度设计值	f_v	175.000	N/mm²

(b)

图 12-4　材料特性
（a）铝合金；（b）钢材

为 $0.01 \ kN/m^2$，如图 12-5（a）所示。在设计使用年限内，根据项目所在地的降雨情况及屋顶围护结构的形式，确定雨水荷载为 $0.2 \ kN/m^2$，如图 12-5（b）所示。项目所在地的基本风压为 $0.6 \ kN/m^2$，作用方向分别为 X 向和 Y 向，迎风面体型系数为 0.8，背风面为 -0.5，侧风面为 -0.7，顶部为 -0.6，如图 12-5（c）所示。地震烈度为 7 度 0.1g，场地类别 Ⅱ 类，地震分组第二组。本结构初始温度设置为 15 ℃，最高温度为 35 ℃，最低温度为 -5 ℃。

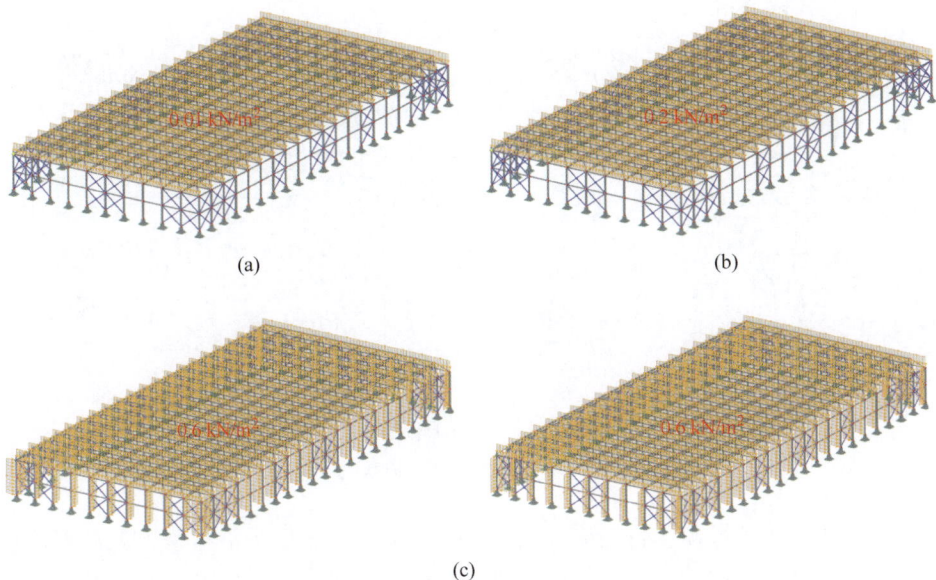

图 12-5 荷载工况

（a）恒荷载；（b）雨荷载；（c）风荷载

12.4 等效弹性分析

12.4.1 结构振型分析

对于大跨空间结构而言，其自振振型的分布可初步判断结构布置的合理性。本结构的前 4 阶自振振型如图 12-6 所示。第 1 阶振型为顶部网架由中心向四周呈环形发散竖向振动，自振周期为 0.51 s。第 2 阶振型为顶部网架沿长跨度方向左右两侧分别上下振动，自振周期为 0.37 s。第 3 阶振型为顶部网架沿长跨度方向

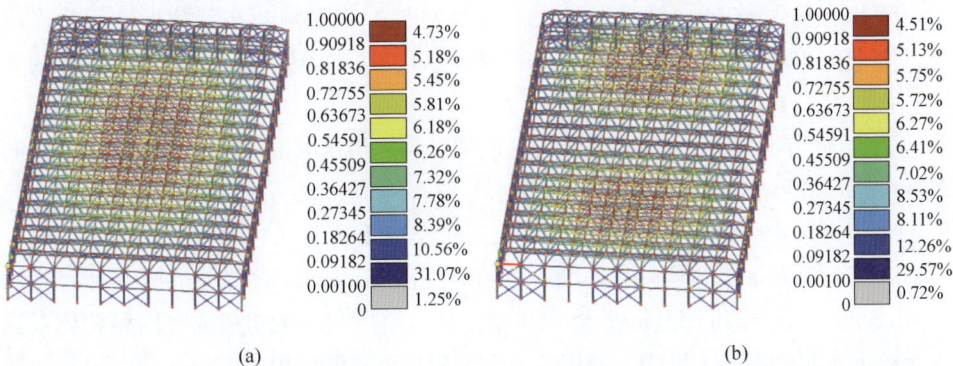

（a）

（b）

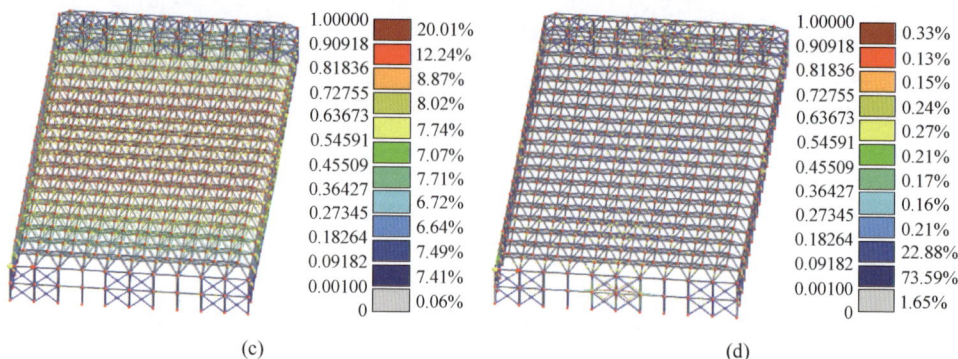

图 12-6   自振振型

（a）1 阶 0.51 s；（b）2 阶 0.37 s；（c）3 阶 0.34 s；（d）4 阶 0.23 s

由中间向两侧发散振动，自振周期为 0.34 s。第 4 阶振型为沿短跨方向布置的柱局部振动，自振周期为 0.23 s。前 3 阶振型均为顶部网架的振动，第 4 阶为竖向构件局部振动，顶部网架和竖向构件最低阶自振周期的比值约为 2.21，显然本结构复合大跨度网架结构的自振特征，竖向结构的刚度大于屋顶网架，结构合理且并无薄弱之处。

12.4.2   结构刚度分析

屋盖铝合金网架短向的跨度达到了 50 m，其对竖向变形即为敏感，因此需对其在恒荷载、雨荷载及风荷载作用下的竖向变形进行分析，结果如图 12-7 所示。屋盖网架在竖向荷载作用下的变形分布呈环形阶梯状分布，其中跨中区域最大，柱顶支撑处最小。恒荷载作用下最大竖向位移为 -68 mm，雨荷载作用下为 -113 mm，风荷载作用下为 217 mm。铝合金网架在恒荷载和雨荷载标准组合作用下发生竖直向下的变形，变形值为 -181 mm。铝合金网架在恒荷载和风荷载标准组合作用下发生 149 mm 竖直向上的变形。显然，屋面网架在荷载标准组合作用下的竖向位移均小于短跨度的 1/250（200 mm），即屋顶铝合金网架具有足够的竖向刚度。

为保证竖向结构可以为上部铝合金网架结构提供足够的支撑刚度，需保证竖向结构的水平变形小于柱高的 1/150，即水平位移限值为 53 mm。分析结果如图 12-8 所示，竖向结构在恒荷载、雨荷载及风荷载作用下的竖向柱水平变形为 4.7 mm、7.1 mm 及 29.7 mm。竖向柱在恒荷载、雨荷载及风荷载标准组合作用下的水平变形为 41.5 mm，小于限值 53 mm。本结构中由柱、斜撑和环梁组成的竖向结构体系具有足够的水平刚度，可以为上部铝合金网架提供可靠的支撑。

(a)

(b)

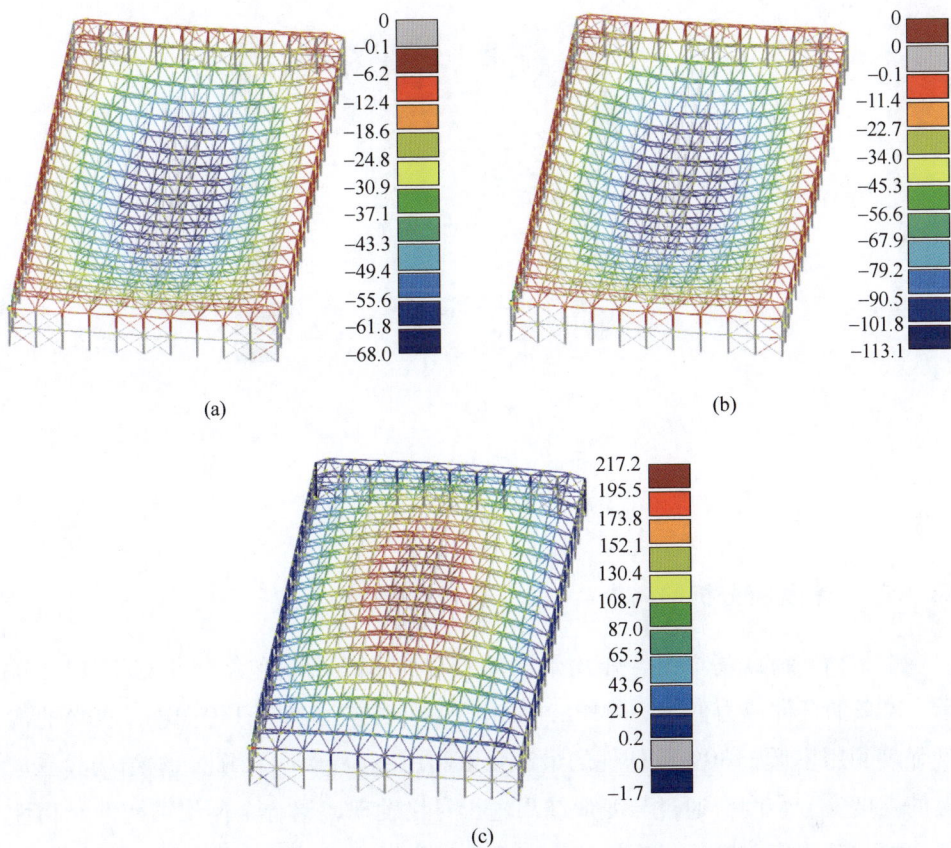

(c)

图 12-7　结构竖向变形

（a）恒荷载；（b）雨荷载；（c）风荷载

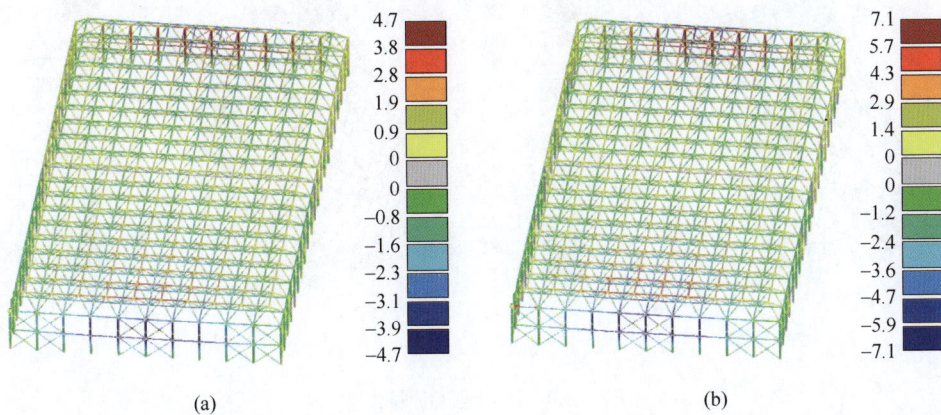

(a)

(b)

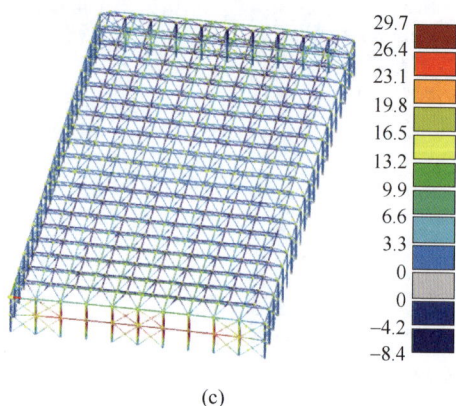

(c)

图 12-8　结构水平变形

（a）恒荷载；（b）雨荷载；（c）风荷载

12.4.3　结构强度分析

本结构在荷载基本组合作用下的应力分布和使用率包络结果如图 12-9 所示。80%的杆件应力低于 50 MPa，仅有少数杆件应力达到 140 MPa。90%的构件强度利用率低于 30%，杆件的最高强度利用率为 50%。因此，本结构具有足够的强度安全余度。通过与变形结果进行对比发现，铝合金网架结构的结构性能主要由其刚度控制，强度往往具有足够的冗余度，符合大跨空间结构的常见特征。

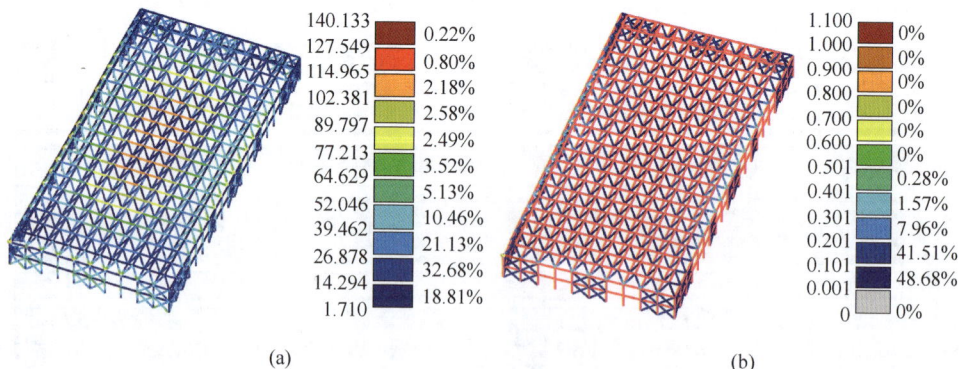

(a)

(b)

图 12-9　结构强度计算结果

（a）应力分布；（b）使用率

12.5　结构专项分析

12.5.1　抗风稳定分析

　　本结构在使用过程中，经常会收到风荷载的作用，其抗风稳定性将关乎整个结构的稳定承载性能，为此对结构在 X 向和 Y 向风荷载作用下的失稳情况进行分析，临界荷载系数如图 12-10 所示。结构在 X 向和 Y 向向下的风荷载作用下前 10 阶临界荷载系数为 3.7~4.6，在 X 向和 Y 向向上风荷载作用下的前 10 阶临界荷载系数为 1.5~1.9。铝合金网架在风吸力作用下的抗风稳定临界荷载系数小于风压力，其临界荷载最小值为 1.5，大于 1.0。由于本结构为双层结构，其抗风稳定系数限值可取 1.0，即当本结构在风荷载设计值作用下不会发生失稳即可。

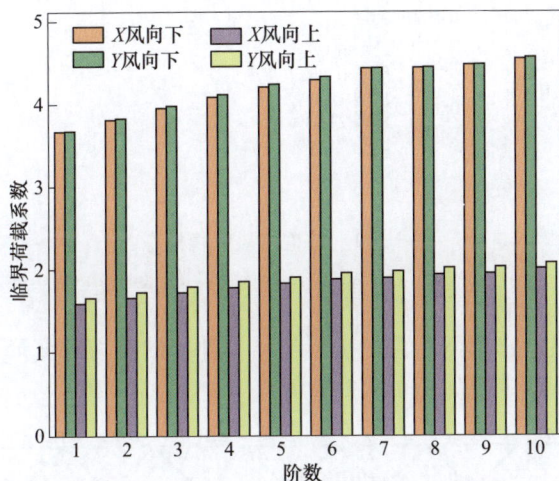

图 12-10　结构抗风失稳临界荷载系数

　　本结构在风荷载作用下的失稳模态如图 12-11 所示。由图 12-11 可知，前 4 阶抗风屈曲模态均为跨中区域的竖向失稳，发生失稳区域的构件数量占整体结构的 25%。本结构在 1.5 倍风荷载作用下仅跨中区域发生局部失稳，并不会出现整体结构的失稳破坏。显然，本结构即使在超过 1.5 倍风荷载设计值作用下发生失稳，也不会出现整体结构的失稳倒塌，整体结构在失稳的过程中具有足够的发展过程，供内部人员安全撤离。

12.5.2　温度效应分析

　　本结构在使用的过程中，室外温度最低为 -5 ℃，室内温度要求保持在 30 ℃ 左右，在内外部 35 ℃ 的温差作用下，铝合金网架将产生温度应力和变形。为了

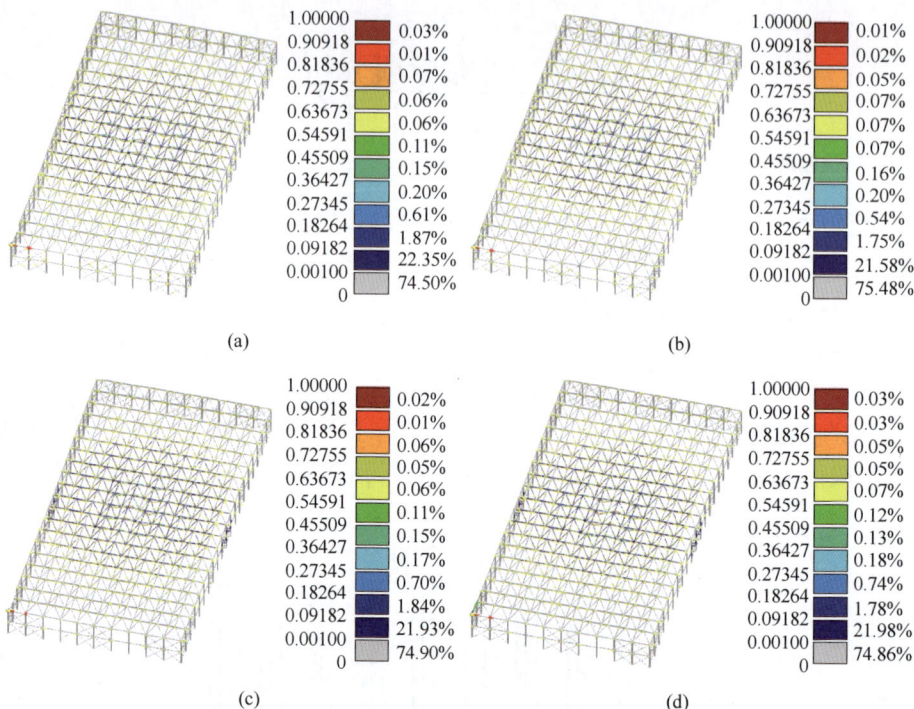

图 12-11　结构抗风失稳模态

(a) 第 1 阶；(b) 第 2 阶；(c) 第 3 阶；(d) 第 4 阶

保证结构在内外温差作用下不会产生影响结构性能的应力和变形，需要进行温度效应分析，温度荷载工况如图 12-12 所示。

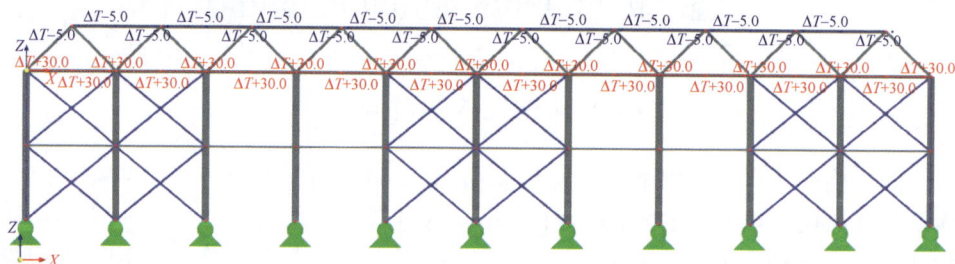

图 12-12　温度荷载工况

在内外温差作用下结构的响应如图 12-13 所示。在内外温差作用下，铝合金网架的结构变形最大发生于四周支撑处，位移值为 2.6 mm，如图 12-13 (a) 所示。铝合金网架在温差作用下，80% 的杆件强度利用率低于 10%，如图 12-13 (b) 所示。由于铝合金网架的节点采用螺栓球进行装配式连接，装配连接的缝隙可消除温差产生的不足 3 mm 的变形。综上所述，本结构铝合金网架在内外温差作用下不会产生影响结构性能的变形和应力。

(a)

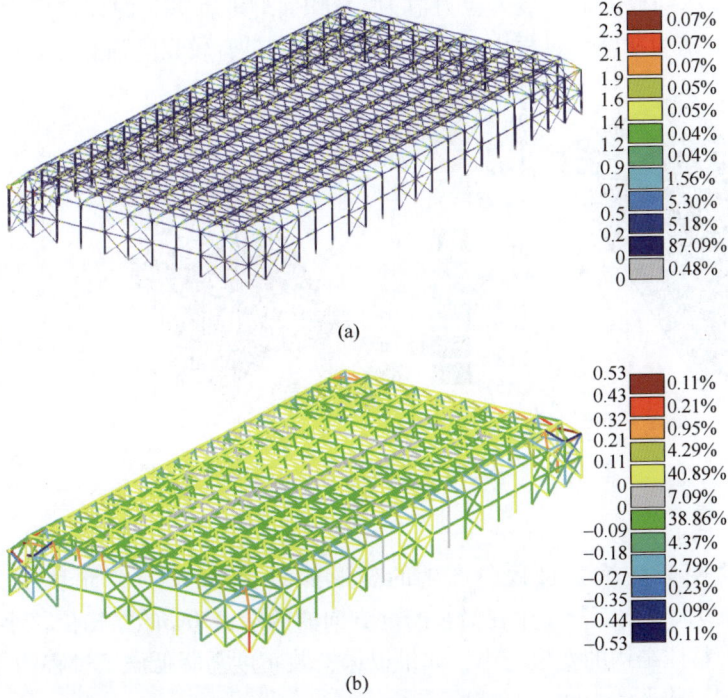

(b)

图 12-13 温度作用效应

12.5.3 施工过程分析

结构设计阶段应考虑到后续铝合金网架结构的施工工况。根据网架结构最常用的施工方法——整体提升，建立本结构的施工分析模型，如图 12-14 所示。在施工分析模型中，设置 8 个提升点，每个提升点通过 4 根拉锁与下部铝合金网架上弦节点进行铰接连接，荷载工况为 1.1 倍结构自重。

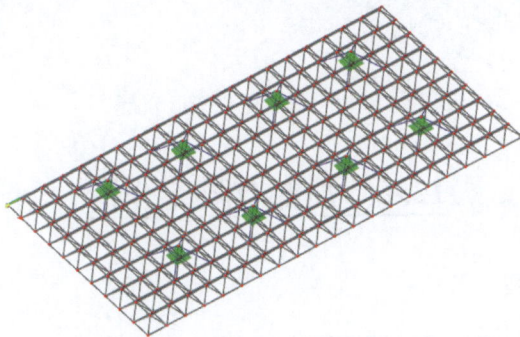

图 12-14 施工分析模型

　　铝合金网架在施工过程中的应力如图 12-15 所示。铝合金网架杆件的应力在吊装点附近达到最大值，最大应力值为 61 MPa，其余 90% 的杆件应力利用率低于 94%。本结构在施工过程中杆件的应力较小，具有较高的强度冗余度。

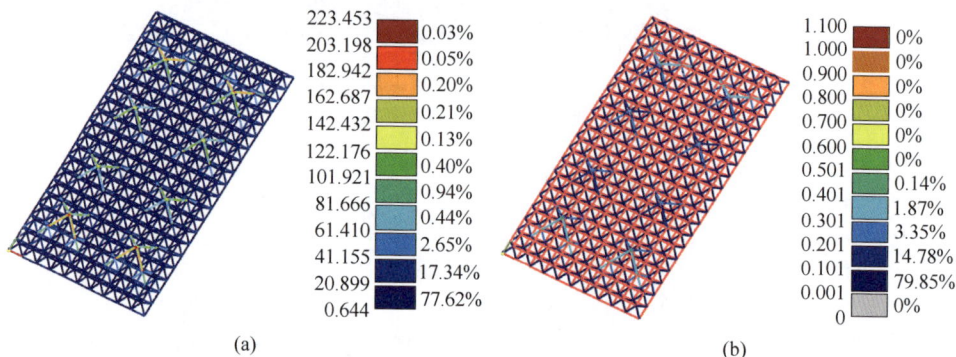

223.453	0.03%
203.198	0.05%
182.942	0.20%
162.687	0.21%
142.432	0.13%
122.176	0.40%
101.921	0.94%
81.666	0.44%
61.410	2.65%
41.155	17.34%
20.899	77.62%
0.644	

(a)

1.100	0%
1.000	0%
0.900	0%
0.800	0%
0.700	0%
0.600	0%
0.501	0%
0.401	0.14%
0.301	1.87%
0.201	3.35%
0.101	14.78%
0.001	79.85%
0	0%

(b)

图 12-15　施工过程应力结果

（a）应力分布；（b）利用率

　　铝合金网架在施工过程中产生的变形如图 12-16 所示。最大竖向变形为 22.3 mm，最大竖向变形发生在沿长跨度方向的两端，70% 的结构位移小于 6 mm。施工过程中整体结构的变形较小，如果根据安装精度需降低施工过程的竖向变形，可采取增多吊装点的方法。

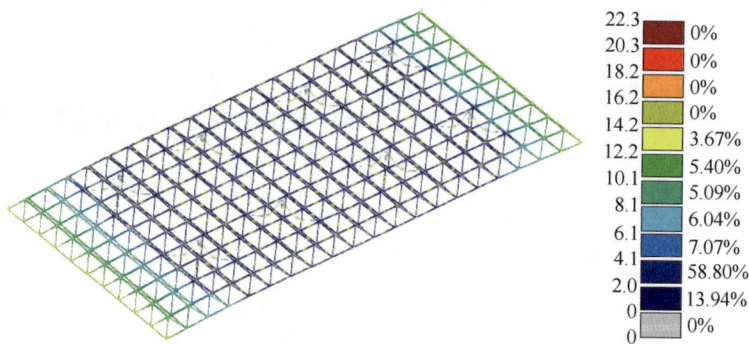

22.3	0%
20.3	0%
18.2	0%
16.2	0%
14.2	3.67%
12.2	5.40%
10.1	5.09%
8.1	6.04%
6.1	7.07%
4.1	58.80%
2.0	13.94%
0	0%
0	

图 12-16　施工过程变形分布

12.6　局部有限元分析

12.6.1　有限元模型

　　为分析铝合金网架局部区域螺栓球和杆件的承载性能，提取部分区域的网架布置模型，使用壳单元模拟杆件和球节点，在 ABAQUS 中建立了局部区域的分析模型，如图 12-17 所示。螺栓球与杆件采用绑定连接，下弦边缘节点设置铰接的支撑形式，上弦节点施加荷载设计值。

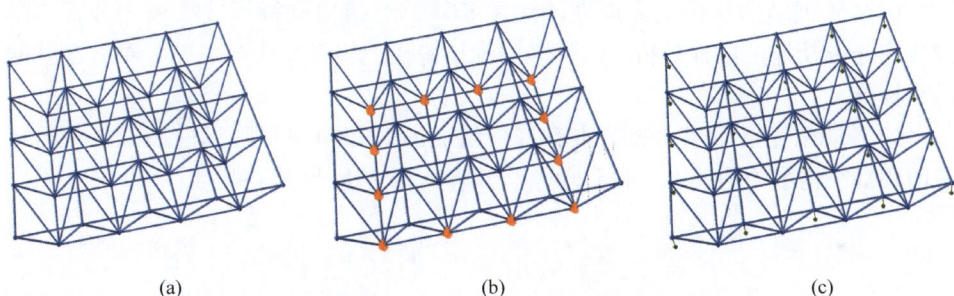

(a)   (b)   (c)

图 12-17 节点有限元模型
（a）三维模型；（b）边界条件；（c）荷载工况

12.6.2 分析结果

经过计算得到了局部区域节点和杆件的应力和变形分布情况，如图 12-18 所示。根据分析结果可知，局部结构的应力最大值为 189 MPa，小于强度设计值。局部变形为 9.3 mm，小于杆件长度的 1/250。同时可发现，铝合金螺栓球的应力均小于杆件的应力，满足"强节点、弱杆件"的设计理念。

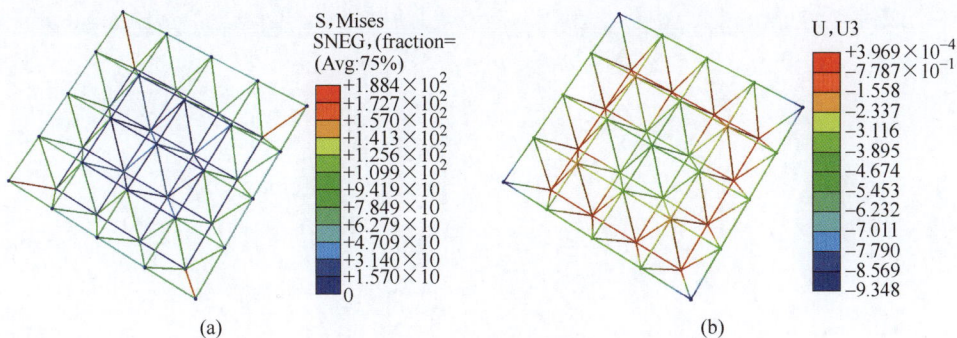

(a)   (b)

图 12-18 节点有限元模型
（a）应力分布；（b）变形分布

12.7 工程设计总结

某临时运动会的场馆采用铝合金网架屋盖-钢框架竖向支撑结构，针对该结构开展了详细的结构分析与设计，主要结论如下：

（1）对结构开展等效弹性分析，结果表明本结构的自振振型未见不合理现象，结构的屋盖网架竖向变形和柱顶水平位移均小于限值，结构的强度安全余度较大。

（2）根据结构在全生命周期的使用条件，对结构进行了抗风稳定分析、温度效应分析及施工过程分析，结果表明本结构在上述3类荷载工况下具有足够的承载性能。

（3）使用壳单元建立球节点和杆件组成的局部网架有限元模型，分析结果表明局部结构的应力比小于设计值，且螺栓球的应力小于杆件。

第 5 篇

铝合金蜂窝板片结构

Aluminum
Alloy Honeycomb
Panel Structure

13 铝合金蜂窝板抗压承载性能

13.1 蜂窝板构型

在大自然的优胜劣汰法则下，经过长期对自然环境的适应，自然界生物进化出了许多令人叹为观止的结构与功能。人类的科技进步离不开仿生技术，通过仿生，将大自然的智慧转化为实用技术，对人类社会的发展起到了极大的推进作用。现有的许多轻质结构在自然中有其原型，例如：受天然六边形蜂窝的启示，人们研发出蜂窝材料。由于蜂窝是连续不断的排列和六角形网状构造，对各个方向的外力都能够扩散，以至于其他形状远远低于蜂窝结构对挤压的阻力。Bruyne在 1938 年基于蜂窝结构发明了一种轻质高强的三明治结构的铝箔六边形蜂窝芯。传统蜂窝板是指在两个薄蒙皮之间，夹上轻质芯材的一种层合复合材料，其优势在于蜂窝的芯层固定分散在整个板面内，且不易发生形状的变化，板块稳定性能好，具有较好的抗弯和抗压能力。与普通材料相比，蜂窝夹芯板具有比强度高、比刚度大、抗冲击性好、减振吸能性好、防火性能好、可塑性好等优点。

铝合金具有轻质高强、易于加工成各种截面、耐腐蚀性、绿色环保和装饰效果好等特点，因此铝合金是制作蜂窝板的一种良好材料。随着建筑行业的发展，大跨度结构需要更加轻质高强的板材用以实现结构方案，故将铝合金蜂窝夹芯板引入建筑行业。随着建筑方案所需要的跨度越来越大，科研工作者希望开发出更加高强的夹芯板材。

甲虫的前翅（又称鞘翅）具有飞行及保护躯干的双重作用，是轻质高强材料的理想仿生原型之一。陈锦祥自 1997 年起对甲虫前翅的结构及其力学性能展开研究，并在 2008 年后开发了一体化蜂窝板制备技术，同时对制备样品展开了力学性能的研究，自 2016 年起探明了甲虫鞘翅中小柱-蜂窝结构的共享机制，从机理层次证明了它相对于传统蜂窝板结构在基本力学性能方面的优越性。常见的蜂窝板主要有以下 3 种构型（图 13-1）：传统的六边形普通蜂窝板（FWB1），在六边形蜂窝芯的壁板中部设有小圆柱的壁中柱甲虫板（FWB2）和在六边形蜂窝芯的壁板交点处设有小圆柱的壁端柱甲虫板（FWB3）。

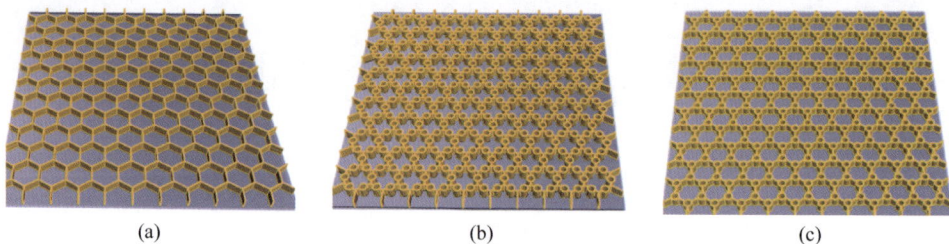

图 13-1　蜂窝板构型

（a）FWB1；（b）FWB2；（c）FWB3

13.2　试验及数值模型

13.2.1　试件设计

试件的蜂窝芯尺寸为：正六边形蜂窝芯边长均为 16 mm，蜂窝芯小圆柱半径为 4 mm，试件尺寸均满足国家标准中"试件边长至少包含 4 个完整的单胞格子"的要求。三种蜂窝板上下面板厚度均为 2 mm，总厚度为 14 mm。考虑到面内受压试验的均匀受力，以及大跨空间结构中工程所用蜂窝板均为带四周封边式的，因此三种试件均四周封边 2 mm。三种试件的尺寸详见表 13-1 和图 13-2。

表 13-1　蜂窝板侧压试件编号

试件编号	蜂窝构型	试件表面尺寸 /mm×mm	蜂窝板厚 /mm	蜂窝芯边长 /mm	蜂窝芯壁厚 /mm
FWB1	壁端柱	304×304	14	16	1
FWB2	壁中柱	304×304	14	16	1
FWB3	无圆柱	304×304	14	16	1

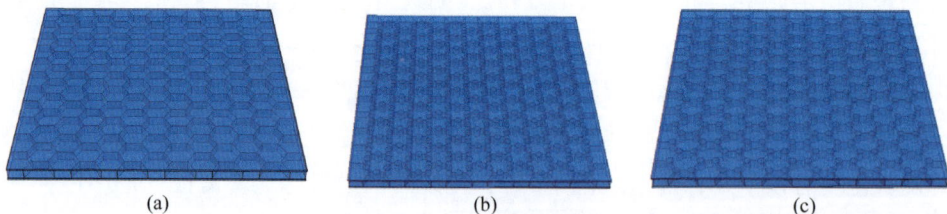

图 13-2　蜂窝板试件

（a）FWB1；（b）FWB2；（c）FWB3

13.2.2　加载方案

根据蜂窝板夹层结构侧向压缩性能试验方法的要求，对蜂窝板进行侧向受压试验。本次试验使用万能压力试验机，采用标定力传感器和标定力千斤顶作为加载装置，运用静力加载法进行加载，加载速率 1 kN/min，试验仪器、试件及应变片放置位置如图 13-3（a）所示。按照设定速率进行均匀加载直至蜂窝板试件破坏，加载过程中详细并及时地记录相应数据，如加载位移与荷载之间的关系、各应变片的数据等，最后读取试件破坏时的荷载数值。

在 Abaqus 中对蜂窝板的加载模式为：将蜂窝板一侧的上下面板固定约束，在另一侧对上下面板施加线性增加的位移，如图 13-3（b）所示。只对上下面板加载而不对封边板加载的原因是如果同时加载，封边板因面外受压而先行破坏，导致模型出现不收敛的问题。鉴于这种现象，在实际应用蜂窝板的过程中，建议采取措施保证面内侧压由上下面板传递给整个构件，避免蜂窝板侧壁受压使得板件在使用过程中出现不必要的有害变形。

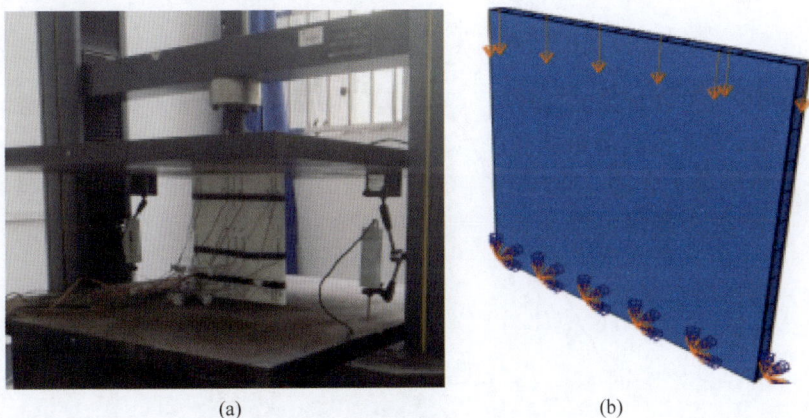

(a)　　　　　　　　　　　　(b)

图 13-3　蜂窝板侧向受压加载示意图

（a）试验；（b）数值模型

13.2.3　结果对比

三种蜂窝板侧压时的有限元数值模拟与试验实测的荷载-位移对比曲线见图 13-4。可见两组曲线非常接近，其斜率大致相同。

普通蜂窝板试件（FWB1）的荷载-位移曲线如图 13-4（a）所示，在荷载达到 26 kN 之前，板件的位移与施加荷载基本呈线性增长关系，随后板件进入塑性阶段，荷载达到峰值 28 kN 时，试件断裂失效。

壁中柱甲虫板试件（FWB2）的荷载-位移曲线如图 13-4（b）所示，在荷载达到 30 kN 之前，板件的位移与施加荷载基本呈线性增长关系，随后板件进入塑性阶段，直到荷载达到峰值 32 kN，试件断裂失效。

壁端柱甲虫板试件（FWB3）的荷载-位移曲线如图 13-4（c）所示，在荷载达到 32 kN 之前，板件的位移与施加荷载基本呈线性增长关系，随后板件进入塑性阶段，直到荷载达到峰值 34.7 kN，试件断裂失效。

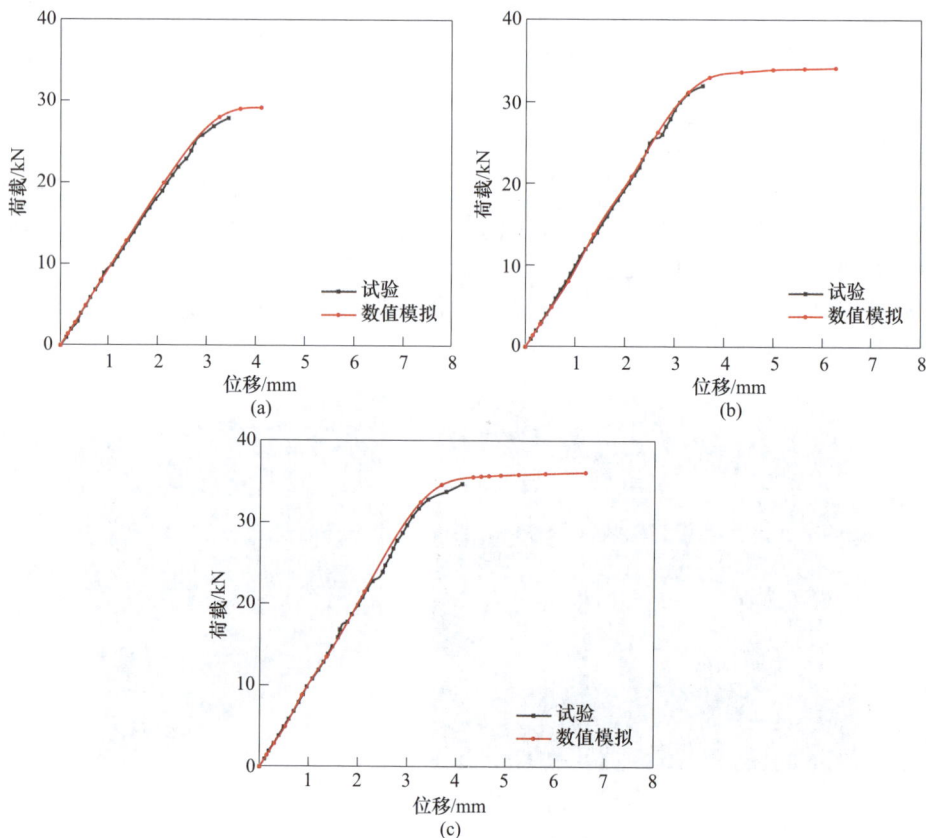

图 13-4　荷载-位移曲线对比

（a）FWB1；（b）FWB2；（c）FWB3

试验加载初期，蜂窝板并无明显的变形，经过一段时间的持续性加载，蜂窝板发出几声清脆的断裂声，整块蜂窝板迅速断裂飞出，破坏过程持续时间较短。以 FWB1 为例，在板端均布荷载作用下蜂窝板侧压破坏如图 13-5（a）所示。数值模型在位移逐渐增加的过程中，最大应力出现在面板中心位置，较大的应力呈 X 型分布，并逐渐向外扩散，板边缘中心处应力最小，最终除板边缘中心位置，整块板均达到最大应力而破坏，如图 13-5（b）所示。试验与数值模型最终的破坏形式基本一致。

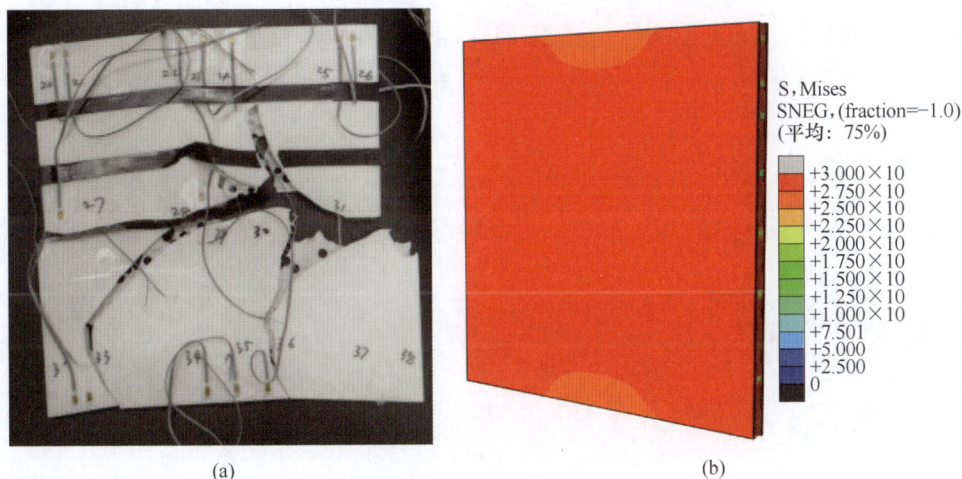

S, Mises
SNEG, (fraction=-1.0)
(平均：75%)

$+3.000\times10$
$+2.750\times10$
$+2.500\times10$
$+2.250\times10$
$+2.000\times10$
$+1.750\times10$
$+1.500\times10$
$+1.250\times10$
$+1.000\times10$
$+7.501$
$+5.000$
$+2.500$
0

(a)　　　　　　　　　　　　　　　　　　(b)

图 13-5　破坏模式对比
（a）试验；（b）数值模型

13.3　面内抗压性能

13.3.1　径长比

柱半径与六边形蜂窝芯边长的比值，间接反映了小柱在蜂窝芯中的疏密程度，对其侧压性能应该有较大影响。为考察该参数对甲虫板侧压性能的影响，分别取小柱半径 r 与六边形蜂窝芯边长的比值 $\alpha = 0.3125$，0.375，0.4375，0.5 的 4 组甲虫板模型。其他参数保持一致，甲虫板芯层厚度 $h_1 = 10$ mm，上下面板厚度 $h_2 = 2$ mm。甲虫板的平面尺寸为 304 mm×304 mm，与第 12 章树脂材料蜂窝板一致。侧压模拟的荷载-位移曲线见图 13-6，计算结果汇总于表 13-2。

由图 13-6 可见，长径比对弹性阶段刚度的基本无影响。由表 13-2 可见，α 由 0.3125 提升至 0.4375，即小柱直径由 5 mm 变至 7 mm 时，屈服承载力仅增加了 0.5%，极限荷载仅增加了 1.1%。而当径长比 α 提升至 0.5，即小柱直径为 8 mm，甲虫板侧压承载力相较于小柱直径 5 mm 屈服承载力仅增加了 5.3%，极限荷载仅增加了 6%。由此可见，小柱径长比对甲虫板侧压承载力提升微小，当 α 提升至 0.5，即小柱半径为 8 mm 时，甲虫板承载力有较明显提升，但提升效果有限。随着小柱直径的增加，更多的芯板达到屈服强度，证明小柱直径的增加可以更好地协调芯板与面板的共同受力。

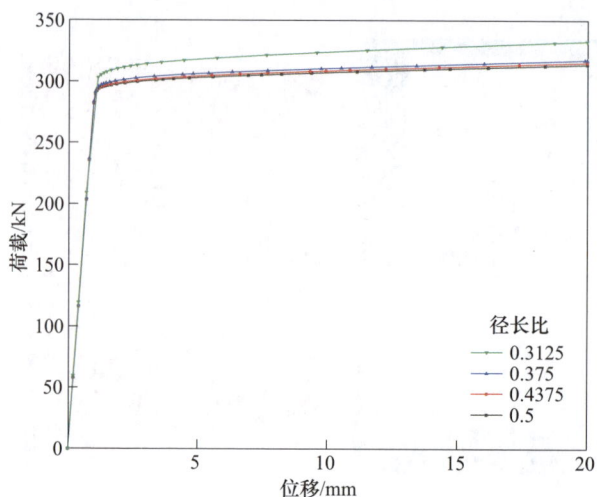

图 13-6　不同长径比铝合金蜂窝板侧压荷载–位移曲线

表 13-2　不同长径比的甲虫板极限荷载汇总表

径长比 α	304 mm×304 mm			
	屈服荷载/kN	相对于 d=5 增幅/%	极限荷载/kN	相对于 d=5 增幅/%
0.3125	290.1	100	314.1	100
0.375	290.5	100.2	315.7	100.5
0.4375	291.6	100.5	317.7	101.1
0.5	305.5	105.3	333.1	106

13.3.2　芯层厚度

芯层厚度对普通蜂窝板的力学性能有较大影响，因此有必要探究不同芯层厚度对蜂窝板侧压承载力的影响规律。这里选取 4 种芯层厚度 $h=6$ mm，8 mm，10 mm，12 mm。其余参数统一取上下面板厚度 2 mm，小圆柱半径 8 mm，平面尺寸 304 mm×304 mm。侧压模拟的荷载–位移曲线见图 13-7，甲虫板计算结果汇总于表 13-3。

由表 13-3 和图 13-7 可见，弹性阶段四种板刚度相同，增加蜂窝板的芯层厚度对其侧压承载力有所提升，但增幅很小，从厚度 6 mm 增加到 12 mm，屈服承载力仅提升 2.2%左右，极限承载力仅提升 5.1%。蜂窝板芯层厚度从 10 mm 增加至 12 mm，其屈服承载力增幅小于芯层厚度从 8 mm 提升至 10 mm。由图 3-4 可见，蜂窝板芯板厚度变化对芯板应力分布基本无影响，由此可见，蜂窝板的芯层厚度对侧压承载力的提升不明显。

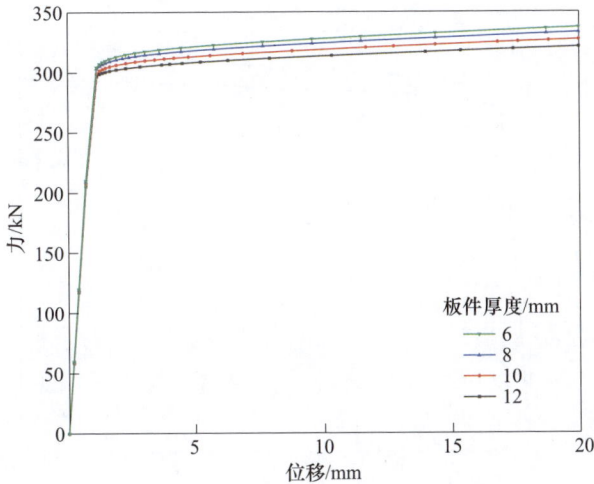

图 13-7　不同芯层厚度铝合金蜂窝板侧压荷载-位移曲线

表 13-3　不同芯层厚度的蜂窝板极限荷载汇总表

板件厚度 h/mm	304 mm×304 mm			
	屈服荷载/kN	相对于 h=10 增幅/%	极限荷载/kN	相对于 h=10 增幅/%
6	297.8	99.5	321	98.1
8	299.2	100	327.2	100
10	303.3	101.4	333.1	101.8
12	304.5	101.8	337.3	103.1

13.3.3　蜂窝壁厚

有相关文献研究表明，蜂窝板芯层壁厚对板件抗弯承载力的贡献效果不明显，本节模拟测试芯层壁厚对板件侧压承载力的影响。这里选取 3 种芯层壁厚 $d=1$ mm，1.2 mm，1.4 mm。其余参数统一取上下面板厚度 $h_2=2$ mm，小圆柱半径 $r=8$ mm，平面尺寸 304 mm×304 mm。侧压模拟的荷载-位移曲线见图 13-8，计算结果汇总于表 13-4。

由表 13-4 和图 13-8 可见，弹性阶段四种板刚度基本相同，增加蜂窝板的芯层壁厚对其侧压承载力有所提升，但增幅很小，从厚度 1 mm 增加到 1.4 mm，屈服承载力仅提升 3.3%左右，极限承载力仅提升 6.5%，极限承载力增幅略大于屈服承载力。蜂窝板芯板壁厚对芯板应力分布基本无影响。由此可见蜂窝板的芯层壁厚对板件延性的提升大于刚度提升，芯层壁厚增加对侧压承载力提升幅度较小。

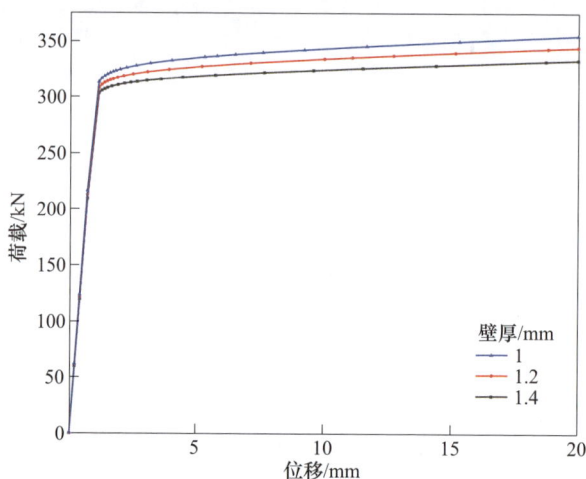

图 13-8　不同芯材壁厚蜂窝板侧压的荷载-位移曲线

表 13-4　不同芯材壁厚蜂窝板极限荷载汇总表

壁厚 d/mm	304 mm×304 mm			
	屈服荷载/kN	相对于 $d=1$ 增幅/%	极限荷载/kN	相对于 $d=1$ 增幅/%
1	303.3	100	333.1	100
1.2	308	101.5	344.3	103.3
1.4	313.2	103.3	354.7	106.5

13.3.4　面板厚度

上下面板厚度对蜂窝板自重影响较大，故选取面板厚度分别为 1 mm、1.5 mm、2 mm、2.5 mm。其余参数统一取芯层厚度为 10 mm，小圆柱半径为 8 mm，平面尺寸为 304 mm×304 mm。侧压模拟的荷载-位移曲线见图 13-9，蜂窝板计算结果汇总于表 13-5。

由表 13-5 和图 13-9 可见，弹性阶段四种面板厚度的蜂窝板板刚度相差较大，但随着面板厚度的增加，刚度增长幅度越来越小，增加蜂窝板的面板厚度对其侧压承载力有很大的提升，从厚度 1 mm 增加到 2.5 mm，屈服承载力提升 2.44 倍，极限承载力提升 2.36 倍。其中面板厚度由 1.5 mm 增加到 2 mm 时，蜂窝板侧压承载力增幅最大。蜂窝板面板厚度对芯板应力分布基本无影响。由此可见蜂窝板的面板厚度的增加对板件刚度和侧压承载力有非常显著的提升。

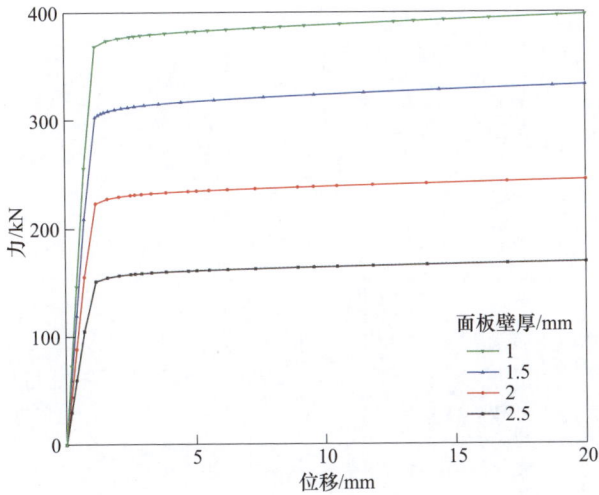

图 13-9　不同面板厚度铝合金蜂窝板侧压荷载-位移曲线

表 13-5　不同芯层厚度的蜂窝板极限荷载汇总表

面板厚度 h/mm	304 mm×304 mm			
	屈服荷载/kN	相对于 $h=2$ 增幅/%	极限荷载/kN	相对于 $h=2$ 增幅/%
1	151.1	49.8	168.7	50.6
1.5	223.7	73.7	245.2	73.6
2	303.3	100	333.1	100
2.5	368.7	121.6	397.9	119.5

13.4　面内偏压性能

13.4.1　蜂窝构型

　　考虑到板件生产时的误差以及安装偏差等问题，实际受力中板件容易产生偏心受压，故采用与第 12 章三种树脂材质蜂窝板相同的模型，分别对普通蜂窝板、壁中柱蜂窝板以及壁端柱蜂窝板进行偏心受压数值模拟。偏心距 e 分别为 7 mm，14 mm 和 21 mm，三种铝合金蜂窝板的荷载-位移曲线如图 13-10 所示。三种板在偏心受压作用下表现出的性能差距较轴心受压更加明显，三种板材在弹性阶段的刚度不相同，其中壁端柱蜂窝板刚度最强，传统蜂窝板刚度最差。

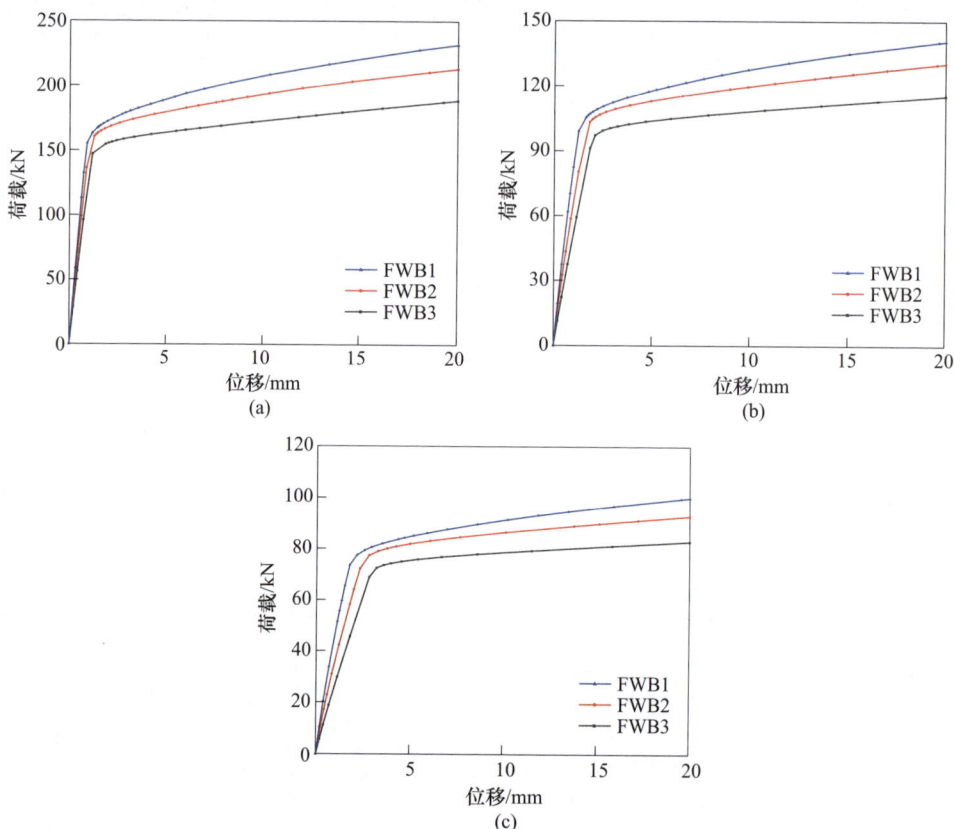

图 13-10　不同铝合金蜂窝板构型偏压荷载-位移曲线

（a）$e=7$ mm；（b）$e=14$ mm；（c）$e=21$ mm

　　在应力图（图 13-11）中可以看到，随着偏心距的增加，变化规律基本为偏心侧面板下部逐渐出现未达到屈服应力的部分并且该部分面积越来越大。偏心侧对侧面板及芯板应力越来越小，表明整个板件承载力随着偏心距的增大而减小。蜂窝板芯板不能很好地协调两侧面板在偏心受压状态下共同工作，在受压侧面板高应力状态下达到屈服后，承载力才转移至芯板及对侧面板。壁端柱蜂窝板的偏心侧面板和芯板达到屈服应力的面积更少，另一侧面板较另外两种板更大，表明了壁端柱蜂窝板在偏心受压状态下，芯板可以更好地协调两侧面板共同工作，使得板材有更高的承载力和延性。屈服阶段两种蜂窝板承载力提升更多，而随着偏心距增大，两种新型蜂窝板较传统蜂窝板提升的增幅越来越小，但明显优于传统蜂窝板。由此可见两种蜂窝板在弹性阶段刚度和承载力更好，在塑性阶段延性更佳。

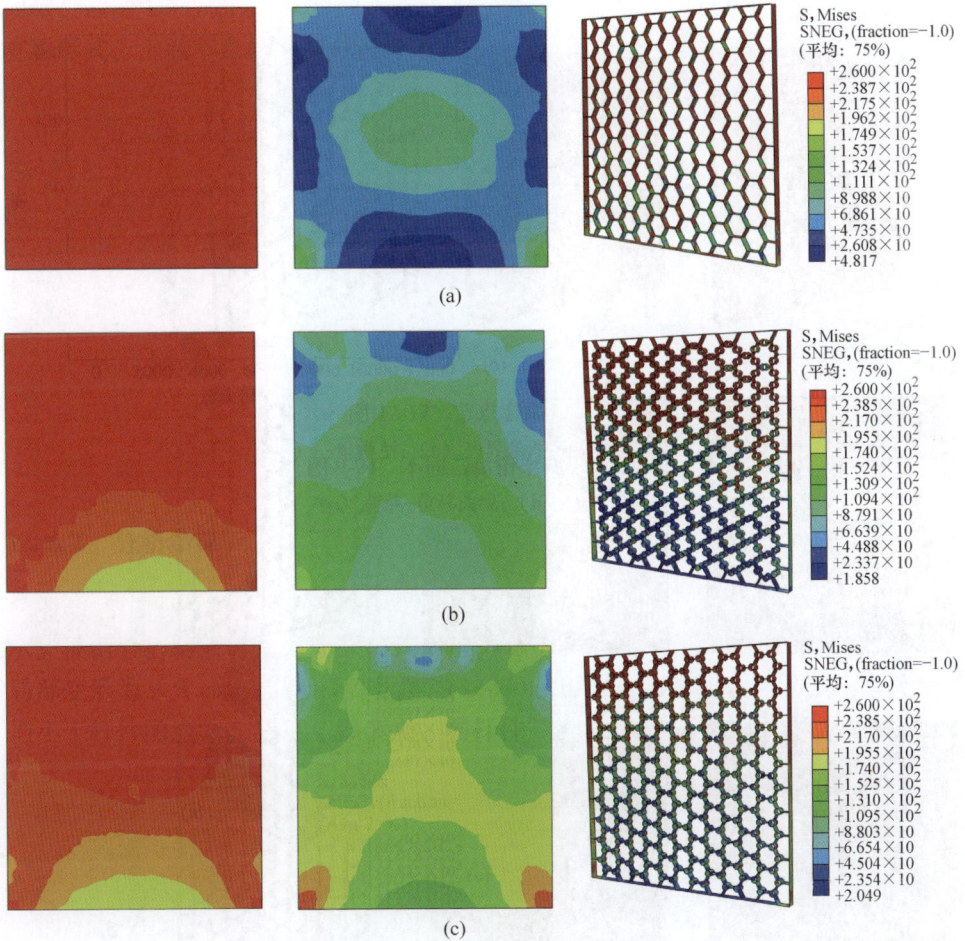

图 13-11 e=7 mm 蜂窝板应力图

(a) FWB1；(b) FWB2；(c) FWB3

13.4.2 偏心距

　　对不同偏心距下的蜂窝板侧压性能进行数值模拟，探究偏心距对蜂窝板性能的影响规律。偏心距 e 分别为 0~8 mm，递增级数为 1 mm，应力分布如图 13-12 所示。轴心受压时，面板及芯板均只有上下局部未达到屈服应力，其余部分均已屈服。而在偏心作用下则完全不同，偏心距 e=1 mm 时偏心侧面板上部全部屈服，对侧面板上部未屈服部分的面积较轴心受压时的面积有明显扩大，应力也有明显降低，两侧面板下部仍有小部分未屈服部分，相较于轴压状况，面积有较小的提升，应力有较小的下降。随着偏心距的增加，两侧面板及芯材可以达到屈服应力的面积越来越小，导致板材承载能力降低。偏心距为 2~3 mm 时，屈服承载

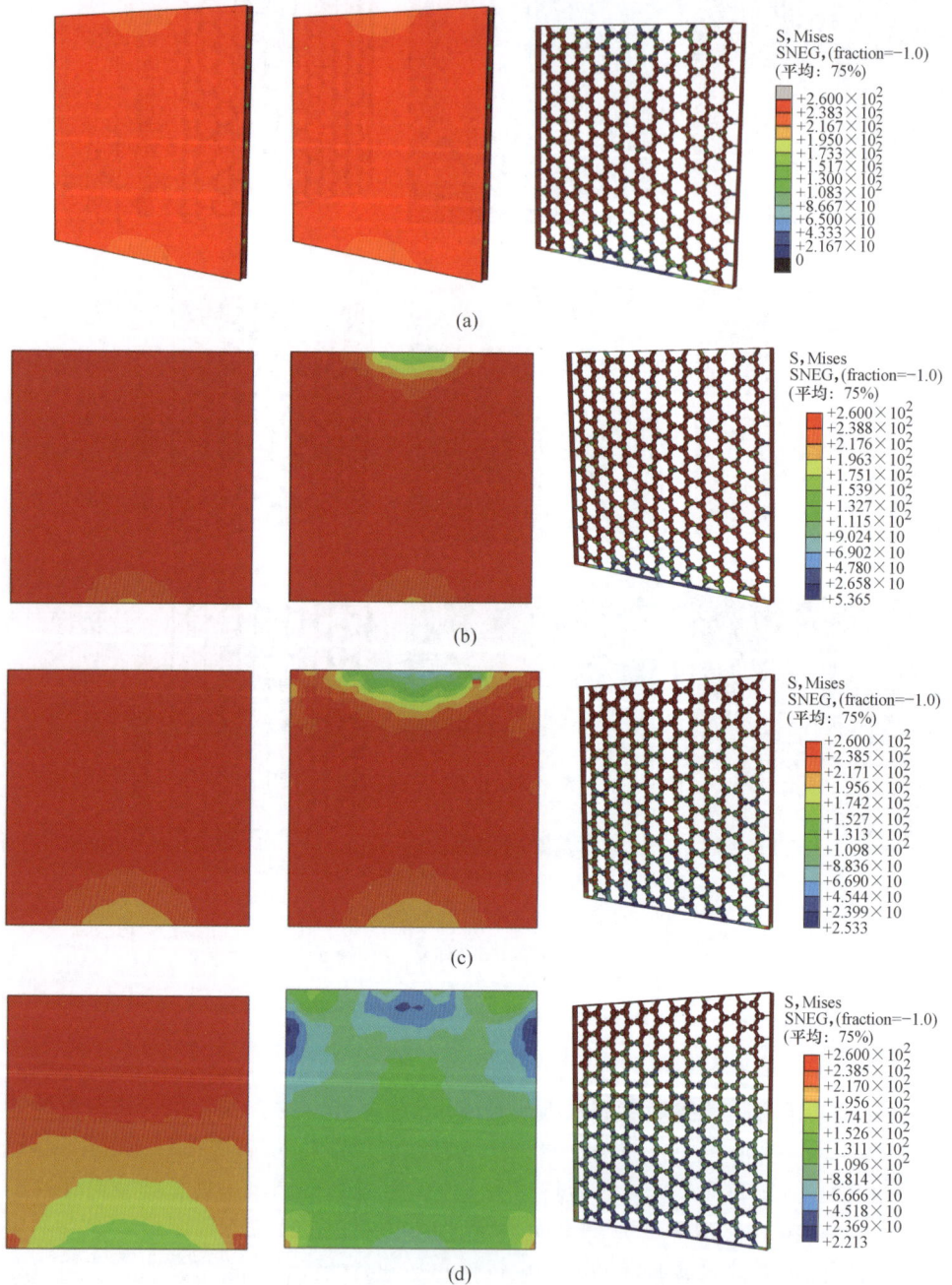

S, Mises
SNEG, (fraction=−1.0)
(平均: 75%)
+2.600×10²
+2.383×10²
+2.167×10²
+1.950×10²
+1.733×10²
+1.517×10²
+1.300×10²
+1.083×10²
+8.667×10
+6.500×10
+4.333×10
+2.167×10
0

(a)

S, Mises
SNEG, (fraction=−1.0)
(平均: 75%)
+2.600×10²
+2.388×10²
+2.176×10²
+1.963×10²
+1.751×10²
+1.539×10²
+1.327×10²
+1.115×10²
+9.024×10
+6.902×10
+4.780×10
+2.658×10
+5.365

(b)

S, Mises
SNEG, (fraction=−1.0)
(平均: 75%)
+2.600×10²
+2.385×10²
+2.171×10²
+1.956×10²
+1.742×10²
+1.527×10²
+1.313×10²
+1.098×10²
+8.836×10
+6.690×10
+4.544×10
+2.399×10
+2.533

(c)

S, Mises
SNEG, (fraction=−1.0)
(平均: 75%)
+2.600×10²
+2.385×10²
+2.170×10²
+1.956×10²
+1.741×10²
+1.526×10²
+1.311×10²
+1.096×10²
+8.814×10
+6.666×10
+4.518×10
+2.369×10
+2.213

(d)

图 13-12　不同偏心距下铝合金蜂窝板侧压荷载–位移曲线

（a）$e=0$ mm；（b）$e=1$ mm；（c）$e=4$ mm；（d）$e=8$ mm

力下降很大，但极限承载力下降幅度较小，表明偏心距较小时，偏心侧面板件较早屈服。

13.5 研 究 总 结

首先通过树脂试件的实验与有限元模拟对比验证了有限元模型的准确性，并分别对比了树脂材质和铝合金材质下传统蜂窝板、壁中柱蜂窝板和壁端柱蜂窝板在侧压下的性能。其次利用有限元数值模型，研究了铝合金材质下壁端柱蜂窝板的径长比、蜂窝板芯层的厚度、上下面板的厚度和蜂窝板芯层蜂窝壁的厚度对蜂窝板抗侧压性能的影响。再次对比了铝合金材质的三种形式板材在偏心侧压下的性能。最后研究了不同偏心距下，铝合金壁端柱蜂窝板的应力变化。通过以上研究得到如下结论：

（1）壁端柱蜂窝板在抗侧压承载力方面优于传统蜂窝板和壁中柱蜂窝板，同为铝合金材质时，壁端柱蜂窝板相较于传统蜂窝板在屈服承载力和极限承载力方面提升分别为 2.6% 和 4.7%。

（2）面板厚度对蜂窝板侧压性能有非常明显的影响，而径长比、芯层厚度及蜂窝壁厚对侧压性能的提升较小。

（3）偏心侧压下，蜂窝板的抗压屈服承载力得到了显著的下降，因此在实际工程中应避免蜂窝板受压时产生较大的偏心距。

14　铝合金蜂窝板片结构承载性能

14.1　板片结构体系

在空间结构形式不断创新发展的同时，结构材料也从最初的钢筋混凝土扩展到钢、铝等合金材料。纵观空间结构的整个发展过程，就是一个不断追求结构和材料轻质、高强的过程。本章涉及的铝合金蜂窝板片结构（图 14-1），正是顺应了空间结构的发展趋势。

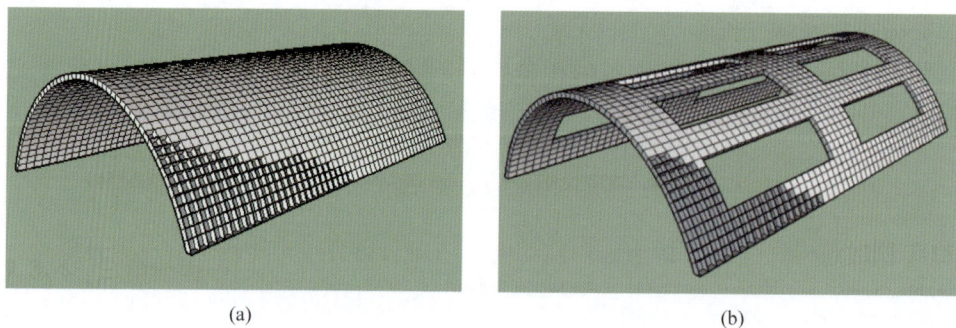

(a)　　　　　　　　　　　　　　　　(b)

图 14-1　铝合金蜂窝板片结构体系

（a）满布式柱面箱型；（b）镂空式柱面箱型

该结构用铝合金蜂窝板通过特种连接件，拼接成五面体或六面体的箱型空腹屋盖结构，因此它不仅具有张力结构"轻质高强"的特点，还吸收了刚性结构的高强度、高刚度的优点。该结构体系主要具有以下优点：

（1）结构自重小，综合造价低；

（2）工厂化定型生产，全装配式拼装；

（3）空间刚度大、抗震性能好；

（4）集承重、围护和装饰于一体。

14.2 承载力试验研究

14.2.1 试件设计

空腹屋盖试件为柱面网壳结构，其平面尺寸为 1500 mm×4898 mm，跨度为 4898 mm，矢高为 1680 mm，如图 14-2 所示。图 14-2 中银灰色表示铝合金蜂窝板，红色表示连接件。模型共由 44 块铝合金蜂窝板通过连接件拼装而成，连接件采用 Q345 钢材制作，蜂窝板厚均为 10 mm，其中面板厚 1 mm，芯层厚 8 mm，六边形蜂窝芯的边长为 6 mm，壁厚为 0.05 mm。

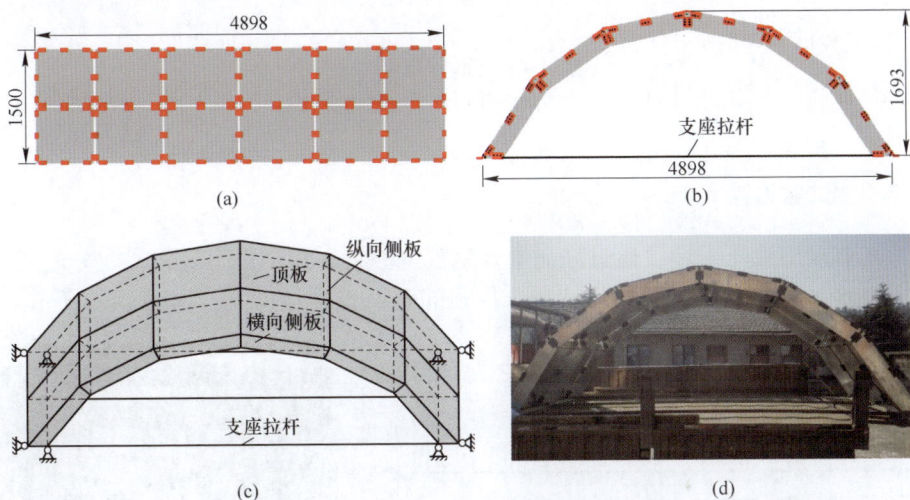

图 14-2 承载力试验试件

（a）平面图；（b）立面图；（c）三维模型；（d）现场实物

蜂窝板共有三种规格，分别为 A 型、B 型、C 型板，如图 14-3 所示。为解决蜂窝板之间通过连接件螺栓连接时的局部承压问题，在蜂窝板的周边均设有内置加强边框，其宽度为 20 mm，厚度与蜂窝芯层等厚（8 mm）。

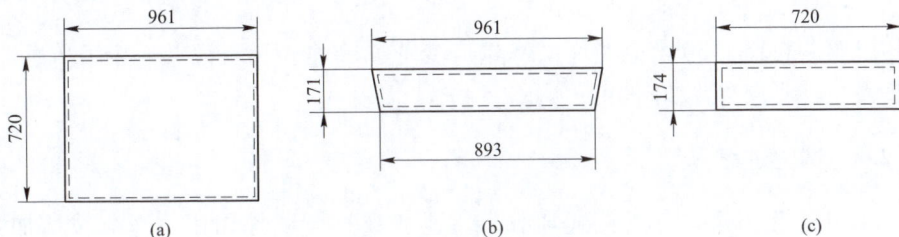

图 14-3 蜂窝板规格示意图

（a）A 型；（b）B 型；（c）C 型

试件的基本单元为五面体箱型单元，其单元示意图及板件之间连接方式如图 14-4 所示。

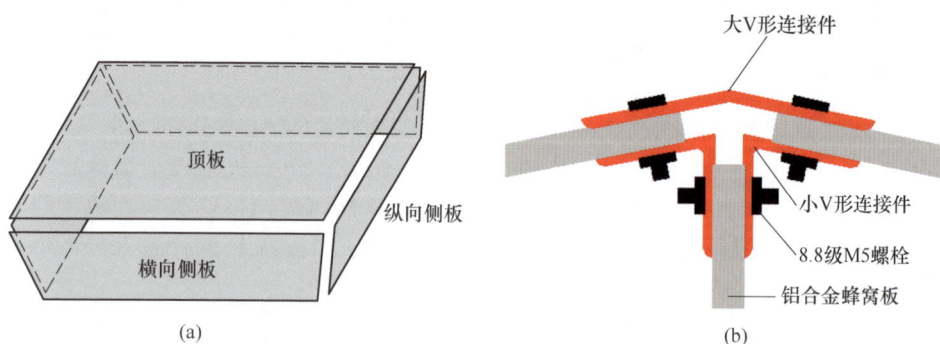

图 14-4　五面体箱型单元
（a）整体模块；（b）连接构造

14.2.2　试验方案

本节采用液压千斤顶通过分配梁对屋盖试件施加两个集中荷载，在分配梁的下方焊接 V 形垫块，并将垫块置于试件顶部大 V 形连接件上，如图 14-5 所示。

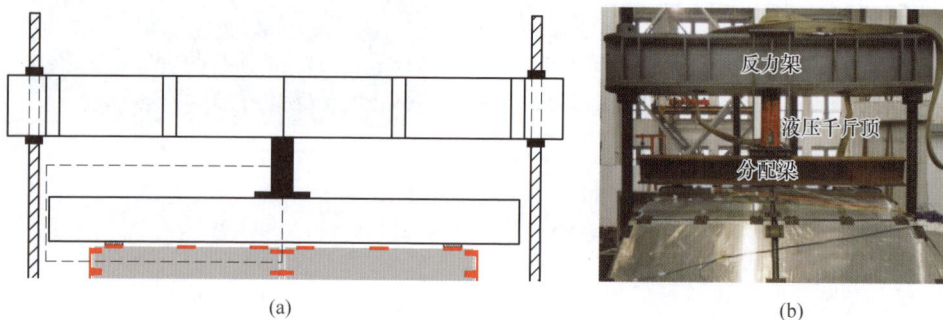

图 14-5　加载方案
（a）示意图；（b）现场

试验共布置了 30 个应变片、36 组应变花、12 个位移计以及一个力传感器，应变及位移测点布置如图 14-6 所示。

14.2.3　试验过程

采用分级加载的方式正式加载，匀速加载直至试件屈服。当荷载增加到 10 kN 时，观察到试件跨中有轻微下降，并伴随着连接件与蜂窝板的摩擦声，跨中板件的应变数据稳步增加。继续加载到 12 kN 左右时，试件开始发出"叮叮"

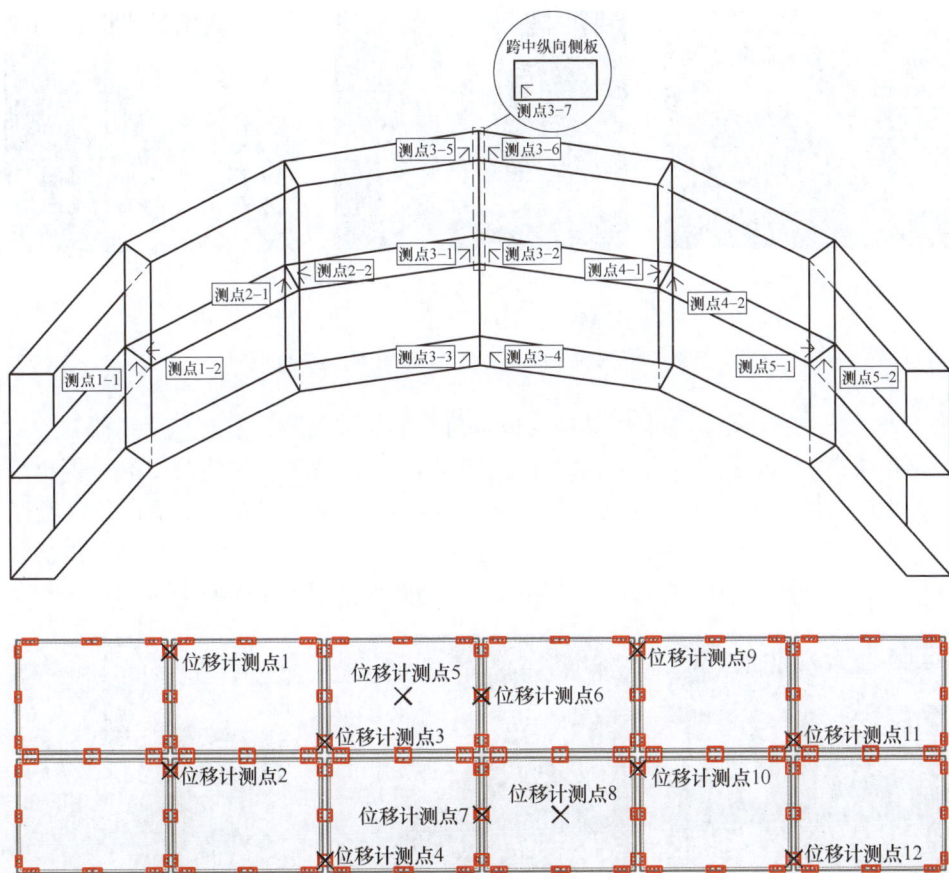

图 14-6 测量方案

的声响，估计是蜂窝板的面板与蜂窝芯层之间出现了剥离现象。伴随着一声闷响，试件右侧靠外的 1/6 跨节点处蜂窝板受压屈曲。如图 14-7 所示，板件的面板受连接件挤压向内侧凹曲，边缘连接处向外翘曲，而试件的连接节点仍保持完好，未发生连接件弯曲或螺栓剪断、拔出现象。继续观察发现结构的跨中节点发生板件的连接破坏，铝合金蜂窝板的边缘加强层被螺栓拔出，铝合金面板被螺栓剪坏但未完全从节点断开，板件呈整体下坠趋势，节点连接基本失效。从图 14-7中可见，节点的连接件和螺栓同样未发生破坏。

试件局部屈曲后，开始进入破坏屋盖试件阶段。当荷载达到 20 kN 时，蜂窝板的剥离现象开始频繁发生，陆续发出密集的"叮叮"声，并观察到试件跨中以及两侧靠外节点处的应变数据加速增长。当加载到 24 kN 时，构件不时发出"哽呲"的摩擦声，表明试件可能接近破坏，于是放缓加载速度。当荷载增加到 27.8 kN 时，伴随着一声脆响，结构跨中出现明显下凹，并从力传感器数据的变

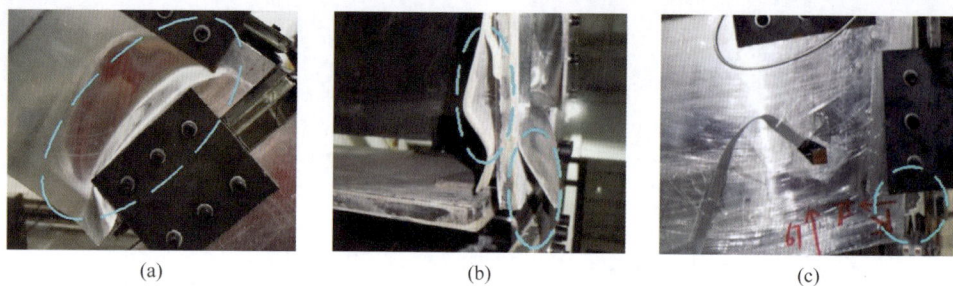

图 14-7　试件破坏形态（一）

（a）蜂窝板屈曲；（b）面板翘曲；（c）加强边框被拔出

化中发现荷载在回落。为获得结构在极限荷载下的准确破坏形态，待到荷载数值稳定再继续加载。荷载回落后稳定在了 16.3 kN，此时发现结构跨中的一侧出现了较大的竖向变形，此时两点对称加载变成偏压加载。随着液压千斤顶继续工作，当加载至 18.8 kN 时，力传感器数值不再增长，但试件的所有位移测点值仍在增大，表明结构已经破坏。试件不同位置的破坏情况如图 14-8 所示。

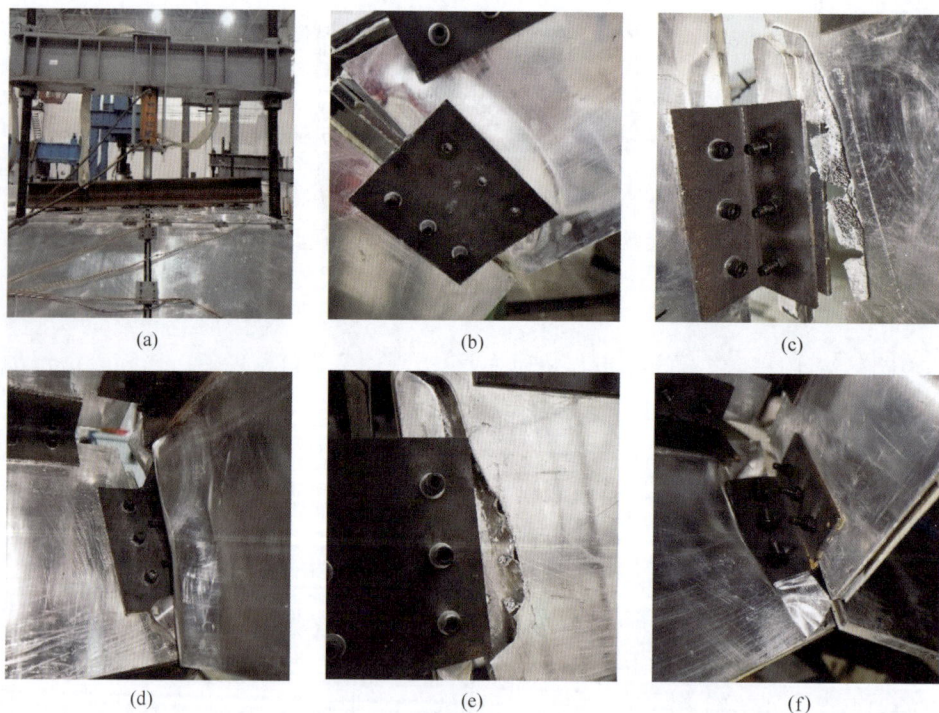

图 14-8　试件破坏形态（二）

（a）跨中倾斜；（b）螺栓剪断；（c）板件拉断；（d）板件屈曲；

（e）加强边框拔出；（f）连接件屈曲

14.2.4 试验结果

从试件的总体变形来看，在正式加载阶段，结构呈现出跨中节点往下位移、边跨节点向上拱出的特点，如图 14-9 所示。当边跨节点加载到 11~13 kN 时，测点 12 的位移值出现大幅波动，随后从 14.3 kN 开始保持不变，意味着该测点附近的构件退出工作。与此类似的，测点 11、2、1 分别在 14.2 kN、19.1 kN、25.4 kN 时发生局部失效，导致测点数据不再变化，其荷载-位移曲线如图 14-9 所示。

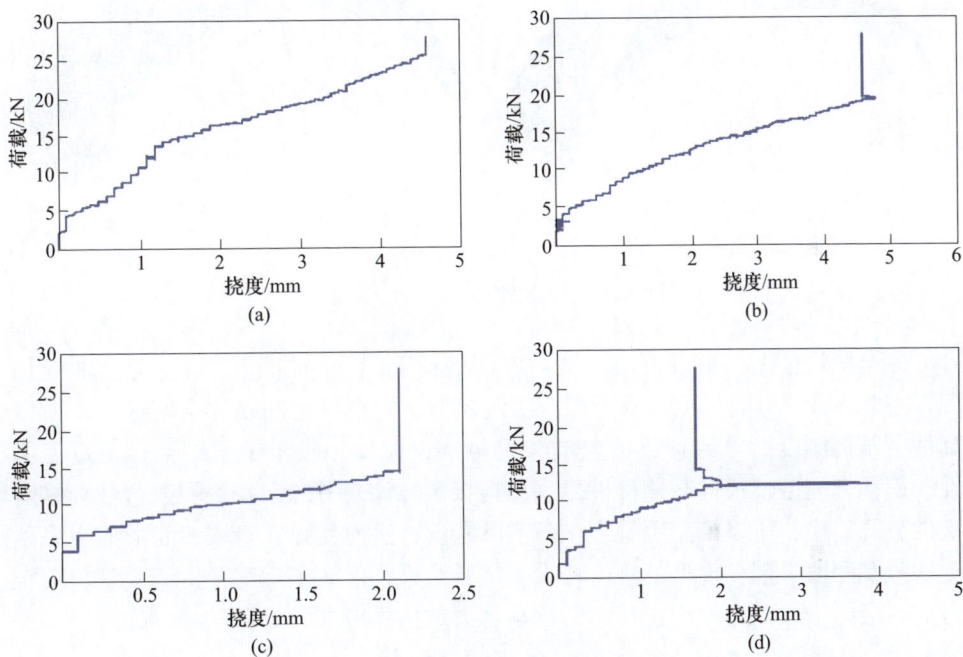

图 14-9　失效测点的荷载-位移曲线
（a）测点 1；（b）测点 2；（c）测点 11；（d）测点 12

14.3　承载力数值分析

14.3.1 数值模型

本次试验采用有限元软件 ANSYS18.0 进行建模分析，铝合金蜂窝板基于蜂窝板等效理论采用 Shell181 单元模拟。试件分别采用板-板完全协调模型和板-加强边框-连接件耦合模型进行计算分析。板-板完全协调模型属于理想模型，它忽略了连接件的尺寸，认为在有连接件的位置，相邻各板的内力和位移是完全协调的。该模型计算简单快捷，但不能充分反映构件之间的协同工作状态，可能存在精度较差的问题。在有限元耦合模型中，考虑到试验中蜂窝板的边缘加强层与连接件的连接部位都保持完好，未发生屈曲变形或屈服破坏，所以将连接件与加强边框设置为刚接。对于加强边框与蜂窝板的连接，认为它们的空间平动及平面内的转动是协调的，同样采用 Shell181 单元进行建模，并在连接处进行自由度耦合。数值分析模型如图 14-10 所示。

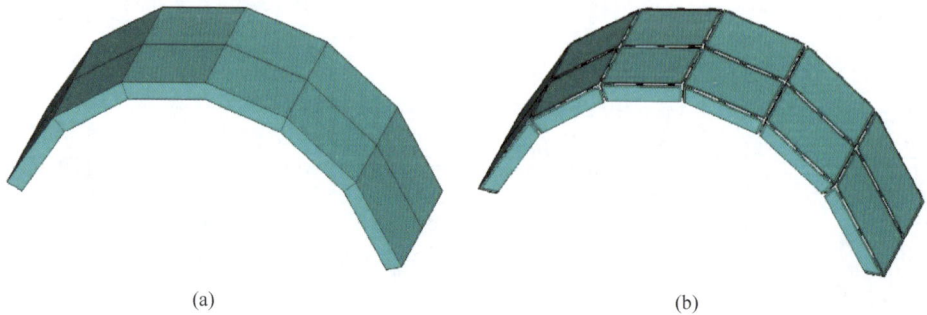

图 14-10　数值分析模型
（a）完全协调模型；（b）耦合模型

　　完全协调模型、耦合模型及试件实测的荷载-位移曲线及荷载-应力曲线如图 14-11 所示。由图可见，由于完全协调模型认为板件之间是完全刚接的，所以高估了结构刚度而导致计算的竖向位移较小，模型相较于试验结果显得过于刚性。而耦合模型将板件与连接件之间的连接区域计入考虑，并把加强边框和蜂窝板件分开建模，所以模型更符合试验实际状况，进而在弹性阶段的变形值也更贴近试验实测值，耦合模型的刚度略大于试验结果，但又小于完全协调模型。综合考虑，最终选取耦合模型进行本结构承载力数值模拟参数分析。

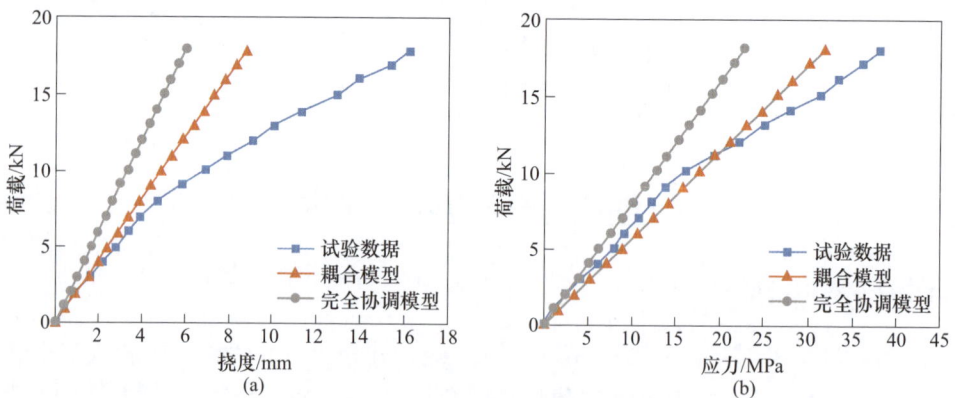

图 14-11　荷载-位移曲线结果对比
（a）跨中荷载-位移曲线；（b）跨中荷载-应力曲线

数值模型和试验的破坏模式对比如图 14-12 所示。完全协调模型和耦合模型的破坏模式大体一致，均发生在蜂窝板连接处，与试验结果一致。

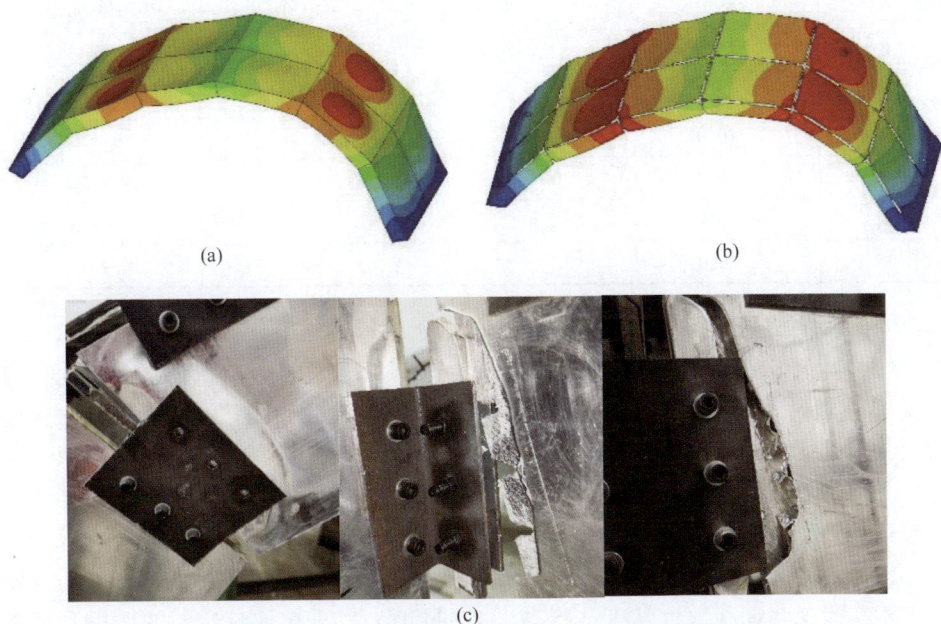

图 14-12 破坏模式对比

（a）完全协调模型；（b）耦合模型；（c）试验结果

14.3.2 蜂窝板规格

蜂窝板件皆为铝合金材料，若保持材料不变，蜂窝板的力学性能主要受其面板厚度、蜂窝芯层高度、蜂窝芯层密度等参数的影响。为研究以上蜂窝板参数对结构抗变形能力的影响，本小节针对矢高 1.68 m×跨度 4.9 m×长度 1.5 m 的 13 个短壳进行算例分析，每个参数各有 5 个算例，数据概况列于表 14-1。

表 14-1 不同蜂窝板规格算例信息汇总

编号	蜂窝板厚度/mm	芯层高度/mm	面板厚度/mm	芯层壁厚/mm
1	10.0	8	1.00	0.0500
2	12.0	10	1.00	0.0500
3	14.0	12	1.00	0.0500
4	16.0	14	1.00	0.0500
5	18.0	16	1.00	0.0500
6	10.5	8	1.25	0.0500

编号	蜂窝板厚度/mm	芯层高度/mm	面板厚度/mm	芯层壁厚/mm
7	11.0	8	1.50	0.0500
8	11.5	8	1.75	0.0500
9	12.0	8	2.00	0.0500
10	10.0	8	1.00	0.0625
11	10.0	8	1.00	0.0750
12	10.0	8	1.00	0.0875
13	10.0	8	1.00	0.1000

不同蜂窝板规则算例的计算结果汇总于表 14-2，通过分析计算结果可知：

（1）由算例 1~5 的对比可知芯层高度对结构刚度的影响：在保持其他参数不变的情况下，随着蜂窝板芯层高度的增加，蜂窝单板的抗弯刚度也随之大幅度增加，当芯层的高度由 8 mm 增长到 16 mm 时，单板的抗弯刚度增幅达到 56.4% 之多。但是芯层高度的增加对整体结构的抗竖向变形能力的贡献有限，芯层高度增幅达到 200% 时，结构的竖向刚度增幅仅为 1.2%。

（2）由算例 1、6、7、8、9 的对比可知面板厚度对结构刚度的影响：当其他因素不变时，将面板厚度从 1 m 提高到 2 mm 时，发现单块蜂窝板的刚度和屋盖整体刚度都获得了可观的增强。此外，当面板厚度增幅达到一倍时，结构的整体刚度增幅达到了 71.7%，而单板的抗弯刚度增幅达到了 149.1%。

（3）由算例 1、10、11、12、13 的对比可知芯层密度（蜂窝单元壁厚）对结构刚度的影响：随着蜂窝壁厚由 0.05 mm 增加到 0.1 mm，结构的抗竖向变形能力仅提高了 0.1%，蜂窝板的抗弯刚度保持不变，可见在较小的数值范围内少量改变蜂窝壁厚对结构的变形影响极小。当然，为避免蜂窝芯层的壁板在某些情况下发生失稳的可能性，可以考虑适当增加蜂窝壁厚，提高芯层单元的抗变形能力。

综上所述，单块蜂窝板抗弯能力主要受蜂窝板的芯层高度和面板厚度影响，其变量关系为正相关。与此同时，可以发现随着这两个参数的增大，蜂窝板的整板厚度也在增长，即随着蜂窝板的板厚增加，其抗弯刚度也会随之增大。这一变化趋势与蜂窝结构的“工字梁”设计理念相符，当蜂窝结构高度增加，其截面惯性矩也随之增大，从而蜂窝板抗弯能力得到提高。以上几个参数中，面板厚度的变化对结构整体的抗变形能力影响最大。这是由于根据 Hoff 理论，在蜂窝板结构体系中，一般认为上、下蒙皮仅承受面内力，蜂窝芯层仅提供抗剪切能力。对于网壳结构，其受力特点就是“化弯为压”，增加蒙皮厚度能够增强结构的承压能力，这一点与算例中的结果相对应，而改变芯层的参数对蜂窝板的平面内力学性能贡献有限，设计时仅作为强度储备考虑。

表 14-2 不同蜂窝板规格算例结果汇总

编号	挠度/mm	变幅/%	抗弯刚度/N·m	变幅/%
1	5.97	—	3198	—
2	5.95	0.3	4767	49.1
3	5.92	0.8	6672	108.6
4	5.91	1.1	8887	177.9
5	5.90	1.2	11399	256.4
6	4.97	20.0	4233	32.4
7	4.32	38.0	5365	67.8
8	3.83	55.7	6614	106.8
9	3.47	71.7	7967	149.1
10	5.96	0.1	3198	0.0
11	5.96	0.1	3198	0.0
12	5.96	0.1	3198	0.0
13	5.96	0.1	3198	0.0

14.3.3 结构高度

箱型空腹屋盖结构的侧板高度对结构的整体刚度有较大贡献，进而影响结构的极限承载力，因此本小节将针对该参数对结构性能的影响展开研究。仅研究结构高度的相关影响时，在每组算例中保持结构的矢跨比不变，改变结构侧板高度（100 mm、150 mm、200 mm、250 mm、300 mm）并选取 3 组不同矢跨比下的算例来进行对比分析，共计 15 个算例。各算例情况如表 14-3 所示。

表 14-3 不同结构高度算例信息汇总

编号	跨度/m	矢高/m	长度/m	高度/mm	跨高比	矢跨比
1	4.90	1.68	6.0	100	49.0	1/3
2	4.90	1.68	6.0	150	32.7	1/3
3	4.90	1.68	6.0	200	24.5	1/3
4	4.90	1.68	6.0	250	19.6	1/3
5	4.90	1.68	6.0	300	16.3	1/3
6	6.72	1.68	6.0	100	67.2	1/4
7	6.72	1.68	6.0	150	44.8	1/4
8	6.72	1.68	6.0	200	33.6	1/4
9	6.72	1.68	6.0	250	26.9	1/4

编号	跨度/m	矢高/m	长度/m	高度/mm	跨高比	矢跨比
10	6.72	1.68	6.0	300	22.4	1/4
11	8.40	1.68	6.0	100	88.4	1/5
12	8.40	1.68	6.0	150	56.0	1/5
13	8.40	1.68	6.0	200	42.0	1/5
14	8.40	1.68	6.0	250	33.6	1/5
15	8.40	1.68	6.0	300	28.0	1/5

通过上述算例的计算分析可知结构高度对其极限承载力的影响规律，算例结果绘于图 14-13。由图 14-13（a）可见，在其他参数不变的情况下，箱型空腹屋盖结构的极限承载力随着结构高度的增加而递增，且在不同矢跨比的情况下曲线的变化趋势基本一致。从图中还可以看出，随着矢跨比的减小，相同结构高度下的极限承载力呈整体下降趋势，且结构极限承载力随结构高度变化的速率整体放缓。

此外，当从高度不变、矢跨比改变的角度去考虑时，发现结构的跨高比也同时在变化。为方便观察这一参数的影响将其绘成如图 14-13（b）所示的散点图，可以发现结构的极限承载力随着跨高比的减小而增大，且速度呈增长趋势。由于柱面网壳结构主要沿跨度方向受力，即拱向侧板的受力端为结构厚度对应的短边，所以结构厚度的变化会直接影响连接节点的受力性能，进而影响结构的稳定性。因此在保证承载力和抗变形要求的前提下，设计时应该对结构的跨高比进行优化分析。

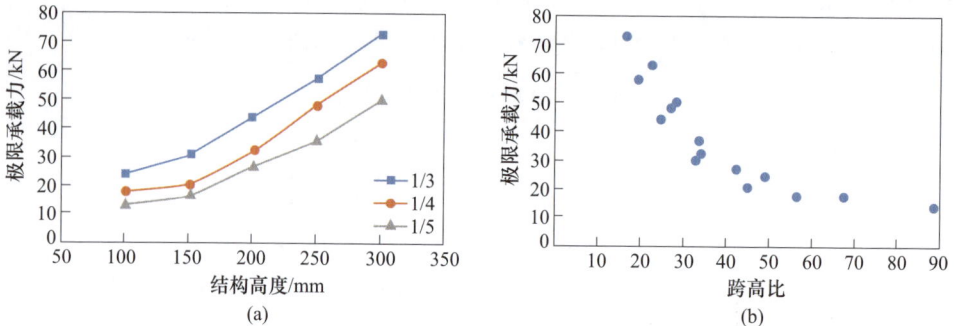

图 14-13　结构高度的影响

（a）高度；（b）跨高比

14.3.4　矢跨比

大量的研究表明，大跨空间结构的跨度和矢跨比是结构稳定性的敏感参数，不同数值下的两个参数都会直接影响结构的承载能力。为研究结构矢跨比的影响，在每组算例中保持结构矢高不变，只改变结构的矢跨比（1/7、1/6、1/5、1/4、1/3），同样选取 3 组算例，共计 15 个算例，各算例情况见表 14-4。

表 14-4　不同矢跨比算例信息汇总

编号	跨度/m	矢高/m	长度/m	高度/mm	跨高比	矢跨比
1	4.90	1.68	6.0	200	24.50	1/3
2	6.72	1.68	6.0	200	33.60	1/4
3	8.40	1.68	6.0	200	42.00	1/5
4	10.08	1.68	6.0	200	50.40	1/6
5	11.76	1.68	6.0	200	58.80	1/7
6	6.00	2.00	6.0	200	30.00	1/3
7	8.00	2.00	6.0	200	40.00	1/4
8	10.00	2.00	6.0	200	50.00	1/5
9	12.00	2.00	6.0	200	60.00	1/6
10	14.00	2.00	6.0	200	70.00	1/7
11	9.00	3.00	6.0	200	45.00	1/3
12	12.00	3.00	6.0	200	60.00	1/4
13	15.00	3.00	6.0	200	75.00	1/5
14	18.00	3.00	6.0	200	90.11	1/6
15	21.00	3.00	6.0	200	105.00	1/7

将以上算例的分析结果分别以矢跨比和跨高比作为横坐标、结构的极限承载力作为纵坐标绘于图 14-14（a）。从结构的承载力-矢跨比影响曲线可以看出，在同一矢高下，随着矢跨比的增加，结构的极限承载力也随之增大，且增幅逐渐减小。而在相同的矢跨比下，随着跨度的增大，结构的极限承载力稳步降低且其变化受跨度的影响逐渐变小。

此外，尽管结构高度没有变化，但随着跨度的改变，结构的跨高比也在变化，于是以跨高比为横坐标将其绘成散点图（图 14-14（b））。从图中可以发现结构的跨高比与其极限承载能力整体上呈反比关系，并且在相同的跨高比下，跨度较大的结构其承载能力更高。这一特点表明，同样的跨高比下，空腹屋盖的极限承载力对结构高度的敏感性要高于跨度。

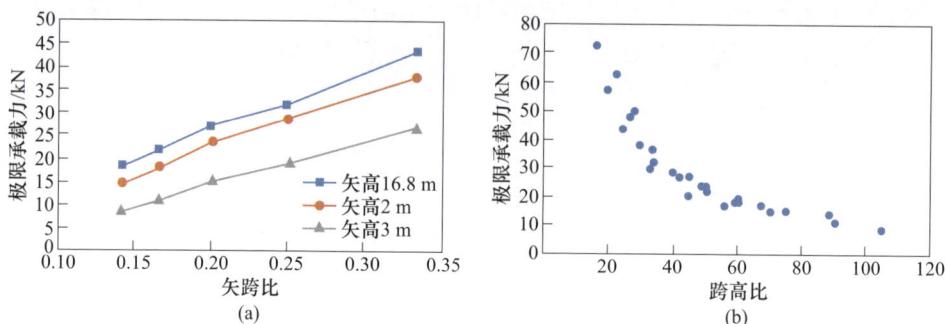

图 14-14　矢跨比的影响

（a）矢跨比；（b）跨高比

14.4　研究总结

通过对铝合金蜂窝板片结构体系开展承载力试验和数值分析得到以下主要结论：

（1）蜂窝板之间的连接件在试验过程中皆未发生屈曲或强度破坏，保证了屋盖结构在正常工作状态下具有良好的连接性能。试验结果表明，由铝合金蜂窝板与连接件组装成的箱型空腹屋盖这种新型空间结构，具有足够的空间刚度和较高的承载能力，结构板件屈服时跨中位移最大处的挠跨比仅为 1/800，而试件的破坏荷载高达自重的 11 倍之多。

（2）通过对有限元模型和第 2 章试验数据的对比分析，发现完全协调模型和耦合模型与试件的整体变形、应力分布以及屈曲模态均能较好地对应。在对试件进行双重非线性分析后，从结构的荷载-挠度曲线中发现，耦合模型在弹性阶段与试验较吻合，尽管模型在一定程度上会高估结构的承载能力，但其极限承载力仅比试验值高出 15%，在考虑安全系数后可以作为结构承载力的设计值。

（3）对蜂窝板的参数化分析结果表明，增大蜂窝面板的厚度可有效地提高单块蜂窝板的刚度以及整体结构的抗变形能力；增大蜂窝芯层的高度仅能改善单板的刚度，但对整体结构刚度的提升极小；蜂窝板芯层的壁厚对单板刚度和整体结构的刚度影响微乎其微。

（4）对屋盖结构高度和矢跨比的参数化分析结果表明，极限承载力随着结构高度和矢跨比的增加而提高。由散点图可知，结构的跨高比越小其承载能力越高，且极限承载力对结构高度的敏感性要高于跨度。

参 考 文 献

[1] Mazzolani F M. 3D aluminium structures [J]. Thin-Walled Structure, 2012, 61: 258-266.

[2] 欧阳元文, 邱丽秋, 李志强. 大跨度铝合金结构应用与发展综述 [J]. 建筑结构, 2018, 48 (14): 1-7.

[3] 铝合金结构设计规范: GB 50429—2007 [S] 北京: 中国计划出版社, 2007.

[4] 杨联萍, 韦申, 张其林. 铝合金空间网格结构研究现状及关键问题 [J]. 建筑结构学报, 2013, 34 (2): 1-19.

[5] 杨联萍, 邱枕戈. 铝合金结构在上海地区的应用 [J]. 建筑钢结构进展, 2008, 10 (1): 53-57.

[6] 郝成新, 钱基宏, 宋涛, 等. 铝网架结构的研究与工程应用 [J]. 建筑结构学报, 2003 (4): 71-76.

[7] 梁继恒, 姚念亮. 上海植物园展览温室工程屋面铝合金网架结构设计 [C]//空间结构学术会议, 2002.

[8] 田炜, 黄磊, 施骏, 等. 义乌游泳馆倒置铝合金格构式屋盖设计 [J]. 建筑钢结构进展, 2008, 10 (1): 44-48.

[9] 欧阳元文, 尹建, 曾煜华, 等. 铝合金结构在大跨度建筑中的应用 [C]//钢结构与金属屋面新技术应用, 2014.

[10] 王元清, 柳晓晨, 石永久. 铝合金网壳结构盘式节点受力性能试验 [J]. 沈阳建筑大学学报 (自然科学版), 2014 (30): 777.

[11] 王元清, 柳晓晨, 石永久. 铝合金网壳结构盘式节点受力性能数值分析 [J]. 天津大学学报 (自然科学与工程技术版), 2015 (增刊1): 5-12.

[12] 柳晓晨. 铝合金网格结构盘式节点受力性能研究 [D]. 北京: 清华大学, 2016.

[13] 郭小农, 邱丽秋, 罗永峰. 铝合金板式节点受弯承载力试验研究 [J]. 湖南大学学报 (自然科学版), 2014, 41 (4): 47-53.

[14] 郭小农, 熊哲, 罗永峰. 铝合金板式节点弯曲刚度理论分析 [J]. 建筑结构学报, 2014, 35 (10): 144-150.

[15] Guo X, Xiong Z, Luo Y, et al. Block tearing and local buckling of aluminum alloy gusset joint plates [J]. KSCE Journal of Civil Engineering, 2016, 20: 820-831.

[16] Guo X, Xiong Z, Luo Y, et al. Experimental investigation on the semi-rigid behaviour of aluminium alloy gusset joints [J]. Thin-Walled Structure, 2015, 87: 30-40.

[17] Xiong Z, Guo X, Luo Y, et al. Numerical analysis of aluminium alloy gusset joints subjected to bending moment and axial force [J]. Engineering Structure, 2017, 152: 1-13.

[18] 郭小农. 铝合金板式节点承载性能试验研究 [J]. 同济大学学报 (自然科学版), 2014 (42): 1030.

[19] 郭小农, 熊哲, 罗永峰, 等. 铝合金板式节点承载力设计方法及构造要求 [J]. 同济大学学报 (自然科学版), 2013, 43 (1): 47-53.

[20] 郭小农, 朱劭骏, 王丽, 等. 铝合金板式节点平面内抗弯刚度研究 [J]. 建筑结构, 2018, 48 (14): 34-39.

［21］ Guo X, Zhu S, Liu X, et al. Experimental study on hysteretic behavior of aluminum alloy gusset joints ［J］. Thin-Walled Structures, 2018, 131：883-901.

［22］ 马会环, 余凌伟, 王伟. 铝合金半刚性椭圆抛物面网壳静力稳定性分析 ［J］. 工程力学, 2017 （11）：163-171.

［23］ 李诚睿. 柱板式铝合金节点受力性能研究 ［D］. 哈尔滨：哈尔滨工业大学, 2018.

［24］ Ma H, Yu L, Fan F, et al. Mechanical performance of an improved semi-rigid joint system under bending and axial forces for aluminum single-layer reticulated shells ［J］. Thin-Walled Structures, 2019：322-339.

［25］ Xu S, Chen Z, Wang X, et al. Hysteretic out-of-plane behavior of the temcor joint ［J］. Thin-Walled Structures, 2015：585-592.

［26］ Wu Y, Liu H, Chen Z, et al. Study onlow-cycle fatigue performance of aluminum alloy temcor joints ［J］. KSCE Journal of Civil Engineering, 2020, 24 （1）：195-207.

［27］ 史典鹏. 铝合金蜂窝板单层组合网壳新型节点的理论分析与试验研究 ［D］. 南京：东南大学, 2017.

［28］ 周赟文. 单层铝合金网壳新型模块化节点的力学性能及试验研究 ［D］. 南京：东南大学, 2020.

［29］ 张志杰, 冯若强, 刘峰成. 北京大兴国际机场铝合金玻璃采光顶节点试验研究 ［J］. 土木工程学报, 2020 （8）：38-44, 128.

［30］ Hiyama Y, Ishikawa K, Kato S. Buckling behaviour of aluminum alloy double layer truss grid using ball joint system ［C］//Proceedings of the IASS-LAS98 Conference. Madrid, Spain：International Association for Shell and Spatial Structure （IASS）, 1998：9.

［31］ 孟祥武, 高维元, 管建国. 铝合金螺栓球节点网架的试验研究及应用 ［C］//第十届空间结构学术会议, 2002.

［32］ 钱基宏, 邓曙光, 洪涌, 等. 某零磁实验室全铝网架结构实验研究及设计与施工 ［C］//空间结构学术会议, 2000.

［33］ Liu H, Gu A, Chen Z. Mechanical properties and design method of aluminum alloy bolt-sphere Joints ［J］. Structural Engineering International, 2019, 10 （1080） 126-135.

［34］ 谭志伦. 铝合金螺栓球节点力学性能与设计方法研究 ［D］. 天津：天津大学, 2017.

［35］ Liu H, Gu A, Chen Z, et al. Tensile properties of aluminum alloy bolt-sphere joints under elevated temperatures ［J］. KSCE Journal of Civil Engineering, 2020, 24 （2）：525-536.

［36］ 李峰, 朱锐杰, 张冬冬. 高强铝合金螺栓球节点轴向受力性能与初始刚度计算模型 ［J］. 建筑结构学报, 2018, 39 （增刊2）：110-118.

［37］ 施刚, 罗翠, 王元清, 等. 铝合金网壳结构中新型铸铝节点受力性能试验研究 ［J］. 建筑结构学报, 2012, 33 （3）：70-79.

［38］ Shi G, Ban H, Bai Y, et al. A novel cast aluminum joint for reticulated shell structures：experimental study and modeling ［J］. Advances in Structural Engineering, 2013, 16 （6）：1047-1059.

［39］ 胡笛, 甘明, 徐金蓓, 等. 铸铝节点铝合金网壳结构整体稳定优化分析 ［C］//第十七届全国现代结构工程学术研讨会论文集, 2017.

［40］罗翠．空间网壳结构铸铝和铸钢螺栓连接节点受力性能研究［D］．北京：清华大学，2010.

［41］施刚，罗翠，王元清，等．铝合金网壳结构中新型铸铝节点承载力设计方法研究［J］．空间结构，2012，18（1）：78-84.

［42］Sugizaki K, Kohmura S. Experimental study on buckling behaviour of a triodetic aluminum space frame［C］//Proceedings of the International Association for Shell and Space Structure, 1993, 10：205-212.

［43］Sugizaki K, Kohmura S. Experimental study on buckling behaviour of a triodetic aluminum space frame：No. 2 ultimate bearing strength of a single-layer space frame［C］//Proceedings of the IASS-ASCE International Symposium, 1994, 4：478-484.

［44］Yonemaru K, Fujisaki T, Nakatsuji T. Development of space truss structure with CFRP［J］. Mat and Structure, 1997, 8（2）：81-87.

［45］Fujimori T, Sugizaki K. Large span structural system using new materials［J］. Materials in Civil Engineering, 1998, 10（4）：203-207.

［46］王亚昌，刘锡良．单层铝合金网壳非线性分析及试验研究［C］//空间结构学术会议，1994.

［47］汪天旸．冲压式铝合金毂式节点受力性能及其单层球面网壳稳定性研究［D］．哈尔滨：哈尔滨工业大学，2019.

［48］Sugizaki K, Kohmura S, Hangai Y. Experimental study on structural behaviour of an aluminum single-layer lattice shell［J］. Transactions of AIJ, 1996, 61（480）：113-122.

［49］Sugizaki K, Kohmura S, Hangai Y. Analytical study of an aluminum single-layer lattice shell with insertion joint［J］. Transactions of AIJ, 1996, 61（488）：97-106.

［50］Hiyama Y, Takashima H, Iijima T. Experiments and analyses of unit single layered reticular domes using aluminum ball joints for the connections［J］. Transactions of AIJ, 1999, 64（518）：33-40.

［51］Hiyama Y, Takashima H, Iijima T, et al. Buckling behaviour of aluminium ball jointed single layered reticular domes［J］. International Journal of Space Structures, 2000, 15（2）：81-94.

［52］刘锡良，郑岩．单层铝合金穹顶网壳的几何非线性分析及试验研究［C］//第六届空间结构学术会议论文集．北京：中国土木工程学会，1992：476-482.

［53］王亚昌，刘锡良．单层铝合金网壳非线性分析及试验研究［C］//第七届空间结构学术会议论文集．北京：中国土木工程学会，1994：259-266.

［54］曾银枝，钱若军，王人鹏，等．铝合金穹顶试验研究［J］．空间结构，2000，4（6）：47-52.

［55］郑科．FAST 反射面铝合金支撑网壳优化设计及铝合金网壳承载性能研究［D］．上海：同济大学，2002.

［56］王红，李丽娟，朱艳峰．单层球面网壳的几何非线性稳定分析［J］．华南理工大学学报（自然科学版），2003，31（增刊）：107-109.

［57］王红，袁冰，李丽娟，等．单层铝合金球面网壳的几何非线性稳定分析［J］．广东工业大学学报，2003，20（3）：1-4.

［58］ 桂国庆，王玉娥．铝合金单层球面网壳的非线性稳定分析［J］．工程力学，2006，23（增刊Ⅱ）：32-35.

［59］ 黄新．网壳结构非线性分析［J］．炼油技术与工程，2008，38（7）：19-23.

［60］ 邹磊．重庆空港体育馆铝合金穹顶结构分析［D］．重庆：重庆大学，2009.

［61］ Xiong Z, Guo X N, Luo Y F, et al. Experimental and numerical studies on single-layer reticulated shells with aluminium alloy gusset joints［J］. Thin-Walled Structure, 2017, 118：124-136.

［62］ 熊哲，郭小农，蒋首超．铝合金板式节点网壳稳定承载力试验研究［J］．建筑结构学报，2017（7）23-29.

［63］ Xiong Z, Guo X N, Luo Y F, et al. Elasto-plastic stability of single-layer reticulated shells with aluminium alloy gusset joints［J］. Thin-Walled Structure, 2017, 115：163-175.

［64］ 熊哲，郭小农，罗永峰．节点刚度对铝合金板式节点网壳稳定性能的影响［J］．天津大学学报（自然科学与工程技术版），2015（增刊1）：43-49.

［65］ Liu H, Ding Y, Chen Z. Static stability behavior of aluminum alloy single-layer spherical latticed shell structure with Temcor joints［J］. Thin-Walled Structure, 2017, 120：355-365.

［66］ 丁艺喆，刘红波，陈志华．考虑蒙皮和节点刚度的铝合金网壳稳定性［J］．工业建筑，2017，47（10）：153-157，128.

［67］ 张雪峰，尹建，欧阳元文．南京牛首山文化旅游区佛顶宫小穹顶大跨空间单层铝合金网壳结构设计［J］．建筑结构，2018（14）：19-23.

［68］ 冯若强，王希，朱洁．北京新机场装配式单层铝合金网壳结构整体稳定性能研究［J］．建筑结构学报，2020（4）：11-18.

［69］ 龚康明．铝合金蜂窝板—杆单层组合网壳的稳定性研究［D］．南京：东南大学，2016.

［70］ 赵阳建．新型铝合金蜂窝板单层组合网壳的稳定性试验研究［D］．南京：东南大学，2017.

［71］ 杨勇．铝合金蜂窝板与杆协同工作问题的数值模型及试验研究［D］．南京：东南大学，2018.

［72］ 夏正昊．铝合金蜂窝板单层组合网壳整体稳定设计方法研究［D］．南京：东南大学，2019.

［73］ 顾业．铝合金蜂窝板-杆组合结构连接性能的优化及设计方法研究［D］．南京：东南大学，2020.

［74］ Zhao C Q, Ma J. Assembled honeycombed sheet light empty stomach building and roof structure system［P］. 2010-04-21.

［75］ Zhao C Q, Zheng W D, Ma J, et al. Lateral compressive buckling performance of aluminum honeycomb panels for long-span hollow core roofs［J］. Materials, 2016, 9：444.

［76］ Zhao C Q, Zheng W D, Ma J, et al. Shear strength of different bolt connectors on large span aluminium alloy honeycomb sandwich structure［J］. Applied Sciences, 2017, 7：450.

［77］ Zhao C Q, Zheng W D, Ma J, et al. The stability of new single-layer combined lattice shell based on aluminum alloy honeycomb panels［J］. Applied Sciences, 2017, 7：1150.

［78］ Zhao C Q, Ma J, Du S C, The mechanical behaviour of new long-span hollow-core roofs base on aluminum alloy ［J］. Materialiin Tehnologije / Materials and Technology, 2019, 3：311.

［79］ 李丽娟，谢志红，郭永昌．铝合金双层球面网壳结构的抗震性能分析 ［J］．甘肃工业大学学报，2003（3）：110-112.

［80］ 谢志红，李丽娟．铝合金双层网壳结构的抗震性能分析 ［J］．华南理工大学学报（自然科学版），2003，31（增刊1）：127-129.

［81］ 徐帅．泰姆科节点试验研究及单层铝合金网壳结构性能分析 ［D］．天津：天津大学，2015.

［82］ 徐晨．铝合金蜂窝板-杆单层组合网壳的动力性能研究 ［D］．南京：东南大学，2016.

［83］ 王丽，郭小农，朱劭骏，等．铝合金板式节点单层球面网壳的自振特性研究 ［J］．振动与冲击，2018，37（21）：9-15，21.

［84］ 郭小农，王丽，相阳，等．铝合金板式节点网壳阻尼特性试验研究 ［J］．振动与冲击，2016，35（18）：34-39.

［85］ 朱红普．单层柱面铝合金网壳结构强震失效机理及易损性研究 ［D］．广州：广州大学，2019.

［86］ 李宏．单层球面铝合金网壳结构强震失效机理及易损性研究 ［D］．广州：广州大学，2019.

［87］ 范峰，马会环，马越洋．半刚性节点网壳结构研究进展及关键问题 ［J］．工程力学，2019（7）：1-7.

［88］ See T, Mcconnel R E. Large displacement elastic buckling of space structures ［J］. Journal of Structural Engineering, 1986, 112（5）：1052-1069.

［89］ Lee S L, See T, Swaddiwudhipong S, et al. Development and testing of a universal space frame connector ［J］. International Journal of Space Structures, 1990, 5（2）：130-138.

［90］ Swaddiwudhipong S, Koh C G, Lee S L. Development and experimental investigation of a space frame connector ［J］. International Journal of Space Structures, 1994, 9（2）：99-106.

［91］ Fan F, Ma H, Chen G, et al. Experimental study of semi-rigid joint systems subjected to bending with and without axial force ［J］. Journal of Constructional Steel Research, 2012, 68（1）：126-137.

［92］ 范峰，马会环，沈世钊．半刚性螺栓球节点受力性能理论与试验研究 ［J］．工程力学，2009（12）：92-99.

［93］ Ma H, Fan F, Chen G, et al. Numerical analyses of semi-rigid joints subjected to bending with and without axial force ［J］. Journal of Constructional Steel Research, 2013, 90（5）：13-28.

［94］ Ma H, Wang W, Zhang Z, et al. Research on the static and hysteretic behavior of a new semi-rigid joint（BCP joint）for single-layer reticulated structures ［J］. Journal of the International Association for Shell and Spatial Structures, 2017, 58（2）：159-172.

［95］ Ma H, Ma Y, Yu Z, et al. Experimental and numerical research on gear-bolt joint for free-form grid spatial structures ［J］. Engineering Structures, 2017, 148（oct. 1）：522-540.

［96］ Ma H, Ren S, Fan F. Parametric study and analytical characterization of the bolt-column（BC）joint for single-layer reticulated structures ［J］. Engineering Structures, 2016, 123（sep. 15）：108-123.

［97］ Ma H, Ren S, Fan F. Experimental and numerical research on a new semi-rigid joint for single-layer reticulated structures ［J］. Engineering Structures, 2016, 126（nov. 1）: 725-738.

［98］ 马越洋. 新型齿式半刚性节点静动力性能研究 ［D］. 哈尔滨: 哈尔滨工业大学, 2016.

［99］ 任姗. 新型半刚性C型节点静动力性能研究 ［D］. 哈尔滨: 哈尔滨工业大学, 2016.

［100］ 刘一鸣. 节点力学性能及其对单层网壳稳定性和抗连续倒塌性能的影响 ［D］. 天津: 天津大学, 2018.

［101］ Timoshenko S. Theory of Elastic Stability ［M］. McGraw-Hill Publishing Company, 1636.

［102］ Southwell R V. On the general theory of elastic stability ［J］. Philosophical Transactions of the Royal Society A Mathematical Physical & Engineering Sciences, 1914, 213（497-508）: 187-244.

［103］ Uemura M. The buckling of spherical shells by external pressure ［J］. Journal of the Japan Society of Aeronautical Engineering, 1954, 2（6）: 113-121.

［104］ Oran, Cenap. Tangent stiffness in plane frames ［J］. Journal of the Structural Division, 1973, 99（6）: 987-1001.

［105］ Riks E. The Application of newton's method to the problem of elastic stability ［J］. Journal of Applied Mechanics, 1972, 39（4）: 1060.

［106］ Riks E. An incremental approach to the solution of snapping and buckling problems ［J］. International Journal of Solids & Structures, 1979, 15（7）: 529-551.

［107］ Wempner, Gerald. Mechanics and finite elements of shells ［J］. Applied Mechanics Reviews, 1989, 42（5）: 129.

［108］ Papadrakakis M, Nomikos N. Automatic non-linear solution with arc length and Newton - Lanczos methods ［J］. Engineering Computations, 1990, 7（1）: 48-56.

［109］ Zeinoddini M, Parke G A R, Disney P. The stability study of an innovative steel dome ［J］. International Journal of Space Structures, 2004, 19（2）: 109-125.

［110］ Behnejad S A, Parke G A R. Half a century with the space structures research centre of the university of surrey ［C］. Proceedings of IASS Annual Symposia, 2014.

［111］ Endou A, Hangai Y, Kawamata S. Post-buckling analysis of elastic shells of revolution by the finite element method ［R］. The Institute of Industrial Science, The University of Tokyo, 1976.

［112］ Kato S, Yamada S, Takashima H, et al. Study on the buckling stress of a rigidly jointed single-layer reticular dome ［J］. Journal of Structural and Construction Engineering（Transactions of AIJ）, 1991, 428: 97-105.

［113］ Kato S, Yamashita T. Evaluation of elasto-plastic buckling strength of two-way grid shells using continuum analogy ［J］. International Journal of Space Structures, 2002, 17（4）: 249-261.

［114］ 董石麟. 交叉拱系网状扁壳的计算方法 ［J］. 土木工程学报, 1985（3）: 3-19.

［115］ 董石麟. 网状球壳的连续化分析方法 ［C］//第三届空间结构学术交流会论文集（第二卷）. 1986.

［116］ 龚景海, 刘锡良. 网壳结构稳定分析程序 ［J］. 工程力学, 1998（A02）: 633-637.

［117］ 韩庆华, 刘兴业. 四分之三球穹顶单层网壳的性能分析 ［J］. 工程力学, 1996

（A03）：518-522.

[118] 沈世钊. 网壳结构稳定性 [M]. 北京：科学出版社, 1999.

[119] 钱若军, 王建, 曾银枝. 网壳结构稳定分析的建模 [J]. 建筑结构学报, 2003（3）：13-18.

[120] 曾银枝, 钱若军. 单层网壳结构失稳区域的跟踪与判别 [C]//空间结构学术会议. 2002.

[121] 李永梅, 张毅刚. 考虑结构整体稳定性的单层网壳优化设计 [J]. 建筑结构, 2006（4）：82-85.

[122] 杨大彬, 张毅刚, 吴金志, 等. K6 型单层球面网壳弹塑性稳定极限承载力的梁灵敏度分析 [J]. 空间结构, 2010（2）：49-52.

[123] 刘海锋, 罗尧治, 许贤. 焊接球节点刚度对网壳结构数值分析精度的影响 [J]. 工程力学, 2013, 30（1）：350-358.

[124] Park Y J, Ang Alfredo H S. Mechanistic seismic damage model for reinforced concrete [J]. Journal of Structural Engineering, 1985, 111（4）：722-739.

[125] Usami T, Kumar S. Damage evaluation in steel box columns by pseudodynamic tests [J]. Journal of Structural Engineering, 1996, 122（6）：635-642.

[126] Kumar S, Usami T. An evolutionary-degrading hysteretic model for thin-walled steel structures [J]. Engineering Structures, 1996, 18（7）：504-514.

[127] Shen Z, Dong B. An experiment-based cumulative damage mechanics model of steel under cyclic loading [J]. Advances in Structural Engineering, 1997, 1（1）：39-46.

[128] Shen Z, Dong B, Cao W. A hysteresis model for plane steel members with damage cumulation effects [J]. Journal of Constructional Steel Research, 1998, 48（2/3）：79-87.

[129] Shi G, Wang M, Bai Y, et al. Experimental and modeling study of high-strength structural steel under cyclic loading [J]. Engineering Structures, 2012, 37（none）：1-13.

[130] Yongjiu S, Meng W, Yuanqing W. Experimental and constitutive model study of structural steel under cyclic loading [J]. Steel Construction, 2011, 67（8）：1185-1197.

[131] 石永久, 王萌, 王元清. 循环荷载作用下结构钢材本构关系试验研究 [J]. 建筑材料学报, 2012（3）：5-12.

[132] 王萌, 石永久, 王元清. 考虑累积损伤退化的钢材等效本构模型研究 [J]. 建筑结构学报, 2013, 34（10）：73-83.

[133] 王萌, 石永久, 王元清. 强震作用下钢材等效本构模型应用研究 [J]. 建筑结构学报, 2013（10）：84-92.

[134] 范峰, 聂桂波, 支旭东. 三向荷载作用下圆钢管材料本构模型研究 [J]. 建筑结构学报, 2011, 32（8）：59-68.

[135] 范峰, 聂桂波, 支旭东, 等. 圆钢管空间滞回试验及材料本构模型 [J]. 土木工程学报, 2011, 44（12）：18-24.

[136] 贺盛. 凯威特-葵花型单层球面网壳静力稳定性及抗震性能研究 [D]. 广州：华南理工大学, 2016.

[137] Coan C H, Plaut R H. Dynamic stability of a lattice dome [J]. Earthquake Engineering &

Structural Dynamics, 2010, 11 (2): 269-274.

[138] Kassimali A, Bidhendi E. Stability of trusses under dynamic loads [J]. Computers & Structures, 1988, 29 (3): 381-392.

[139] Blandford G E. Progressive failure analysis of inelastic space truss structures [J]. Computers & Structures, 1996, 58 (5): 981-990.

[140] Kato S, Ueki T, Mukaiyama Y. Study of dynamic collapse of single layer reticular domes subjected to earthquake motion and the estimation of statically equivalent seismic forces [J]. International Journal of Space Structures, 1997, 12 (3): 191-203.

[141] Kumagai T, Ogawa T. Dynamic buckling beha vior of single layer lattice domes subjected to horizontal step wave [J]. Journal of the International Association for Shell and Spatial Structures, 2003, 44 (3): 167-174.

[142] 邢佶慧, 柳旭东, 范锋, 等. 单层柱面网壳结构地震模拟振动台试验研究 [J]. 建筑结构学报, 2004 (6): 1-8.

[143] 沈世钊, 支旭东. 球面网壳结构在强震下的失效机理 [J]. 土木工程学报, 2005 (1): 15-24.

[144] 支旭东, 范峰, 沈世钊. 基于模糊综合判定的网壳结构强震失效模式研究 [J]. 工程力学, 2010, 27 (1): 63-68.

[145] 范峰, 支旭东, 沈世钊. 大跨度网壳结构强震失效机理研究 [J]. 建筑结构学报, 2010, 31 (6): 153-159.

[146] 空间网格结构技术规程: JGJ 7—2010 [S]. 北京: 中国建筑工业出版社, 2010.